녹색 우주
GREEN UNIVERSE

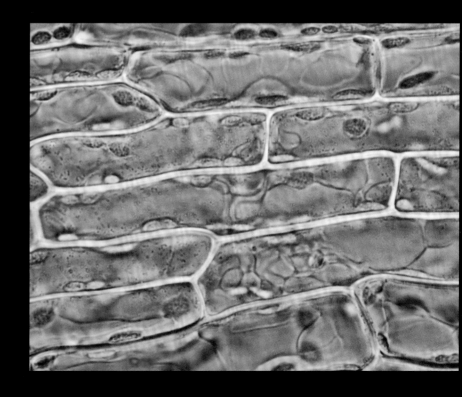

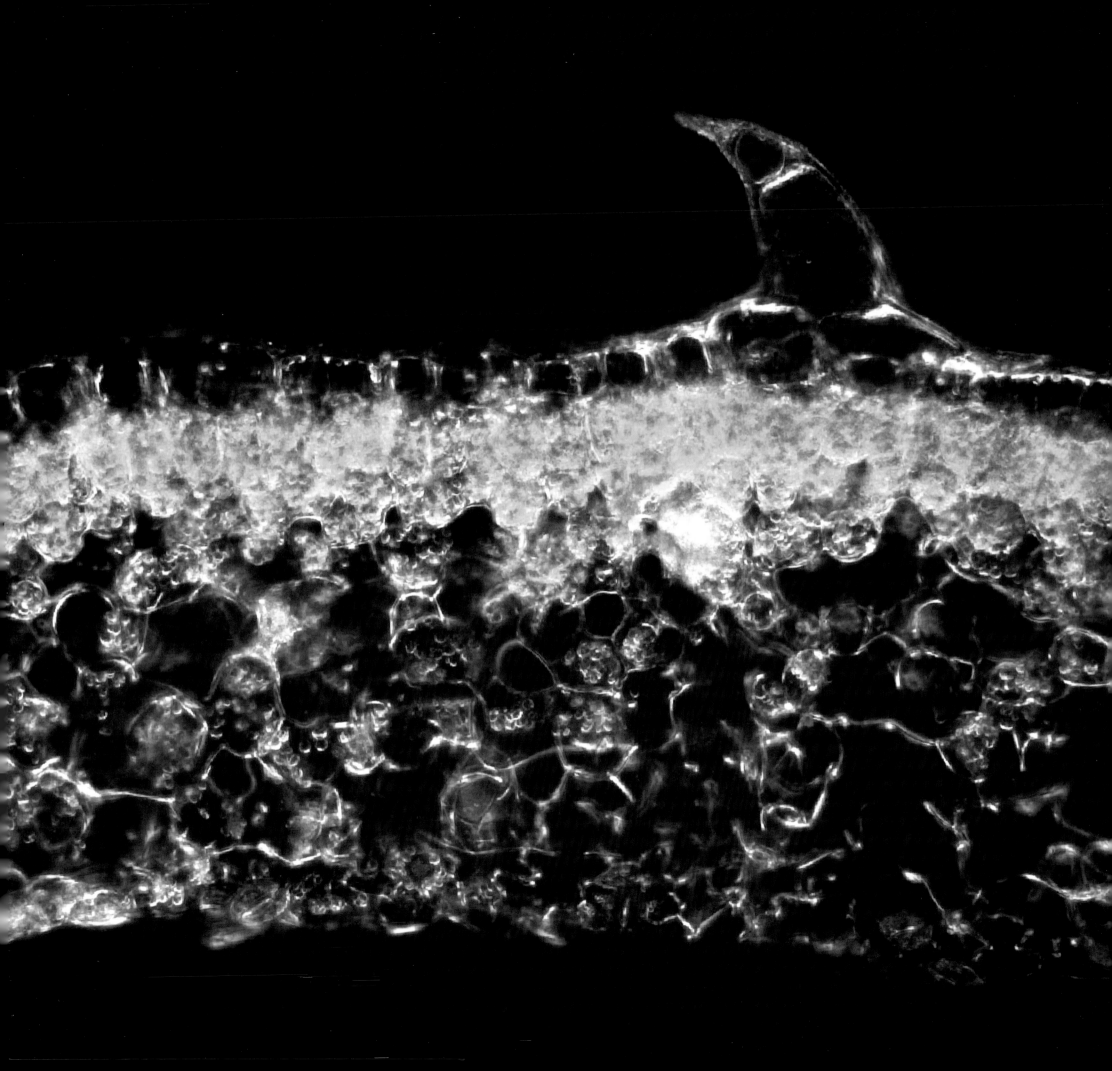

녹색 우주

GREEN UNIVERSE

식물 세포 속으로 떠나는 현미경 여행

Stephen Blackmore 저 · 이남숙 감수 · 김지현 역

서문 Peter Crane

편집 및 디자인 Alexandra Papadakis

Royal Botanic Garden Edinburgh

(주) 교학사

사진 출처

이 출판물에 사진을 사용할 수 있도록 허락해 주신 아래의 모든 분들께 감사드립니다. 저작권자를 표시하기 위해 최선을 다하였습니다. 누락이나 오류가 있을 경우, 후속판에서 수정될 것입니다.

위: [t], 중간: [m], 아래: [b], 오른쪽: [r], 왼쪽: [l]
Front Cover, p97 © Dr Ralf Wagner, www.dr-ralf-wagner.de; Endpapers, pp8, 44, 46, 48-49, 166 (t), 190-191, 195, 204, 215 (t), 220, 226-227, 228-229 © Frieda Christie/RBGE; pp1, 5, 12, 24, 28 (t), 29 (b), 39 (t) (m) (b), 71, 75, 98, 99, 100, 101, 110, 111, 112, 113, 116-117, 118, 119 (t), 121, 126, 127, 131, 139, 144-145, 153, 154, 155, 156, 157 (b) 164, 168, 170, 179, 180, 181, 184 (t) and (b), 206, 210-211, 214, 219, 222, 224, 231 © Stephen Blackmore/RBGE; pp2, 17, 38, 162-163, 205, 209, 243 © Michael Möller/RBGE; pp4, 15, 20-21, 22 (t) and (b), 23 (t) and (b), 36, 41, 51, 82, 84, 86, 90, 93, 124, 136, 137, 157 (t), 160, 169, 175, 176, 177, 182, 194, 203 (t), 216, 218, 221 (b), 232, 233 (t) and (b), 234(t), 236, 238, 240 (t) and (b), 241, 242 (t),245, 246 © Stephen Blackmore; pp6, 61, 115, 119 (b), 138, 166 (b),172, 173, 178 (t) and (b), 242 (b) © Alexandra Wortley/RBGE; p11 © Theodore Clutter/Science Photo Library; pp14, 52-53, 58-59, 60 © Hans Sluiman/RBGE; p16 Courtesy of NASA/ESA/J. Hester and A. Loll (Arizona State University); p19 © Courtesy of Rijksmuseum, Amsterdam; p28 (b), 29 (t), 212 © RBGE Archive; p30 © Science Museum/Science & Society Picture Library; p32 © Natural History Museum, London; pp37, 192, 193, 196, 202 (t), 213, 221 (t) © Lynsey Wilson/RBGE; p40 © Chris Hawes; pp47, 78, 85, 239 © Debbie White/RBGE; p56 © Marco Fulle/Stromboli Online; p57 © Bettmann/Corbis; p63 Courtesy of US National Library of Medicine; p64 Reproduced by kind permission of the Syndics of Cambridge University Library; pp65, 68, 69 © Emma Goodyer/RBGE; pp10, 50, 66, 67, 74, 134, 135, 203 (b), 247 © Stephen Blackmore/Susan H. Barnes; p70 Illustration: Fakenham Prepress © RBGE; p72 (all) © G. Gimenez-Martin/Science Photo Library; pp76, 77, 79 © Jeremy Young; pp80, 81 © David G. Mann; p83 © Dennis Kunkel Microscopy, Inc.; Back Cover, pp88, 186, 187, 198, 199, 200, 201, 215 (b), 217 © Tony Miller/RBGE; p89 Courtesy of NASA/JPL Caltech/Cornell/NMMNH; pp94-95 Sid Clarke/RBGE; p102 Courtesy of University of Aberdeen; pp103, 104, 105 (t) and (b), 106, 107, 109 (all) Images by Stephen Blackmore with kind permission of the National Museums Scotland; p108 Reproduced by permission of The Royal Society of Edinburgh from *Transactions of the Royal Society of Edinburgh* volume LII (1917–21), pp831-854; pp122, 128, 129, 133, 142, 143, 146, 147, 148-149, 150, 151 (r) © Forest Herbarium, Bangkok; pp130, 152 © Elizabeth Sheffield; pp140, 151 (l) © David Middleton/RBGE; p141 © Mary Gibby; p158 © Martin Gardner/RBGE; pp165, 207 © Peter Crane; pp167, 188-189, 248 © Michelle Whiting; p174 © Shinichi Miyamura, University of Tsukuba; p185 Image by Frieda Christie and reproduced with kind permission from Oxford University Press on behalf of The Annals of Botany Company, originally published in *Annals of Botany: Morphology, Anatomy and Ontogeny of Female Cones in Acmopyle pancheri (Brongn. & Gris) Pilg. (Podocarpaceae): R. R. Mill, M. Möller, F. Christie, S. M. Glidewell, D. Masson, B. Williamson. 07/01/2001. Vol 88, issue 1; p200 (t) © Juan Pablo Abascal Aguirre; p202 (b) Illustration: Fakenham Prepress © RBGE; p223 © B.W.Hoffman/AGSTOCKUSA/Science Photo Library; p225 © Stephen Blackmore/Alexandra Wortley/RBGE; p230 © Merlin Tuttle/Bat Conservation International/Science Photo Library; p234 (b) © Alex Twyford/University of Edinburgh/RBGE; p235 © Sid Clarke/RBGE; p244 © Alex Wilson/RBGE

나의 가족들에게

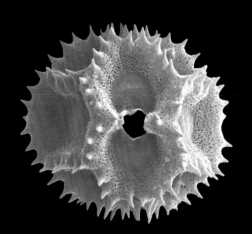

감사의 글

이 책을 쓴 동기는 인간이 볼 수 있는 영역 밖에 존재하는 식물의 흥미로움, 경이로움 그리고 아름다움을 보다 많은 사람들과 공유하고 싶은 데 있습니다. 식물의 정교한 복잡성을 깨닫는 것은 식물이 우리 일상생활과 우리 행성의 생명계에 있어서 매우 중요한 역할을 한다는 것을 생각하게 합니다. 내용 조사와 특히 생명계통수, 용어 해설, 참고 문헌의 정리를 도와준 알렉산드라 워틀리(Alexandra Wortley)에게 깊이 감사드립니다. 또한 해미시 애덤슨(Hamish Adamson)의 출판에 대한 남다른 경험과 열정 덕분에 원래의 아이디어가 만족스런 결과로 나타날 수 있었습니다. 파파다키스 출판사의 특징이기도 한 품질과 디자인 감각에 대한 날카로운 안목을 가진 알렉산드라 파파다키스(Alexandra Papadakis)와 그녀의 팀과 함께 작업하는 것은 저에게 있어 큰 기쁨이었습니다. 이 책을 위해 훌륭한 이미지를 제공해 준 모든 사람들에게 감사드립니다. 또 라이니 처트(Rhynie Chert)의 식물 화석을 볼 수 있도록 해 준 스코틀랜드 국립박물관 관계자에게 감사드리며, 제가 일하는 20년 동안 수집품과 시설에 대한 접근을 허락해 준 국립 자연사박물관 관계자에게도 감사드립니다.

사진 설명

면지: 원난과 미얀마의 산지에서 자라는 로도덴드론 크리소도론(*Rhododendron chrysodoron*)의 잎. 잎 아랫면은 손가락 모양의 돌기와 원형 비늘이 있어 바람에 의해 건조되는 것을 막아 준다. 주사전자현미경 × 300

1쪽: 솔이끼(*Polytrichum commune*)의 잎세포. 셀룰로스 세포벽에 의해 둘러싸여 있으며, 수많은 원반 모양의 초록색 엽록체를 포함하고 있다. 일부 세포 속에 보이는 작은 점은 미토콘드리아이다. 광학현미경, 명시야 조명 × 550

2쪽: 칠레에서 자생하는 피자식물 주벨라나 비올라세아(*Jovellana violacea* 현

삼과)의 잎 횡단면. 구부러진 다세포 털을 가진 투명한 표피세포 아래에 태양에너지를 흡수하는 밝은 녹색 세포층과 가스를 확산시키는 해면층이 있다. 광학현미경, 암시야 조명 × 530

4쪽: 샐서피(*Salsify*, *Tragopogon porrifolius*)의 화분. 주사전자현미경 × 1,350

5쪽: 물이끼속(*Sphagnum*)의 잎에는 커다란 공세포(空細胞)가 있어 물을 저장할 수 있으며, 이 세포는 수많은 초록색 엽록체를 가지고 있는 광합성 세포와 엮여 있다. 광학현미경 × 1,800

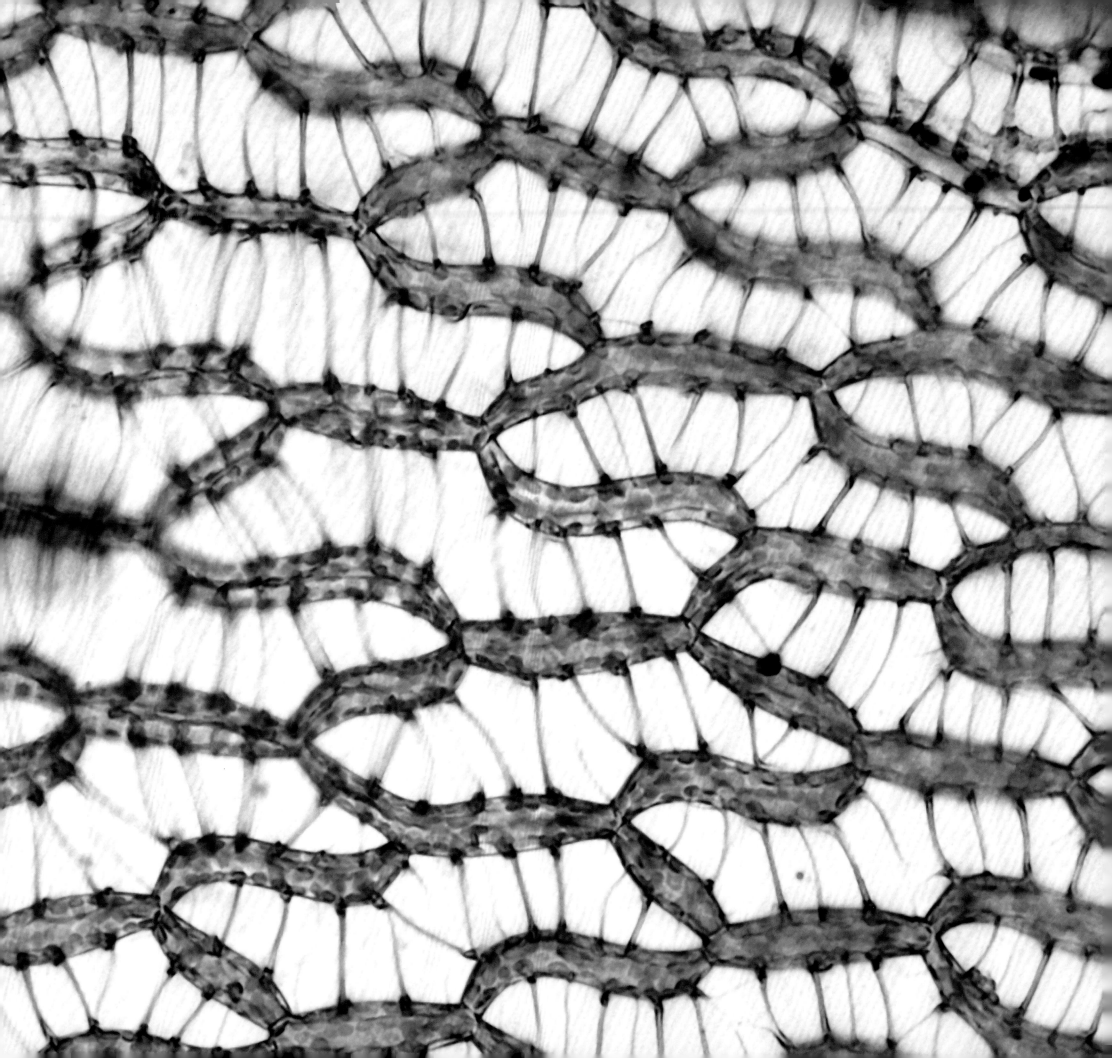

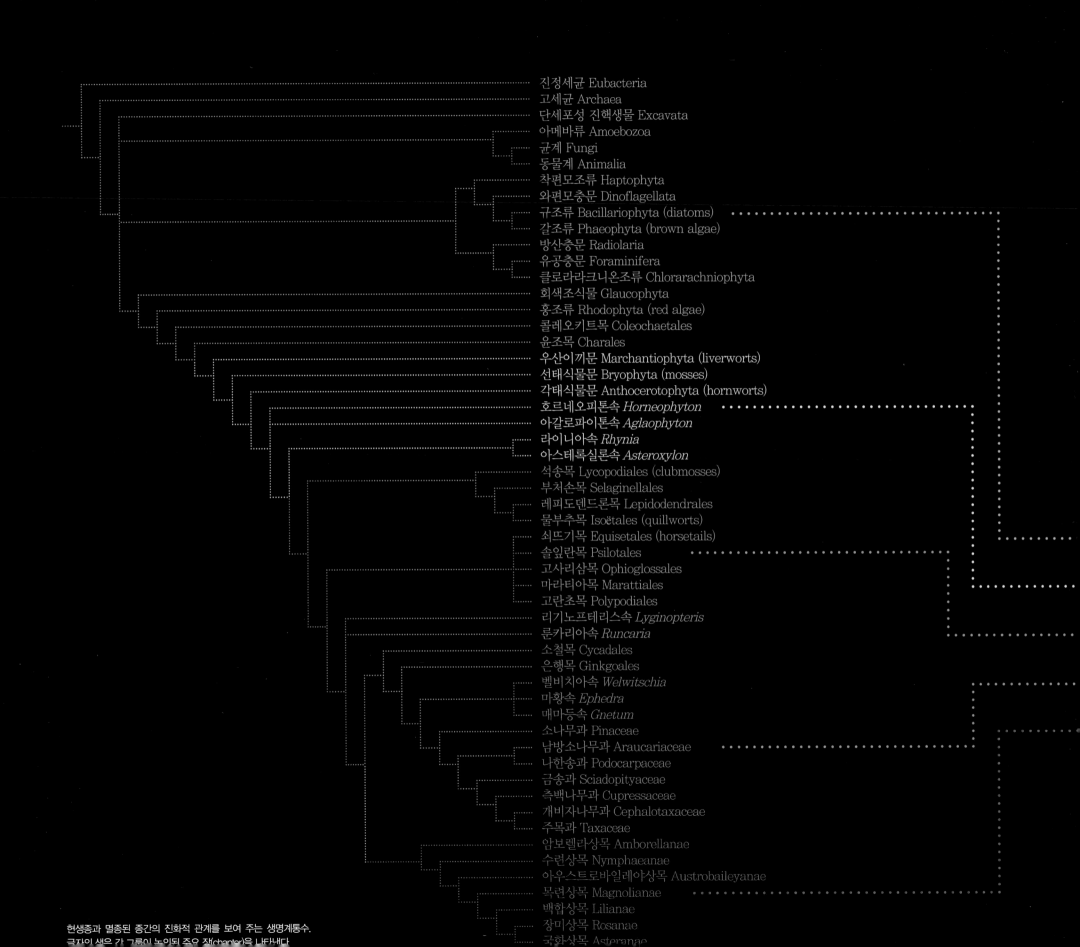

진정세균 Eubacteria
고세균 Archaea
단세포성 진핵생물 Excavata
아메바류 Amoebozoa
균계 Fungi
동물계 Animalia
착편모조류 Haptophyta
와편모충문 Dinoflagellata
규조류 Bacillariophyta (diatoms)
갈조류 Phaeophyta (brown algae)
방산충문 Radiolaria
유공충문 Foraminifera
클로라라크니온조류 Chlorarachniophyta
회색조식물 Glaucophyta
홍조류 Rhodophyta (red algae)
콜레오키트목 Coleochaetales
윤조목 Charales
우산이끼문 Marchantiophyta (liverworts)
선태식물문 Bryophyta (mosses)
각태식물문 Anthocerotophyta (hornworts)
호르네오피톤속 *Horneophyton*
아갈로파이톤속 *Aglaophyton*
라이니아속 *Rhynia*
아스테록실론속 *Asteroxylon*
석송목 Lycopodiales (clubmosses)
부처손목 Selaginellales
레피도덴드론목 Lepidodendrales
물부추목 Isoëtales (quillworts)
쇠뜨기목 Equisetales (horsetails)
솔잎란목 Psilotales
고사리삼목 Ophioglossales
마라티아목 Marattiales
고란초목 Polypodiales
리기노프테리스속 *Lyginopteris*
룬카리아속 *Runcaria*
소철목 Cycadales
은행목 Ginkgoales
벨비치아속 *Welwitschia*
마황속 *Ephedra*
매마등속 *Gnetum*
소나무과 Pinaceae
남방소나무과 Araucariaceae
나한송과 Podocarpaceae
금송과 Sciadopityaceae
측백나무과 Cupressaceae
개비자나무과 Cephalotaxaceae
주목과 Taxaceae
암보렐라상목 Amborellanae
수련상목 Nymphaeanae
아우스트로바일레야상목 Austrobaileyanae
목련상목 Magnolianae
백합상목 Lilianae
장미상목 Rosanae
국화상목 Asteranae

현생종과 멸종된 종간의 진화적 관계를 보여 주는 생명계통수.
글자의 색은 각 그룹이 놓이된 죽은 잷(chapter)을 나타낸다.

목차 CONTENTS

서문
FOREWORD

피터 크레인(PETER CRANE)

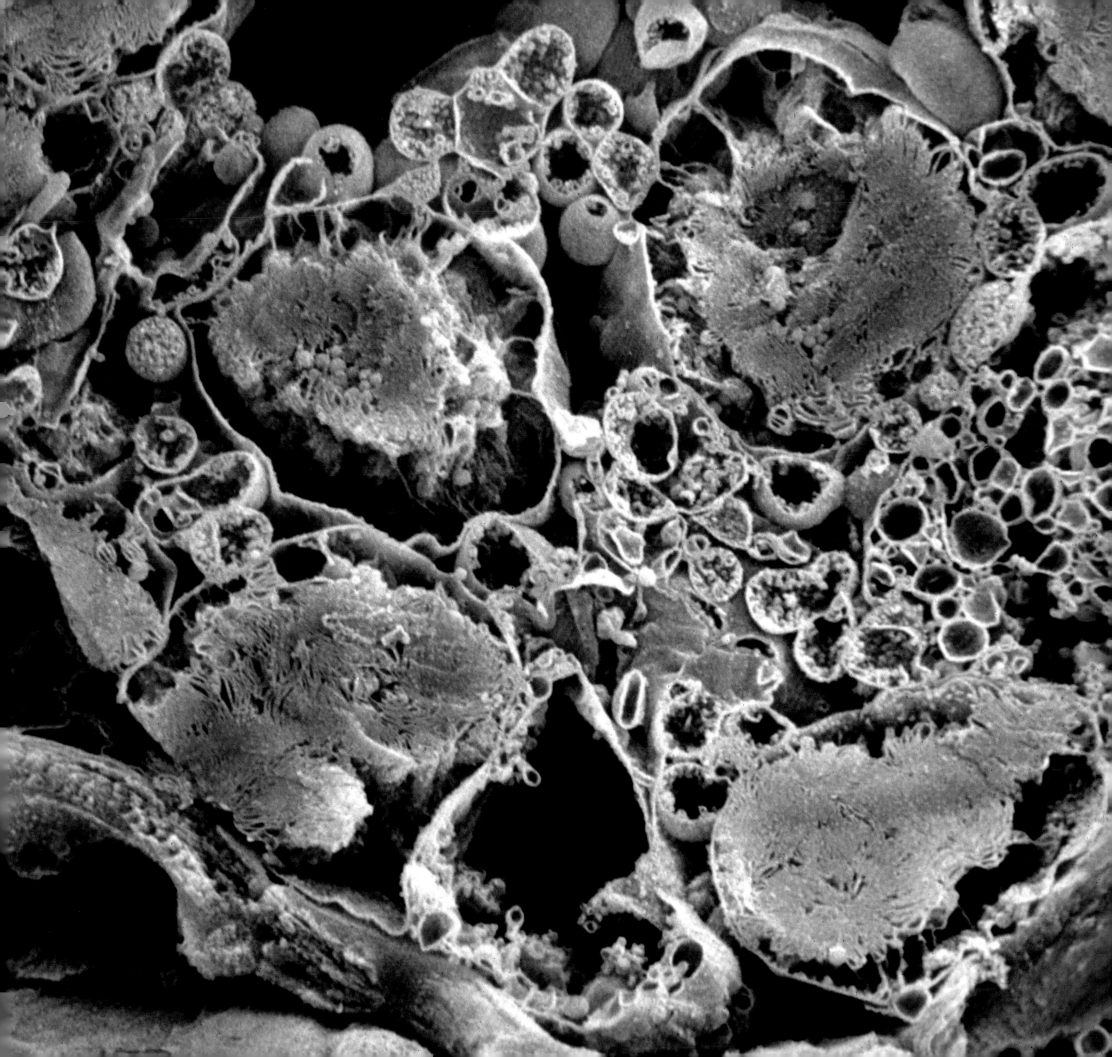

한 사건이다.

이 책은 식물 세포의 장엄한 세계에 초점을 맞추어 그 중요성을 상기시키는 동시에 식물 세포의 아름다움을 소개하고 있다. 규조와 꽃가루부터 길고 질긴 나무줄기의 섬유소, 벼과 식물의 완전히 게 말린 잎들까지 우리를 미시적 식물 세계로 이끌어 줄 것이다. 놀라운 이미지들은 서로 다른 종류의 식물 세포가 식물의 쓰임새를 결정한다는 것을 확연히 보여 준다. 이렇게 인간에 의해 음식, 은신처, 약용 등 많은 목적으로 사용되는 식물은 결국 인류 문명의 토대가 되는 것이다.

식물 세포는 태양 에너지를 흡수하여 모든 생물이 의존하는 화학 에너지로 바꾸는 독특한 능력을 가졌다. 이 화학 에너지는 동물과 식물 세포에서 생명을 만들고 유지하는 데 사용되며, 세포가 성장하고 분열하여 자기 복제를 하는 정교한 발달 과정을 통해 바오밥, 미나리아재비, 딱정벌레 그리고 새와 같이 서로 다른 생물들이 만들어지게 된다.

식물 세포의 다양성과 세포들이 서로 다르게 조합되는 방식들은 모두 진화 과정에 의해 형성되었다. 그 결과, 식물의 생활과 사람이 사는 지구도 큰 다양성을 가지게 되었다. 매일같이 전 세계 수십억 식물의 수십억 세포가 행하는 과정은 우리 생활에 매우 중요한 일이다.

스티븐 블랙모어(Stephen Blackmore) 교수는 마법같은 식물 세계로의 여행으로 우리를 초대한다. 현미경적 크기에서부터 행성까지, 그리고 생명의 기원부터 현재에 이르기까지 시공간의 경계를 넘나들며 인간 생활 속에서의 식물의 위치, 식물과 인간과의 관계에 대해 상세히 묘사하고 있다.

이 아름다운 책은 시각적인 즐거움뿐만 아니라, 사람과 식물의 관계가 왜 중요한지 이해하는 데 도움을 준다.

아래: 북 아이다호 클라키아 화석 분지의 포플러스 린드그레니(Populus lindgreni) 잎 화석. 매우 생생하게 보이지만 약 1,500만 년 전 신생대 제3기에 차갑고 깊은 호수의 퇴적물에 묻혀 생성된 것이다.

8쪽: 연꽃(Nelumbo nucifera) 잎의 아랫면. 가스와 수분 이동을 조절하는 타원형의 기공을 보여 준다. 다각형의 표피세포는 모두 각각 중앙 돌출부가 있고 왁스 코팅이 되어 있다. 주사전자현미경 × 4,600

10쪽: 잎세포의 내부 세계. 동결 파쇄된 식나무(Aucuba japonica)의 잎. 태양 에너지를 흡수하여 화학 에너지를 만드는 세포막과 소기관을 보여 준다. 주사전자현미경 × 22,000

피터 크레인(Peter Crane)
예일대학교 식물학 교수/산림 · 환경연구대학원 석좌 학장/
영국 왕립협회 회원

여행의 시작

THE JOURNEY BEGINS

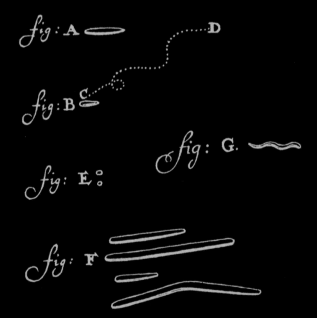

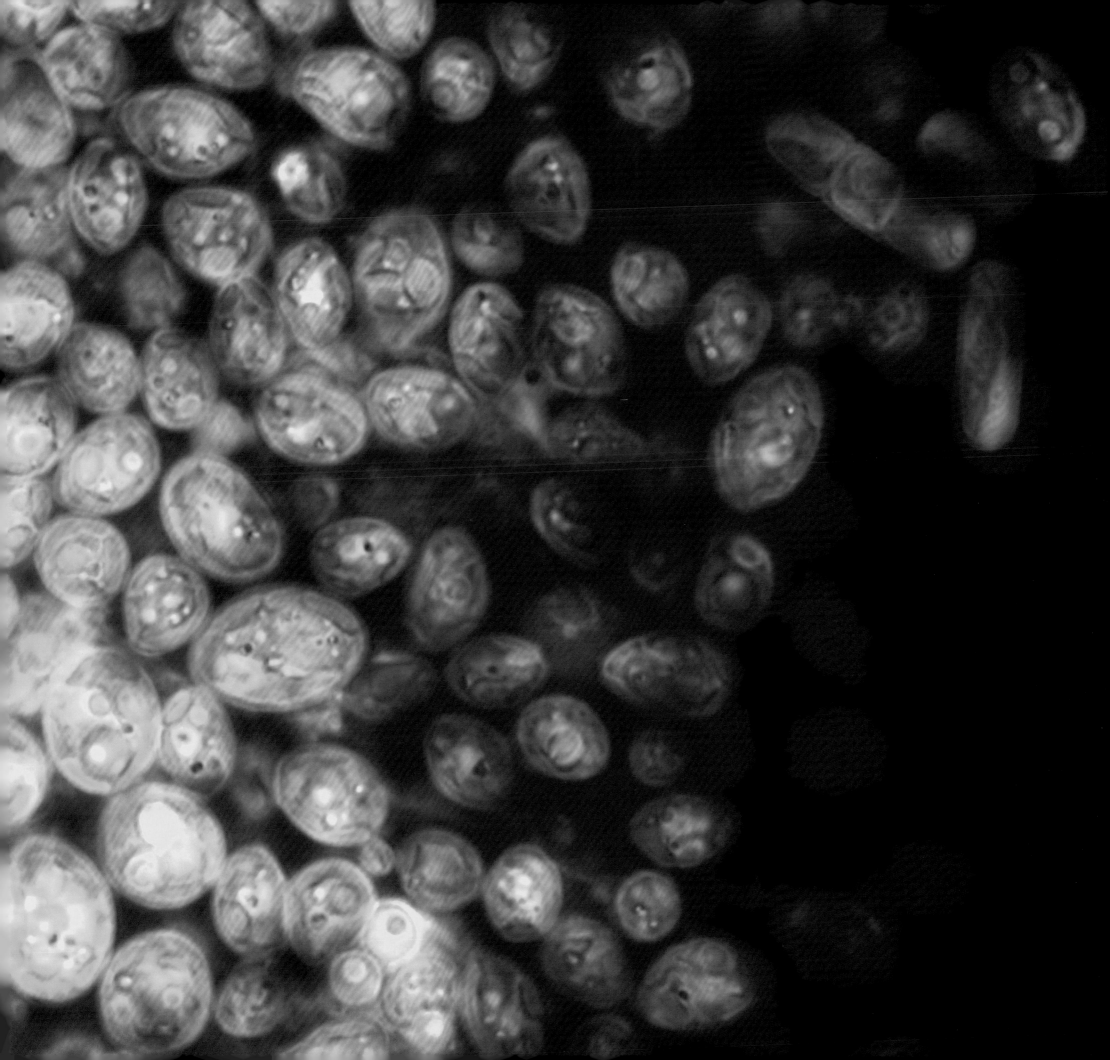

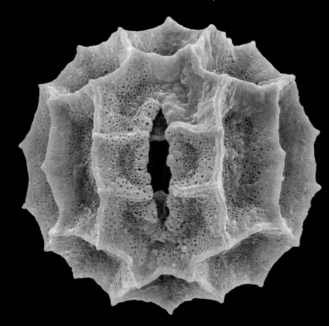

아프리카의 국화과(Compositae) 식물인 쿨루미아 리기다(*Cullumia rigida*)의 화분립. 수분 매개체 곤충에 달라붙는 것을 돕는 대칭적 갈기로 둘러싸인 좁고 긴 틈새 모양의 발아면이 보인다. 주사전자현미경 × 2,200

12쪽: 탄사라고 부르는 길쭉한 세포. 나선으로 비후된 부분이 있어 습도의 변화에 따라 구부러지고 비틀어지면서 우산이끼(*Marchantia polymorpha*)의 동그란 녹색 포자 산포에 도움을 준다. 위상차 광학현미경 × 3,500

13쪽: 선구적 현미경학자이자 이 박테리아의 최초 발견자인 안톤 판 레이우엔훅(Antonie van Leeuwenhoek)의 입에서 채취한 세균. 그가 1683년 편지에 그린 그림으로, 그림 B는 그가 이 박테리아[지금은 셀레노모나스속(*Selenomonas*)으로 분류]가 움직인 흔적을 그린 것이다.

14쪽: 1,000종 정도 존재하는 미세 조류의 하나인 스코티엘롭시스 오사이티포르미스(*Scotiellopsis oocystiformis*). 주로 토양에서 발견된다. 이 샘플은 스코틀랜드의 원시림 프레스맨난 우드(Pressmennan Wood)의 토양에서 채취되었으며, 명암 차이를 나타내기 위해 인디안 잉크로 고정하였다. 광학현미경, 명시야 조명 × 3,750

인간은 기본적으로 시각적인 동물이다. 인간의 눈은 귀, 코, 또는 혀보다 훨씬 많은 정보를 뇌에 전달하며, 우리는 주변 세계를 이해하는 데 있어 많은 부분을 시각에 의존하고 있다. 하지만 다른 피조물들과 비교하면 인간의 시각은 크고 확실한 것만 볼 수 있는 매우 평범한 감각이다. 우리는 대부분 자세히 보이지 않는 세계에 무엇이 있는지 잘 모른다. 자세히 들여다보면 작은 물체와 글자를 볼 수는 있지만 더 이상 볼 수 없는 한계가 있다. 다행히 우리는 호기심이 많은 창조적인 종이어서, 가까이 보기 위해 독창적인 방법을 고안해 냈다. 고대 이집트인이나 로마인 그리고 바이킹은 수정의 특정 곡선 조각을 이용하면 물체를 확대할 수도 있고 불을 지필 수도 있다는 것을 알고 있었다. 그러나 13세기에 들어와서야 사람들의 시각을 보강하기 위한 수단으로 안경이 도입되면서 렌즈를 일상적으로 활용하게 되었다. 오늘날 우리는 렌즈가 가져온 놀라운 혁신을 당연하게 여기거나 잊어버리기도 하지만, 렌즈는 우리 주변 세계뿐만 아니라 우주에 대한 지식을 변화시켰다.

렌즈를 이용하여 먼 거리에 있는 것을 관찰할 수 있는 능력은 멀리 있는 적이나 해안을 볼 수 있는 실용적인 이점을 제공하였다. 렌즈 제작 기술에 대한 접근 권한을 가진 자는 경쟁에서 우위를 차지하게 되었으며, 먼 거리에 있는 물체를 볼 수 있는 장비를 가진 자는 자연과 인간 간의 투쟁 앞에 놓인 위험에 대처할 수 있게 되었다. 17세기 초는 렌즈 제작뿐 아니라 렌즈의 새로운 이용법에 대한 급격한 발전이 두드러진 시대였다. 1609년 갈릴레오 갈릴레이(Galileo Galilei)는 몇 해 전 네덜란드에서 만들어진 디자인을 기초로 망원경을 조립하여 사용하였다. 렌즈를 실린더형 튜브에 장착하여 하늘을 향하게 만듦으로써 갈릴레오는 태양이 지구 주위를 도는 것이 아니라 지구가 태양 주위를 돈다는, 당시로서는 불경스런 주장을 하여 1633년 재판에서 가택연금형을 받았다. 하지만 망원경의 발명은 매우 큰 기술적 도약이었으며, 우리의 세계가 태양계, 은하, 우주 내에 위치한다는 새로운 철학적 시각을 갖게 하였다. 밤하늘의 수십만 개의 별들을 시적으로 표현한 미국의 천문학자 칼 세이건(Carl Sagan)만큼 망원경에 의해 예고된 새로운 발견을 효과적으로 표현한 사람은 없다. 그는 우리에게 거대한 우주의 광활함(너무 광활하여 한 점과 한 점 사이의 이동 거리가 빛의 속도로 연 단위로 걸릴 정도이다)을 상기시켜 주었다. 맨눈으로 보든 망원경으로 보든 별을 보는 것은 과거, 때로는 수십억 년 전을 보는 것이다. 이러한 관점으로 보면 망원경은 먼 거리를 보는 수단일 뿐만 아니라 일종의 타임머신으로도 볼 수도 있다. 망원경은 빅뱅 직후에 일어난 일들도 알 수 있게 해 주는데, 이는 우주를 여행한 후 그 빛이 아직도 우리에게 도달하기 때문이다.

그리고 나서 곧 렌즈를 다른 방법으로 사용하면 사물의 안쪽을 들여다 볼 수 있다는 것을 알게 되었다. 이는 깊은 우주의 신비에 필적할 수 있는 또 다른 세계였으며, 맨눈으로는 보이지 않지만 손에 잡히는 현실 세계였다. 현미경은 생명의 신비로움을 이해할 수 있도록 해 주었다. 경쟁 우위의 관점에서 볼 때 현미경은 소유자에게 망원경보다 덜 유용했지만, 현미경 역시 이전에 보이지 않던 세계를 볼 수 있도록 해 주었다.

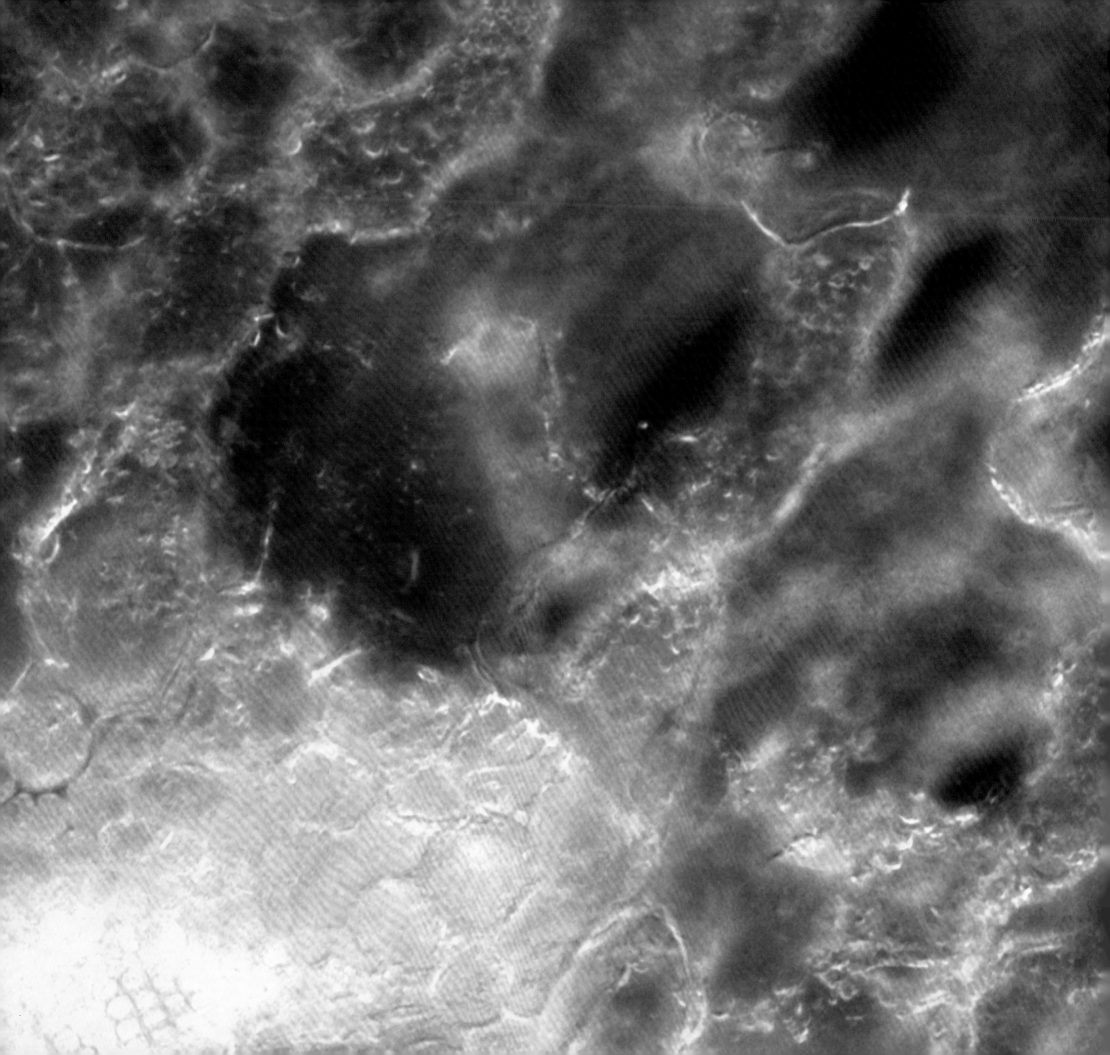

단순한 돋보기의 수준을 넘어서 이 내부의 세계를 탐험한 최초의 두 사람은 네덜란드 델프트의 안톤 판 레이우엔훅(Anton van Leeuwenhoek)과 런던의 로버트 훅(Robert Hooke)이다. 두 선구자는 모두 놀라운 발견과 관측을 통하여 역사에 자신들의 족적을 남겼다. 1665년 로버트 훅의 책 『현미경의 세계(*Micrographia*)』 중 영국 왕 찰스 2세(King Charles II)에 대한 헌사에는 "제가 가져온 것은 저의 빈약한 능력에 버금갈 정도로 소소한 것이나 인간의 마음을 다스려 제국을 세우신 위대한 왕의 눈으로 볼 수 있는 가장 작은 것들을 위해 이것을 가져왔습니다."와 같은 말이 포함되어 있다. 훅의 현미경은 실린더 안에 렌즈 세트가 조합되어 있었다는 점에서 그가 숙달되어 있던 망원경과 다소 비슷했다. 이렇게 하나 이상의 렌즈를 가지고 있는 현미경을 복합현미경이라고 하여 렌즈가 하나인 단순현미경과 구분되는데, 오늘날 복합현미경은 훅의 시대에는 꿈도 꾸지 못할 정도로 발전하여 여전히 사용되고 있다. 훅은 비록 그 당시에 이용할 수 있었던 기본적인 도구를 사용하면서도 놀라운 것들을 발견하여 위대한 과학자들 중 한 사람으로 자리매김하였다. 그는 코르크 조각을 관찰하면서 "이 구멍들, 즉 세포들은 그다지 깊지 않지만 수많은 작은 상자로 구성되어 있고, 그 상자는 하나의 길게 연결된 구멍 같은 어떤 격막에 의해 분리되어 있다."라고 기술하였다. 이 평범한 설명은 모든 생명체의 구성 단위에 대해 최초로 기록된 관찰과 기재문이며, 훅이 만든 이 '세포(cells)'라는 용어는 오늘날 생물학에서 흔히 사용되고 있다. 훅은 그가 발견한 것의 중요성에 대해 "내가 처음으로 세포를 발견했다(정말로 이전에는 본 적 없는, 내가 처음으로 보는 미세한 구멍이며, 이전에 이에 대해 어떠한 언급을 하는 사람도 만난 적이 없기 때문에 아마도 세상에서 처음 본 것일 것이다)."라고 적었다. 많은 사람들이 『현미경의 세계』에 발표된 세포의 발견 내용을 읽고 훅과 마찬가지로 열광했다. 아마도 가장 유명한 사람 중 하나는 새뮤얼 피프스(Samuel Pepys)일 것이다. 리브스(Reeves)로부터 현미경을 산 그는 1664년 7월 26일자 일기에 "『현미경의 세계』가 내 생애 읽은 책 중 가장 뛰어나다."라고 적었다.

그 즈음 판 레이우엔훅이 사물을 250배 가까이 확대시키는 데 성공하였는데, 이는 훅이 달성한 것보다 10배가량 증가된 배율이었다. 그는 물방울을 관찰하여 전에는 상상도 할 수 없었던 생명체의 형태를 발견하고 이를 아주 작은 동물을 의미하는 극미동물(animalcules)이라 불렀다. 이것이 최초로 관찰된 단세포 유기체이다. 앞으로 다루겠지만, 이제 우리는 단세포 생명체가 매우 다양하다는 것을 알고 있다. 오늘날에는 일부 미생물이 인간과 동물의 질병을 일으키기 때문에 잘 알려져 있지만, 판 레이우엔훅의 시대에 육안으로 볼 수 없는 작은 형태의 생명체가 존재한다는 것을 깨닫는 것은 획기적인 일이었다. 어떻게 우리가 마시는 물에 완전하고 작은 생명체(극미동물)가 있을 수 있단 말인가? 판 레이우엔훅은 전통적인 렌즈 연마 기술을 새로운 수준에 맞게 적용했는지, 아니면 유리 막대를 녹여 만든 구형 구슬을 사용했는지 여부를 절대 밝히지 않았다. 그는 이 두 방법 모두를 알고 있었다. 판 레이우엔훅은 비록 투옥은 면했지만 갈릴레오처럼 이단이라 비난하는 신학자들로부터 주목을 받게 되었다. 그의 관찰이 지구가 태양 주위를 돈다는 사실만큼이나

아래: 1665년에 출판된 『현미경의 세계』에 실린 미모사(*Mimosa pudica*) 가지의 코르크 세포 그림. 로버트 훅이 그린 유명한 그림이다.

16쪽: 망원경으로 심원한 시간을 되돌아볼 수 있다. 허블우주망원경은 1054년에 별이 폭발하여 형성된 게성운(황소자리의 성운)을 자세히 보여 준다. 이 사건은 중국과 일본에서도 관찰, 기록되어 있다.

17쪽: 현미경은 과거의 사건도 보여 준다. 엽록체는 한때 독립적이었던 유기체 – 주목(*Taxus baccata*) 잎의 밝은 녹색 구로 보이는 부분 – 로부터 파생되었는데, 이는 육상 식물이 진화하기 훨씬 이전인 약 20억 년 전 '세포 생물학의 빅뱅'의 유산이다. 광학현미경, 암시야 조명 × 1,100

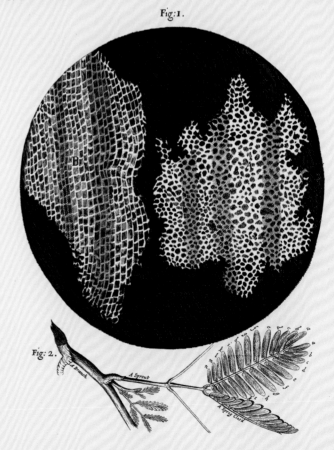

자연에서 우리의 위치를 이해하는 데 변혁을 일으킨 것은 분명하다. 자신이 관찰한 것들이 특별히 중요하다는 것을 인식한 판 레이우엔훅은 자신이 발견한 것을 런던의 왕립협회에 전달하였고, 로버트 훅은 이를 확인하는 임무를 맡았다. 훅은 보다 강력한 단일 렌즈를 가진 판 레이우엔훅의 '단순현미경(그 당시에는 복합현미경보다 낮지 않았다)'을 복제한 후에야 이 일을 할 수 있었다.

현미경은 복잡한 동식물의 구성을 이해하는 데 도움이 되었으며, 어떻게 생명체가 성장하는지 알 수 있게 해 주었다. 또한, 생물학의 가장 근본적인 생명과 번식 문제에 관한 수수께끼와 가설들을 해결하였다. 우리는 우리 행성에 크고 익숙한 존재들보다 이전에는 볼 수 없었던 미지의 생명체가 훨씬 많다는 것을 이해하기 시작하였다. 현미경은 오늘날까지도 생물학도를 훈련시키는 도구 중 하나이지만, 현미경으로 볼 수 있는 영역은 여전히 많은 사람들에게 열려 있지 않다. 병원균도 현미경의 세계를 통하여 발견되었으며, 인체 기관에 대한 지식을 새롭게 알게 됨으로써 치명적인 질병을 사전에 치료할 수 있게 되었다. 이처럼 현미경은 우리의 일상생활에 덜 직접적이었지만 망원경만큼 영향을 끼쳤다.

이 책을 통해 우리는 식물의 조직화와 성장을 이해하는 데 도움을 준 현미경 발명의 지대한 영향을 탐구하게 될 것이다. 이 책은 필자가 처음 생물학을 공부하기 시작했을 때 느꼈던 개인적인 발견의 즐거움으로부터 영감을 얻어 쓴 것이다. 홍콩에서 필자가 다녔던 학교는 여러 가지 면에서 장비가 잘 갖추어진 학교였지만, 종합적인 참고 표본 세트(서양의 회사들이 교육 목적으로 제조한 유리 슬라이드에 놓인 표본)는 부족하였다. 나는 원하는 식물 부위(아마도 꽃눈이었을 것으로 기억하는데)를 파라핀 왁스에 넣는 법과 소형 베이컨 슬라이싱 기계처럼 생긴 마이크로톰을 이용하여 얇게 절단하는 법을 배웠다. 이렇게 만들어진 얇은 슬라이스는 각 세포벽의 화학적 성질을 감안하여 세포 종류에 따라 다양한 염료로 염색하였다. 그 다음 시료를 오래 잘 보존시키는 수지인 캐나다발삼(Canada balsam)을 시료 주변에 넣어 얇은 커버글라스로 봉하였다. 나는 곧 숨겨진 세계, 눈부신 복잡함과 특별한 아름다움을 가진 녹색 우주에 들어섰다. 만약 기회가 된다면 현미경을 사용하여 식물 연구 경력을 쌓고 싶다는 것을 깨닫게 되었고, 내 방식대로 꽃눈, 잎, 뿌리 그리고 줄기를 얇게 절편하여 관찰해 감에 따라 또 다른 것들을 이해하게 되었다.

교과서와 시험 문제는 거의 대부분 미나리아재비나 장미처럼 유럽의 식물을 기본으로 하고 있었다. "잎의 횡단면을 그려라" 또는 "뿌리 끝의 분열 세포를 설명하라"와 같은 문제가 많았다. 이러한 문제는 식물의 모든 잎 또는 뿌리가 획일적이라는 것을 암시하며, 이는 명백한 사실을 잘못 전달하는 것이었다. 식물의 다양성은 끝이 없다. 식물은 각각 특정한 환경에서 자라도록 적응되었고, 모두 각각의 진화의 역사를 가지고 있다. 식물의 구조와 그것을 구성하는 세포들을 자세히 관찰하면 지질학적 시간에 따라 전개되는 진화의 시기를 파악할 수 있다. 지금부터 보여 줄 것들은 잘 알려지지 않은 세계로서, 우리가 알고 있는 것보다 더 잘 알아야 하는 세계이다. 이것은 특히 우리의 생존이 식물 세포의 내부 작용에 의존하고 있기 때문이다.

아래: 1686년 요하네스 베르콜제(Johannes Verkolje, 1650~1693)가 그린 안톤 판 레이우엔훅(Anton van Leeuwenhoek)의 초상화. 네덜란드 암스테르담 국립박물관 소장

20~21쪽: 지구는 생명이 시작된 바다가 표면의 72%를 차지한다. 인도양의 알다브라 환초(Aldabra Atoll)

육상에서 식물은 다른 종들이 살아가는 생태계를 규정하고 그 형태를 결정짓는다.

오른쪽: 클래머스(Klamath) 국유림에는 17종의 송백류(구과류 conifers)가 서식한다. 북아메리카에서 송백류의 다양성이 가장 높다.

아래: 캘리포니아의 벌레잡이통 식물(Darlingtonia californica)은 질소가 부족한 습지에 서식하며, 고도로 변형된 통 모양의 잎으로 벌레를 잡아 부족한 질소를 보충한다.

왼쪽: 가장 키가 큰 나무는 코스트 레드우드(coast redwoods, *Sequoia sempervirens*) 종류이다. 키가 115m 이상 자랄 수 있으며, 해안의 안개가 수분을 제공해 주는 북아메리카 태평양 연안을 따라 좁은 대역에만 서식한다.

아래: 인도양의 소코트라(Soqotra) 섬에는 드래건 트리(dragon tree, *Dracaena cinnabari*)와 물을 저장하는 다육성 줄기를 가진 식물이 많으며, 수많은 고유종이 서식하는 독특한 숲이 있다.

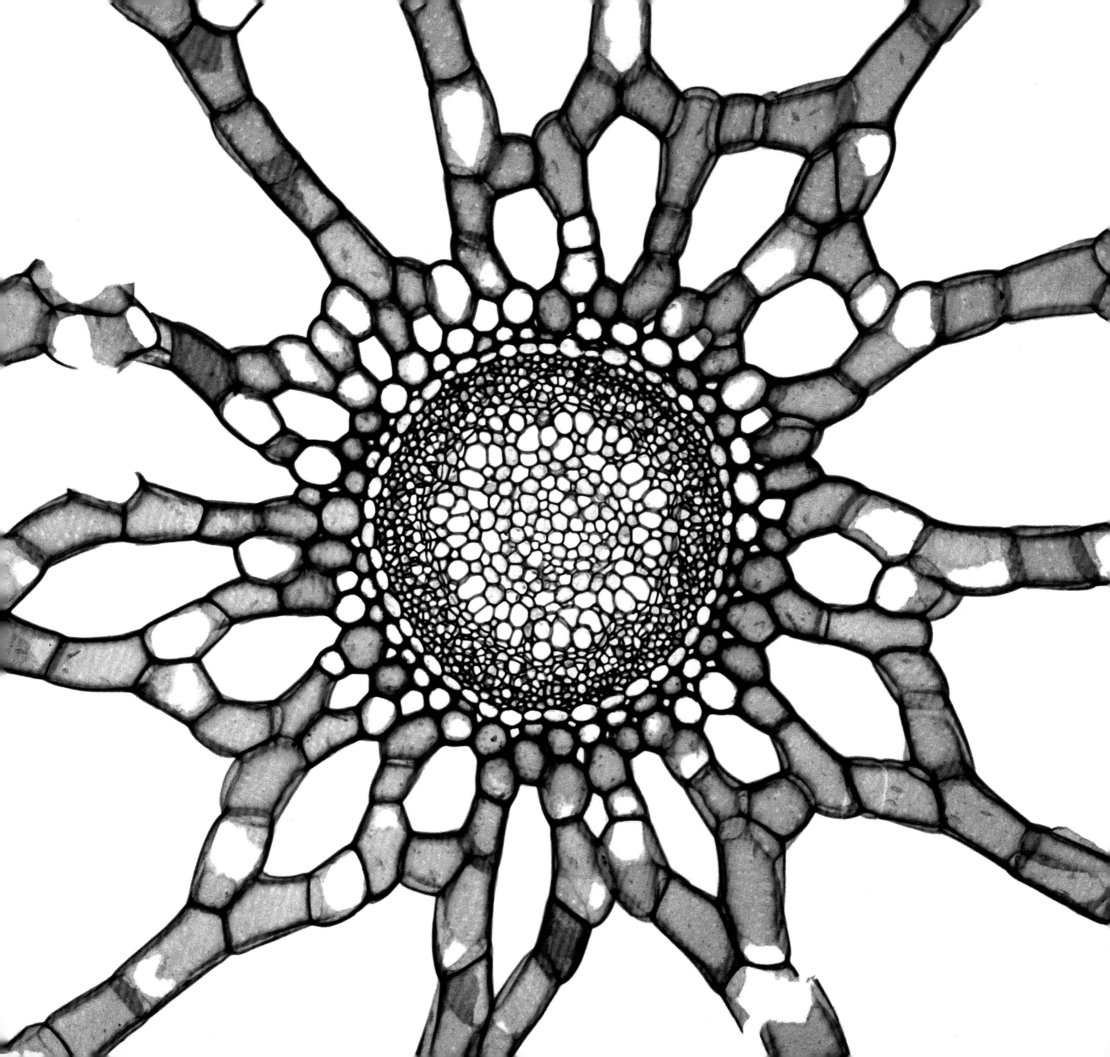

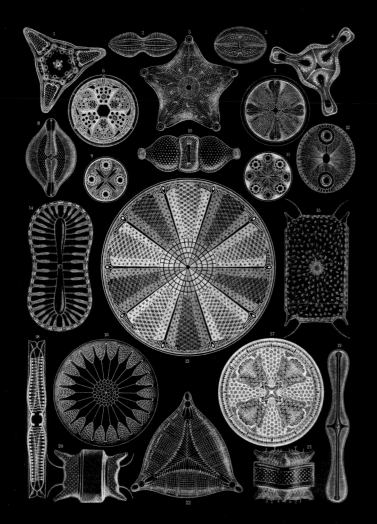

아래: 실리카 세포벽을 가진 단세포 조류인 규조류(diatom) 그림. 대칭성을 강조하고 있다. 1899~1904년에 출판된 에른스트 헤켈(Ernst Haeckel)의 시리즈 『자연 속의 예술적 형태들(Art Forms in Nature)』에서 발췌한 것이다.

24쪽: 수생식물인 히푸리스 불가리스(Hippuris vulgaris)의 줄기 단면. 중심부의 통도 조직은 피층세포에 의해 둘러싸여 있으며, 공기로 채워진 커다란 공간이 있어 식물이 일시적으로 물에 잠기게 되어도 직립 상태를 유지할 수 있게 해 준다. 명시야 조명, 사프라닌(safranin)으로 염색 처리한 표본 × 170

약 35억 년 전 지구상 생명의 기원으로 시작된 이 이야기는 하나의 단세포 생명체가 시간이 흐름에 따라 훨씬 복잡한 다세포 생물을 형성하는 쪽으로 진행된다. 이 이야기에는 육상의 정복과 생물권 형성으로 인간처럼 몸집이 큰 호기성 동물이 진화하는 이야기가 포함되어 있다. 광활한 시간 동안 펼쳐지는 이 여행은 수천 년에 걸친 세포의 진화 역사가 들어 있기 때문에 현미경도 망원경처럼 일종의 타임머신으로 간주될 수 있다는 것을 보여 준다. 또한, 시간을 거슬러 생명계통수에서 진화적으로 중요한 분지점을 나타낸 획기적인 사건들도 알 수 있다.

생명은 바다에서 시작되었다. 초기 형태 중 일부 생명체는 광합성 과정을 통해 태양 에너지를 사용할 줄 알게 되었다. 이들은 판 레이우엔훅(van Leeuwenhoek)이 발견한 것과 유사한 단세포 형태의 생물체였다. 이들의 초기 진화에는 전혀 다른 별개의 진화 경로가 융합되어 완전히 새로운 종류의 세포, 즉 인간을 포함하여 모든 동식물에 공통적인 세포를 형성하는 획기적인 사건이 포함되어 있기 때문에 혹자는 이를 '세포 생물학의 빅뱅'이라고 부른다. 우리는 4억 7천5백만 년 전 오르도비스기에 단세포 생물이 육상으로 올라오기 시작하여 다세포 식물로 진화되고 다양화되는 것을 살펴볼 것이다. 또한, 생명체가 점차 정교해지고 다양해짐에 따라 필요로 하는 기능들을 세포가 어떻게 수행하는지, 세대를 통해 어떻게 분열하고 번식하는지 살펴볼 것이다. 식물과 식물 세포에 초점을 두는 것은 동물 세포가 덜 흥미롭기 때문이 아니라 단순히 다른 이야기이기 때문이며, 공통 조상을 가진 식물과 동물이 아주 오래전에 분화되었기 때문이다. 육상에서의 진화를 통해 식물 세포는 보호와 물리적 힘을 동시에 갖는 딱딱한 세포벽을 갖게 되었고, 시간이 흐를수록 세포의 종류는 점차 다양해졌으며, 이에 따라 조직과 기관도 점차 복잡해졌다.

서로 다른 분야인 식물학과 건축학이 둘 다 형태와 기능 사이의 미묘한 관계를 좋아한다는 것은 놀라운 일이 아니다. 건축학은 독창적이고 새로운 방법으로 재료를 사용하여 특정 목적에 맞게 설계된 건물을 만든다. 식물을 보면 참나무든 미나리아재비든, 형태는 그 식물의 생활 방식과 생장 환경을 반영한다는 것을 알 수 있는데, 우리의 눈만으로는 식물의 뿌리, 줄기, 잎 또는 꽃 등의 각 기관 내에 매우 다양한 형태와 기능을 가진 세포들이 존재한다는 것을 알기 어렵다. 우리 행성의 자랑거리는 생태계의 모든 수준에서부터 세포와 그 안에 있는 유전자까지 놀라울 정도로 높은 생물 다양성을 보인다는 것이다. 이 책은 식물 세포의 다양성과 아름다움을 관찰하며, 다른 사람들이 따를 수 있는 길을 밝혀 준 통찰력을 가진 일부 과학자들에 대한 이야기를 들려준다.

우선, 선구자들의 단순한 도구부터 가장 정교한 광학현미경 및 전자현미경과 같은 최신 기술 혁신에 이르기까지, 현미경에 대해 자세히 알아보도록 하자. 일단 식물 세포의 미시적 세계를 관찰하는 방법을 아는 것이 도움이 될 것이다. 식물 세포의 감추어진 세계에 들어서기 전에 생명의 기원과 최초의 세포에 대해 검토할 것이다. 우리의 삶에서 녹색 배경에 불과한 식물을 새로운 시각으로 보게 될 것이며, 식물이 우리 세상을 인간이 살아갈 수 있는 장소로 만든다는 것을 상기하게 되기를 바란다.

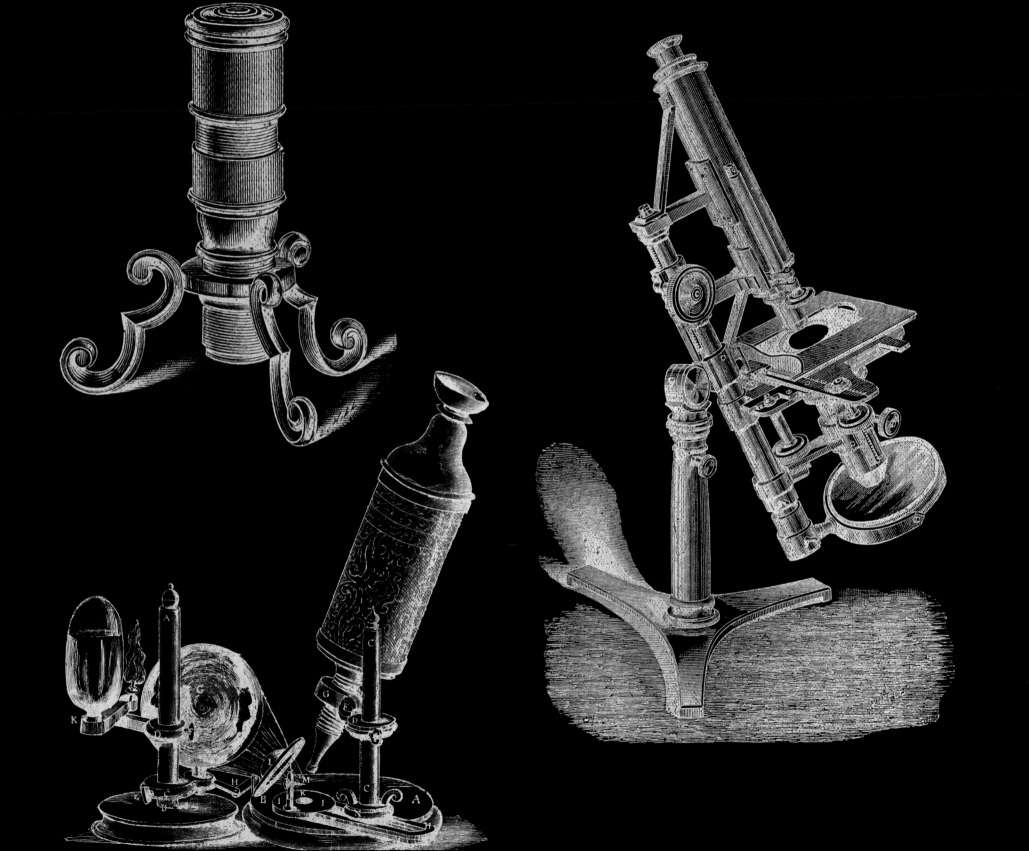

현미경의 역사

THE HISTORY OF MICROSCOPY

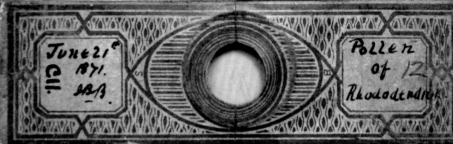

화분이 수술머리에 끈처럼 매달려 있는 중국의 진달래속 식물 로도덴드론 데코룸
(Rhododendron decorum). 에든버러 왕립식물원 컬렉션의 살아 있는 식물로부터 만든
슬라이드 글라스. 히말라야 진달래의 꽃잎. 로도덴드론 윈난엔스(Rhododendron
yunnanense)의 수술. 1871년 아이작 베일리 밸푸어(Isaac Bayley Balfour)에 의해 만들어
진 진달래 수술 슬라이드와 후에 광학현미경으로 본 이미지(배율 × 360)

26쪽: 윌리엄 카펜터(William B. Carpenter)의 『현미경과 새로운 발견(The Microscope
and its Revelations)』제7판에 나오는 역사적인 현미경들. 상단 왼쪽: 갈릴레오(Galileo)의
현미경(연대 미상). 하단 왼쪽: 훅(Hooke)의 복합현미경 판화(1665). 오른쪽: 스미스
(Smith)와 벡(Beck)의 현미경 판화(연대 미상)

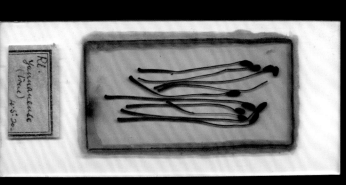

해야 했다. 초창기 현미경의 주된 제한 요소는 렌즈의 질이었는데, 이는 표본을 확대하는 정도뿐만 아니라 선명도에도 영향을 미치는 요소였다. 표본에 비춰지는 조명도 주된 제약이었다. 밝게 비춰진 표본은 어두울 때보다 훨씬 관찰하기 쉽고 많은 정보를 얻을 수 있다. 초창기 현미경은 주로 자연광을 이용했으나, 광학이 개선되고 인공적인 조명이 만들어지면서 현미경이 크게 발전하였다. 후에 빛 광선은 전자빔으로 대체되어 전자현미경 시대가 되었다. 현미경 역사에서 가장 중요한 또 다른 요소는 관찰하기 전에 하는 전처리이다. 처음에는 시료 준비를 최소한으로 했지만, 점차 세포 내 다른 구성 요소를 화학적으로 염색하는 정교한 방법을 사용하게 되었다. 염료와 다른 시약들을 사용함으로써 더 많은 정보, 예를 들면 세포벽의 구성이나 세포 내 특정 물질의 분포와 같은 정보들을 추가적으로 얻게 되었다. 이제는 그 방법이 매우 정교해져서 세포 내의 특정 유전자 또는 그 유전자 산물의 소재를 조사할 수 있게 되었다.

조명과 렌즈의 발전은 기본적인 하나의 요인인 현미경의 해상도를 개선하기 위한 것이었다. 해상도는 식별 가능한 가장 작은 두 점 사이의 최소 거리를 말한다. 우리 눈이 사물을 더 이상 구별할 수 없는 한계가 있는 것처럼, 미세한 부분을 해상하는 능력에 따라 현미경의 디자인은 달라진다. 좋은 해상도를 가진 현미경일수록 시료를 더 크게 볼 수 있고 새로운 세부적인 것을 계속 밝혀낼 수 있다. 본질적으로 광학현미경의 해상도는 빛의 파장에 의해 제한적일 수밖에 없으므로, 20세기에 이러한 장애를 뛰어넘을 수 있는 짧은 파장을 가진 전자현미경의 발전은 매우 중요한 단계였다. 현재 우리는 디지털 이미지 시대에서 픽셀(그림 요소로부터 유래된 단어로서 디지털 이미지를 구성하는 가장 작은 단위) 수가 중요하다는 것을 잘 알고 있다. 높은 수의 픽셀로 구성된 이미지를 캡처하는 수용기(receptor)를 가진 카메라는 성능이 매우 좋고 값이 비싼데, 이는 이미지들을 훨씬 더 크게 확대 가능하며 물체의 세부적인 면을 더 많이 보여 주기 때문이다. 육안으로 보이지 않는 물체를 확대하기 위해 현미경을 사용할 때 관찰 대상의 표본이 더 이상 구분이 되지 않아 추가적인 정보를 얻을 수 없는 지점에 이르게 된다. 이는 관찰할 세부적인 정보가 없기 때문이 아니라, 수많은 픽셀로 구성된 디지털 이미지와 대조적으로 단순히 현미경의 해상도에 한계가 있기 때문이다. 해상도는 극복될 수 있는 장벽이었는데, 너무 작아서 로버트 훅(Robert Hooke)의 복합현미경과 같은 최신 도구로도 볼 수 없었던 미세한 극미동물을 판 레이우엔훅(van Leeuwenhoek)이 발견할 수 있었던 것도 현미경의 탁월한 해상도 덕분이었다. 그러나 복합현미

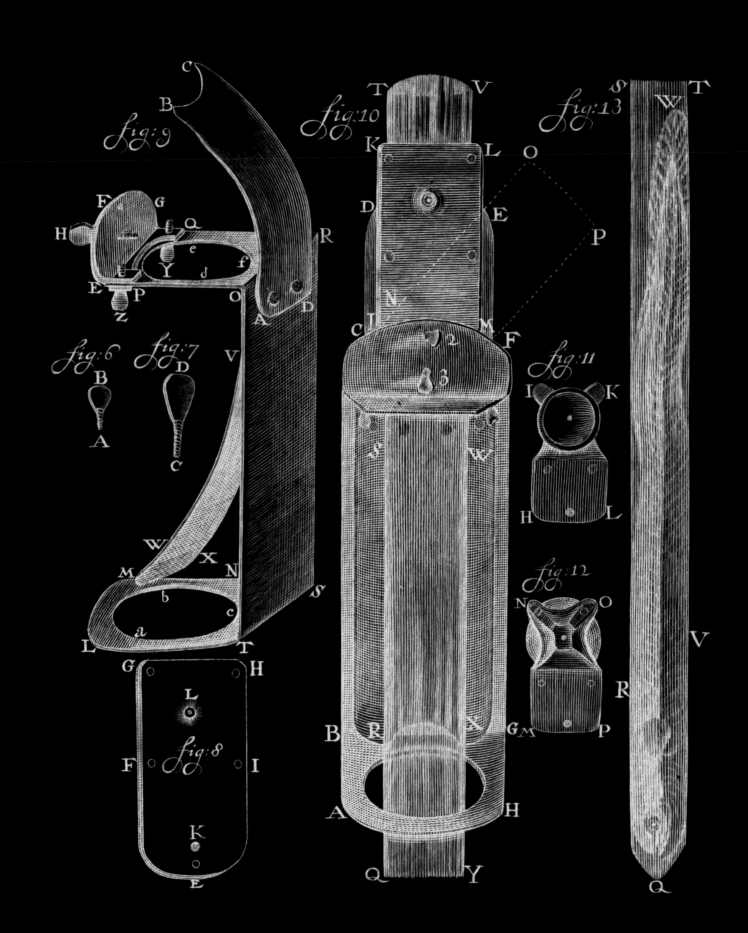

판 레이우엔훅(Van Leeuwenhoek)의 단순현미경. 위치를 조절할 수 있는 나사 끝에 시료를 고정시킨 뒤, 납작한 철판 반대편에 눈을 대고 거의 구형에 가까운 렌즈 세트를 통해 물체를 볼 수 있었다.

30쪽: 1722년에 출판된 판 레이우엔훅의 『신비한 자연의 발견(Arcana Naturae Detecta)』에 수록된 판화. 그는 1680년에 업적을 인정받아 왕립협회 회원이 되었다.

성이 보다 나은 해상도를 위해 디자인을 개선하는 데에는 오랜 시간이 걸리지 않았다, 과학의 역사를 이해하고 선구자들의 업적을 경탄하는 데 관심이 있는 경우를 제외하고는 오늘날 단순현미경은 거의 사용되지 않는다.

이제부터 종류가 다른 현미경들과 이를 이용하여 식물 세포를 공부하는 여러 방법에 대해 탐구해 보자. 현미경은 다른 많은 과학 분야에서도 필수적인 도구이기 때문에 이는 매우 선별적인 검토가 될 것이다. 예를 들어, 광물학에서도 복합현미경을 이용하여 암석과 광물을 얇게 연마한 조각들을 연구하는데, 이 복합현미경은 특수하게 변형된 것으로서 시료 내 서로 다른 요소들을 구분하기 위해 편광을 이용한다.

단순현미경

판 레이우엔훅의 현미경은 성능이 좋은 돋보기와 근본적인 차이가 없었다. 그는 특별한 목적으로 현미경을 개선시켰다. 포목 장수였던 그는 직물의 짜임새를 더 가까이 살펴보기 위해 처음에는 3배 확대할 수 있는 돋보기를 이용하였다. 특정 인물을 발명자로 내세우기도 힘들 만큼 돋보기는 고대부터 사용되어 왔다. 하지만 광학에 있어서 중요한 정점은 의심할 여지없이 11세기 초반 이븐 알-하이탐[Ibn al-Haytham, 알하젠(Alhazen)으로도 알려짐]이 쓴 7부짜리 『광학의 책(Kitab al-Manazir)』이었다. 『광학의 책』은 인간의 눈과 카메라의 핀홀 작동에 대해 기록하였다. 라틴어로 번역되었기 때문에 영국 철학자 로저 베이컨(Roger Bacon, 약 1214~1292)을 포함한 후기 유럽 학자들에게 잘 알려지게 되었는데, 돋보기가 고대부터 사용되었음에도 불구하고 가끔 로저 베이컨이 돋보기를 발명한 것으로 알려져 있기도 하다. 알-하이탐의 번역서는 유럽의 광학 과학 발전에 지대한 영향을 미쳤다.

판 레이우엔훅의 현미경은 은이나 구리 또는 동으로 만든 틀 안에 하나의 렌즈를 장착한 것이었고, 렌즈와 물체 간 거리를 맞추는 방식이었다. 렌즈 자체는 수렴렌즈(볼록렌즈)로서 양면이 볼록하여 평행 광선이 렌즈를 통과하면서 휘어져 렌즈 뒤 적당한 거리에 있는 사물을 향해 모아지게 된다. 렌즈와 초점 사이의 거리, 즉 초점 거리는 정해져 있으며, 렌즈 표면의 두께와 곡률 반경에 따라 결정된다. 단순현미경으로 물체의 초점을 맞추려면 초점이 뚜렷해질 때까지 물체를 앞뒤로 움직여야 한다. 관찰할 때에는 낮의 일광을 이용하거나 빛을 물체에 모으기 위해 현미경 거치대에 붙어 있는 거울을 이용하였다. 거울을 단 것은 시료의 밝기를 개선하는 첫 단계였으나, 곧 일광보다 더 밝은 광원으로서 램프를 사용하게 되었다.

여러 가지 이유로 렌즈는 시료의 완벽한 모습을 보여 주지는 못한다. 항상 이미지를 흐릿하게 하는 수차 현상이 어느 정도 존재하기 때문이다. 관찰되는 이미지의 선명도는 렌즈를 만드는 사람의 기술에 달려 있기 때문에 판 레이우엔훅(van Leeuwenhoek)의 기술은 매우 좋았음이 분명하다. 그러나 최소 250배를 확대할 수 있었던 그의 렌즈가 녹인 유리로 만든 구슬을 이용해 만들어졌는

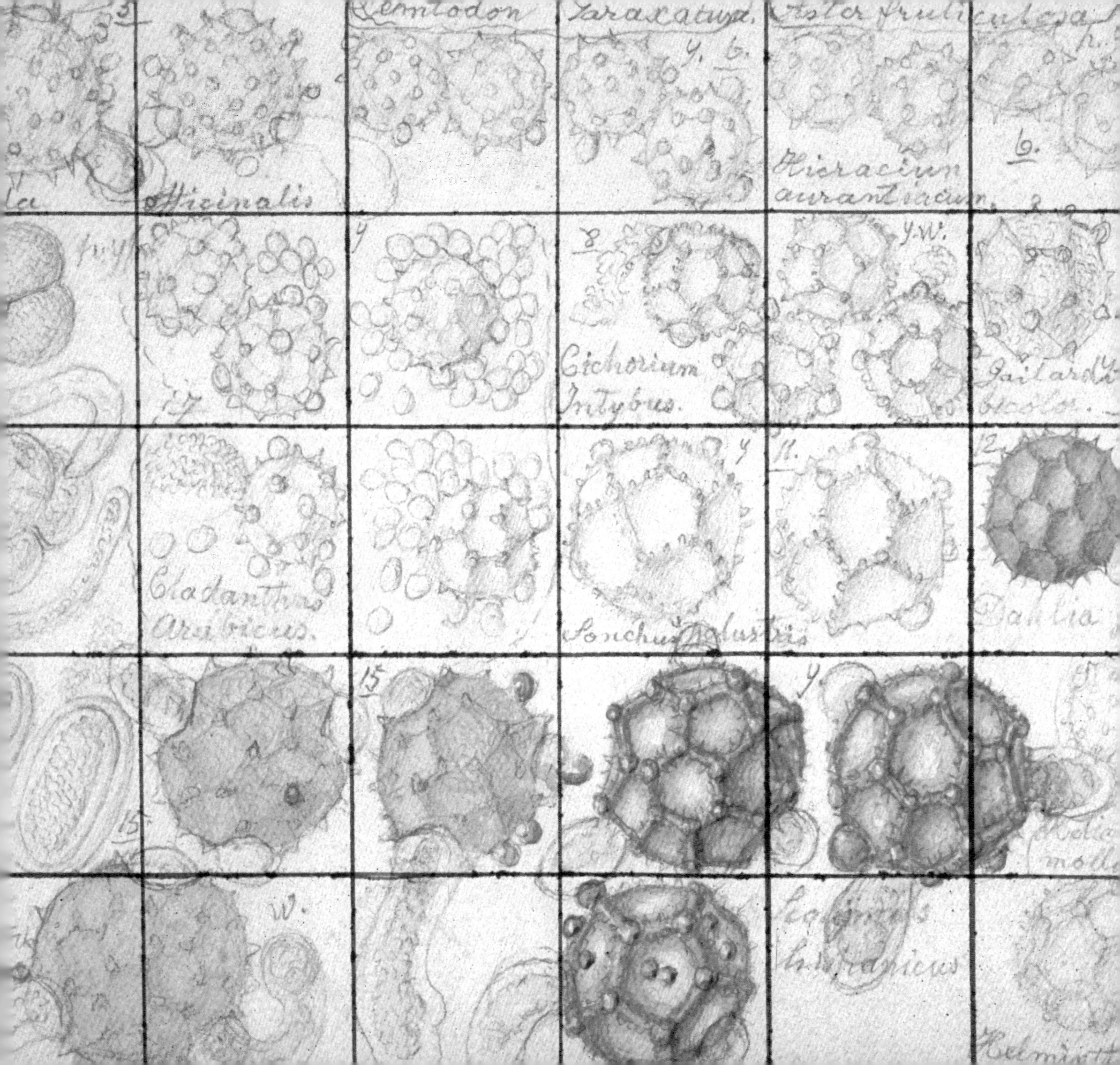

Leontodon   Taraxacum.   Aster fruticulosa

officinalis

y. b.

Hieracium
aurantiacum.

6.

8.   y.w.

Cichorium
Intybus.

Gaillardia
bicolor.

Cladanthus
Arabicus.   Sonchus palustris   y.   11.   12.

Dahlia

15   y.

W.   Echinops
hungaricus   Helia
mollis

Helmin

시, 넌비 빛 광택 피핑을 거치는 견통제 방식으로 만들어졌는기는 정확하지 않다. 그가 두 가지 방식을 다 알고 있었다는 것은 확실하며, 아마도 유리구슬을 렌즈로 이용하는 방법도 그가 발견한 것일 것이다. 유명한 현미경 관찰자이자 『알기 쉬운 현미경(*The Microscope Made Easy*)』의 저자인 헨리 베이커(Henry Baker, 1698~1774)는 그의 저서에 "어떤 작가는 레이우엔훅이 그의 현미경에 사용한 유리가 구체이거나 작은 구체라고 표현하고 있으나…… 이 글을 적는 현재, 그가 남긴 현미경 보관장이…… 내 책상 위에 있다. 따라서 그 안에 있는 26개 모든 현미경 안에는 구체나 소구체가 아닌 이중 볼록렌즈가 들어 있다고 확신할 수 있다."라고 적었다. 왕립현미경학회의 설립자이며 1848년에 『현미경 사용법에 관한 실용 논문(*Practical Treatise on the Use of the Microscope*)』을 저술한 존 토머스 퀘켓(John Thomas Quekett, 1815~1861) 역시 이에 동의하였다. 그 문제에 대해서는 여러 의견이 갈릴 수 있지만, 다중 렌즈 시스템을 가진 복합현미경이 중요한 진전이었으며, 디자인을 향상시킬 수 있는 몇 가지 새로운 국면을 열었다는 사실을 반박하는 사람은 없을 것이다.

복합현미경

복합현미경의 초기 역사에 관해서는 좀 더 알려져 있는 편이다. 왜냐하면 원통형 튜브에 두 개 이상의 렌즈를 배치하는 복합현미경의 발명은 돋보기에서 단순현미경으로의 진전보다 더 중요한 혁신이었기 때문이다. 그러나 같은 진전이 망원경의 발달에도 있었기 때문에 이 두 장치의 역사가 다소 얽혀 있는 것은 놀라운 일이 아니다. 두 장치는 16세기 말이나 17세기 초 안경 제조업에 종사하는 가까운 두 이웃이 살았던 네덜란드의 미델부르크에서 기원한 것으로 보인다. 사업적으로 경쟁자였던 이들은 망원경과 현미경 발명에 대한 공로를 인정받으려고 서로 경쟁하였다. 한스 리페르세이(Hans Lippershey, 1570~1619)는 망원경을 최초로 만든 사람으로 널리 인정받고 있으며, 현미경도 만든 것으로 알려져 있다. 1680년 리페르세이는 "멀리 있는 사물을 가까이 있는 것처럼 보는" 발명품에 대해 특허를 신청하였으나 렌즈를 원통에 집어넣는 발상이 참신한 것은 아니었기 때문에 인정받지 못했다. 그러나 실패한 특허 출원에 대한 지식은 널리 확산되어 갈릴레오 갈릴레이를 포함한 다른 이들에게 망원경의 가능성을 알리는 데 기여하였다. 이 때문에 몇 년 동안 망원경이 현미경보다 더 급격히 더 널리 퍼지는 결과를 가져오게 되었다. 또 다른 인정할 만한 경쟁자는 리페르세이의 이웃인 자카리아스 얀센(Zacharias Jansen, 약 1580~1638)이었다. 얀센은 1595년, 그의 아버지 한스 얀센(Hans Jansen)의 도움으로 복합현미경을 개발했는데, 리페르세이가 아니라 본인이 현미경과 망원경 둘 다 발명했다고 주장했다. 확실히 이 시점에 두 장치 사이에는 거의 차이가 없어 둘 다 본질적으로는 동일한 단계에 있었다. 실제로 얀센의 현미경은 망원경처럼 생겼는데, 안팎으로 미끄러지듯 움직일 수 있는 연동 튜브로 구성되어 있어 두 렌즈 사이의 거리를 조절함으로써 3~10배 확대가 가능했다. 현미경은 망원경처럼 확대할 물건을 손에 들고 확

아래: 빅토리아 시대에는 현미경이 유행하였다. 1855년 4월 28일자 『그림으로 그린 런던 뉴스(*Ilustrated London News*)』에 실린 판화. 아포테카리스 홀에서 열린 과학 간담회를 보여 주고 있다.

32쪽: 19세기 초 프란츠 바우어[Franz (Francis) Bauer]의 『국왕 폐하를 위한 식물 화가(*Botanick Painter to His Majesty*)』 미출판본(런던 자연사박물관 소장)에 실린 국화과 식물의 화분 그림

34쪽: 1675년과 1679년에 두 부분으로 출판된 마르셀로 말피기(Marcello Malpighi)의 『식물의 해부 구조(*Anatome Plantarum*)』 삽화. 참나무(참나무속 *Quercus*), 밤나무(밤나무속 *Castanea*), 전나무(전나무속 *Abies*), 측백나무(측백나무속 *Cupressus*)를 포함한 다양한 식물 목재를 서로 다른 여러 면으로 자른 단면이다.

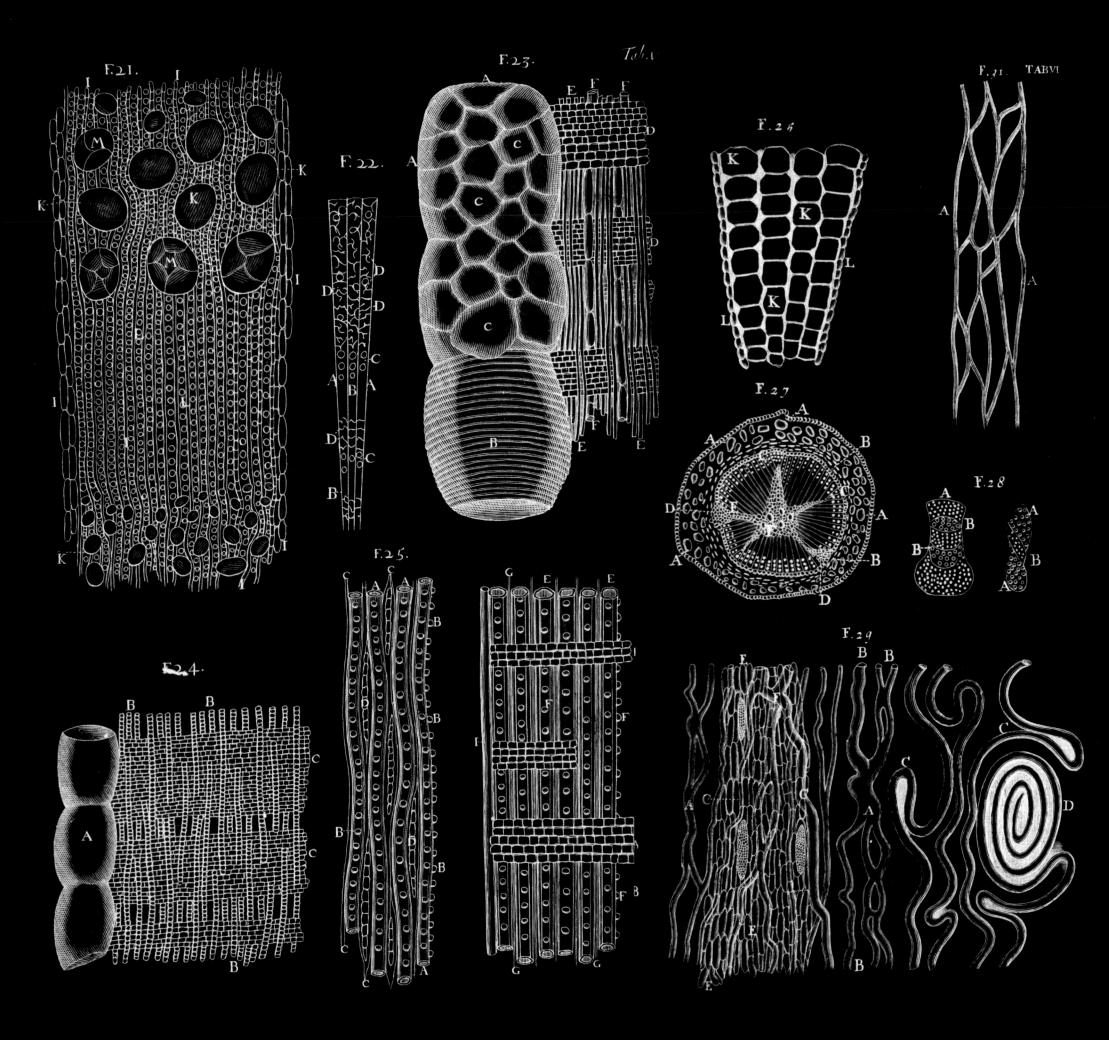

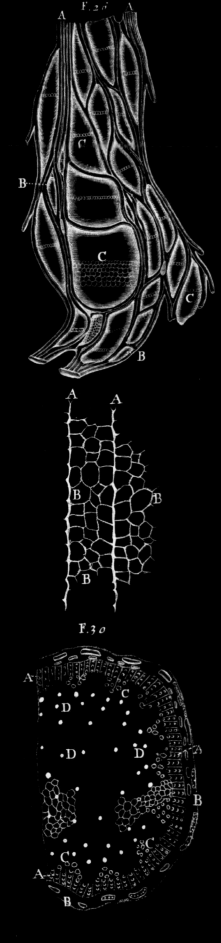

대할 믈긴을 기게기다룩 단순히게 선게되었다. 초접을 맞추려면 시료와 현미경 사이이 거리를 조절해야 했고 손이 안정적이어야 했다. 곧이어 망원경과 현미경 둘 다 삼발이 형태의 거치대에 탑재시켜 더욱 안정적으로 만들게 되었다.

1609년, 갈릴레오가 리페르세이(Lippershey)의 디자인을 개선시키기 시작하면서 새로운 광학기기의 명칭에 대한 흥미 있는 결과를 낳게 되었다. 갈릴레오는 자신의 현미경을 'Occhiolino(이탈리어로 '작은 눈'을 뜻함.)'이라고 불렀으나, 이탈리아의 린체이국립학술원의 동료 회원인 조반니 파베르(Giovanni Faber, 1574~1629)는 1625년 현미경(microscope)이라는 단어를 만들어 냈다. 이는 그리스어의 'micron('작다'를 뜻함)'과 'skopein('보다'를 뜻함)에서 유래된 단어로서, 학술원의 또 다른 회원에 의해 1611년 도입된 그리스어의 'tele('멀다'를 뜻함)'와 'skopein'에서 유래된 '망원경(telescope)'과 짝을 이루게 되었다.

17세기 동안 단순현미경뿐 아니라 복합현미경 모두 디자인 면에서 상당한 시험 과정을 거치면서 현미경의 이용이 국제적으로 확산되었다. 퀘켓(Quekett)의 『실용적 논문(*Practical Treatise*)』에는 두 세기 반 전의 현미경에 대해 자세히 기술되어 있다. 현미경은 두 개의 렌즈로만 된 간단한 구조에서부터 보다 전문적인 광학 배열을 가진 기구로 발전하였다. 사용자는 처음에 접안렌즈를 통해 1개 또는 그 이상의 렌즈에 의해 초점이 맞춰지는 확대된 이미지를 볼 수 있었다. 현미경 경통의 하단에는 시료의 이미지를 형성하는 렌즈 그룹인 대물렌즈가 있는데, 오래 지나지 않아 접안렌즈와 대물렌즈는 각각 배율이 크게 또는 작게 조정되고, 교체할 수 있는 세트로 생산되기 시작했다. 이 때문에 현미경의 범용성이 높아져 처음에는 시료를 낮은 배율에서, 그 다음에는 높은 배율에서 연구할 수 있게 되었고, 배율 변화를 신속히 할 수 있도록 2개 이상의 교환 가능한 대물렌즈 세트가 회전포탑(turret)이라 불리는 회전판에 부착되게 되었다. 시료는 슬라이드 글라스 위에 올려져 일반적으로 액체 배지 안에 놓인 상태에서 더 얇은 커버 글라스로 덮여 봉해지고, 슬라이드는 재물대라고 불리는 현미경의 대 위에 놓고 스프링 클립이나 정교한 보조 장치로 고정시키는데, 시료의 여러 부분을 관찰할 수 있도록 슬라이드를 움직일 수 있게 되어 있었다. 재물대 아래에는 또 다른 렌즈 세트인 집광기가 있었는데, 빛을 점차적으로 밝게 하면서 더욱 정교한 형태의 조명을 제공해 주었으며, 평면 또는 오목 거울은 빛을 모아 집광기로 보냈다. 3개의 기본 요소인 접안렌즈, 대물렌즈, 집광기는 오늘날 모든 복합현미경에서도 찾아볼 수 있다.

필자가 학부 시절 식물학도일 때 처음에는 매우 기본적인 복합현미경을 사용하였다. 이 현미경이 더 좋은 장비로 대체되었을 때 학생들에게 그 구식 모델을 구입하는 것이 허용되었다. 나는 기본적인 복합현미경을 설명하기 위해 약 40년 전에 구입한 뉴욕 로체스터 주의 바슈롬(Bausch And Lomd) 사가 제조한 현미경을 활용하기로 했다. 이 현미경에는 ×4, ×15, ×25 세 가지 배율로 교체 가능한 접안렌즈도 들어 있는데, 각각의 접안렌즈는 2개의 렌즈가 있는 통으로 되어 있으며, 렌즈 사이에는 조리개(통보다 작은 지름의 단순한 구멍)가 있다. 접안렌즈는 아래의 대물렌즈에 의해 투영되는 이미지를 눈으로 보내는 역할을 하여 조리개와 동일 평면상에서 초점이 맞춰지도록 되어 있으며, 현미경의 경통 길이는 최소 160mm이지만 눈금이 그어진 연장관을 빼면 205mm까지도 늘어날 수 있다. 또 단 두 개의 대물렌즈만 있는 회전하는 터릿을 가지고 있으며, 16mm의 저배율 대물렌즈는 개구수(NA, numerical aperture)가 0.25로서 ×10 배율이고, 4mm의 대물렌즈는 개구수가 0.65로서 ×43 배율을 가지고 있다. 개구수의 중요성은 렌즈의 해상도와 직접적인 관련이 있다. 스탠드 또는 프레임 상단 위쪽 손잡이(limb) 양쪽에는 표면이 오톨도톨한 2개의 조동 나사가 있어 대물렌즈를 움직여 시료와의 거리를 조정하여 초점을 미세하게 맞출 수 있는데, 이 미세 초점을 맞추는 메커니즘은 1915년 1월 5일 윌리엄 패터슨(William L. Patterson)이 특허를 받은 것으로서, 그 당시 상당히 정교한 것이었다. 반면, 재물대는 현미경 슬라이드를 고정할 수 있는 두 개의 금속 클립만 있는 극히 단순한 구조였다. 바슈롬 사는 다른 형태의 재물대도 만들었는데, 슬라이드를 신중하게 조절하는 방식으로 앞뒤 좌우로 움직여 시료의 다른 부분을 볼 수 있도록 하였다. 그 아랫부분에는 창시자인 독일 물리학자 에른스트 카를 아베(Ernst Karl Abbe, 1840~1905)의 이름을 딴 두 개의 렌즈를 가진 아베 집광기가 있는데, 볼록한 위쪽 렌즈는 시료에 빛을 비추는 역할이고, 아래에 있는 더 큰 렌즈는 필드렌즈라고 하여 빛을 광원으로부터 모으는 역할을 한다. 집광기는 올리거나 내려서 시료와 동일한 평면에서 조명 초점을 조절할 수 있다. 또 집광기에서 나오는 빛을 조절하는 조리개와 우윳빛 또는 컬러 유리 필터가 놓이는 홈이 있으며, 집광기 아래에 조명을 위한 거울이 장착되어 있고, 일광이든 작은 외부 전기 램프든 빛을 모으기 위해 평면 또는 오목한 면 중 하나를 선택할 수 있도록 뒤집을 수 있게 되어 있다. 이 집광기는 빛이 시료를 통과하는 '명시야' 조명을 제공하는데, 밝은 배경에 대비되어 어둡게 보이며, 시료의 원래 색도 관찰 가능하다.

집광기 이름으로 기념되고 있는 아베는 광학 분야에서 중요한 혁신자였으며, 광학현미경의 해상력을 설명하는 이론을 발전시켰다. 아베의 업적에서 중요한 것은 대물렌즈의 개구수가 클수록, 조명에 사용되는 빛의 파장이 짧을수록 해상도가 좋아진다는 것을 밝힌 것이다. 렌즈를 만든 재료의 굴절률 특성(빛이 통과하는 물질의 밀도가 빛의 광선의 경로를 변경하는 범위)도 해상도를 제한한다. 광학현미경을 이용하여 확대하는 데에는 한계가 있는데, 이는 매우 높은 배율에서 빛의 회절(광선이 방향을 바꾸거나 휘는 현상)이 결국에는 근접한 점들 사이를 분석하지 못하기 때문이다. 회절 한계는 빛의 파장을 개구수의 2배수로 나눈 것과 같다. 식으로 나타내면 $d = \lambda 2na$ 가 되며, 이때 d는 해상도 또는 회절 한계, λ는 조명의 파장, na는 개구수를 의미한다. 만약 시료와 대물렌즈 사이에 공기가 있다면 개구수의 예상 최고치는 0.95이지만, 시료와 렌즈 사이에 오일 한 방울을 넣도록 설계된 렌즈인 경우 개구수 1.5가 가능해져 해상도가 크게 향상될 수 있다. 긴 파장을 가진 빛보다 550㎚ 파장의 녹색 빛이 사용된다면 얻을 수 있는 최고의 해상도, 즉 d의 최솟값은 약 200㎚이다. 이것은 광학현미경 해상도의 이론적 및 실질적 한계이다.

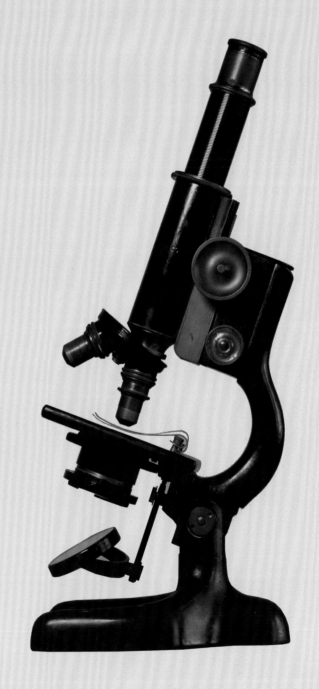

필자의 첫 현미경은 매우 간단한 구조이기 때문에 쉽게 흐트도 다루기 쉬워 즉시 이용 가능했을 것이다. 아마도 그가 알고 있던 집광기와 렌즈의 품질보다 훨씬 뛰어나서 그는 분명 깊은 감명을 받았을 것이다. 그것은 내가 현재 에든버러 왕립식물원에서 사용하는 자이스 엑시오스콥(Zeiss Axioskop) 현미경과는 매우 다르다. 이런 종류의 현대적 연구용 현미경은 작동하기 훨씬 편한 쌍안 접안렌즈를 가지고 있고, 이미지는 작동하는 사람과 디지털 카메라에 곧바로 전달될 수 있다. 혹의 시대에 현미경으로 관찰되는 물체의 이미지는 그림으로 기록되었었다. 현미경에 카메라가 추가된 것은 사진술이 발달하고 얼마 후인 19세기 초기의 일이었다.

알려진 바와 같이, 많은 세월 동안 현미경 사진을 찍는 것은 힘든 일이었고, 이미지를 기록하기 위해 낮은 수준의 조명을 장시간 노출해야 했다. 이미지를 캡처하여 컴퓨터에 저장하고 처리할 수 있는 디지털 현미경 사진의 편리함은 현미경계에 혁명을 일으켰다. 자이스 엑시오스콥의 회전하는 렌즈터릿(회전포탑)에는 선택된 6개의 서로 다른 대물렌즈가 부착되어 있는데, 두 개는 이머전 오일(immersion oil)을 사용하도록 고안된 고배율 렌즈가 포함되어 있다. 이 현대적인 연구용 현미경의 조명은 매우 정교하다. 이는 내장된 전자 광원과 복잡한 집광기 때문이며, 집광기는 현미경이 진화하는 동안 발전된 수많은 조명 기술들을 보여 준다. 이 중 첫 번째는 개발자인 아우구스트 칼 요한 발렌틴 콜러(August Karl Johann Valentin Köhler, 1866~1948)의 이름을 따서 '콜러(Köhler) 조명'이라 부른다. 그는 에른스트 카를 아베(Ernst Karl Abbe)처럼 독일 예나 지방의 칼 자이스(Carl Zeiss) 사의 직원이었다. 그의 새로운 조명법은 해상도를 최대화시켰고, 초기의 집광기 시스템이 시료의 상과 동일 평면에 빛을 모음으로써 유발되는 오랜 문제를 해결했다. 특별히 설계된 집광기에 두 개의 조리개를 사용하는 그의 위대한 혁신은 종종 '이중 조리개 조명'이라 불린다. 집광기는 시료에 평행 광선을 집중시켜 밝고 균일하게 조명하는데, 그동안 이미지 자체는 두 번째 트랙을 따라 밝게 형성된다. 요즘은 현미경을 켠 후 현미경 슬라이드와 시료를 재물대에 올려놓고 시료를 관찰하기 전에 집광기가 콜러 조명을 비추도록 올바르게 조정되었는지 확인하는 것이 표준 방법이다.

콜러는 현미경의 대물렌즈에서 최적의 해상도를 얻을 수 있는 가장 좋은 방법을 제공했을 뿐 아니라, 암시야 조명과 위상차와 같은 다른 첨단 조명 기술에 대한 길을 열었다. 이러한 기술은 현미경으로 관찰할 수 있는 범위를 크게 확장시켰기 때문에 중요하다. 암시야 현미경에는 패치 스탑(patch stop)이라 불리는 원형 디스크가 광원과 집광기 사이에 위치하는데, 검정 배경에 세팅되어 밝게 조명된 시료에서 나오는 빛의 일부를 차단한다.

시료에 전달되는 빛 중 산란되는 것만이 이미지를 형성하는데, 검은 배경에 밝게 조명되도록 세팅된 시료의 모습을 보여 준다. 이 책에 많이 실려 있는 것처럼 암시야현미경은 극적이고 인상적인 이미지들을 생성하지만 상대적으로 저배율에 한정된다. 위상차현미경은 매우 혁신적이었기 때문에 개발자인 네덜란드 물리학자 프리츠 제르니커(Frits Zernike, 1888~1966)는 1953년 노벨

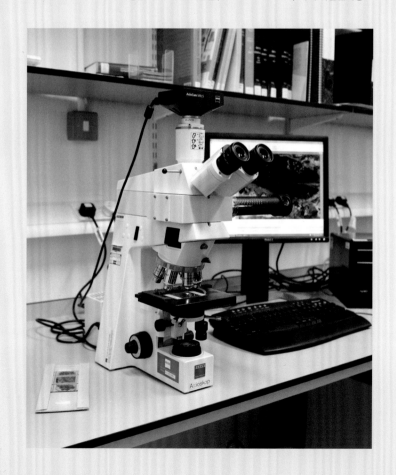

아래: 컴퓨터와 모니터에 연결된 디지털카메라를 갖춘 현대적인 복합현미경, Zeiss Axioskop II

36쪽: 1970년대 필자가 학생일 때 구매한 바슈롬(Bausch and Lomb) 사의 복합현미경

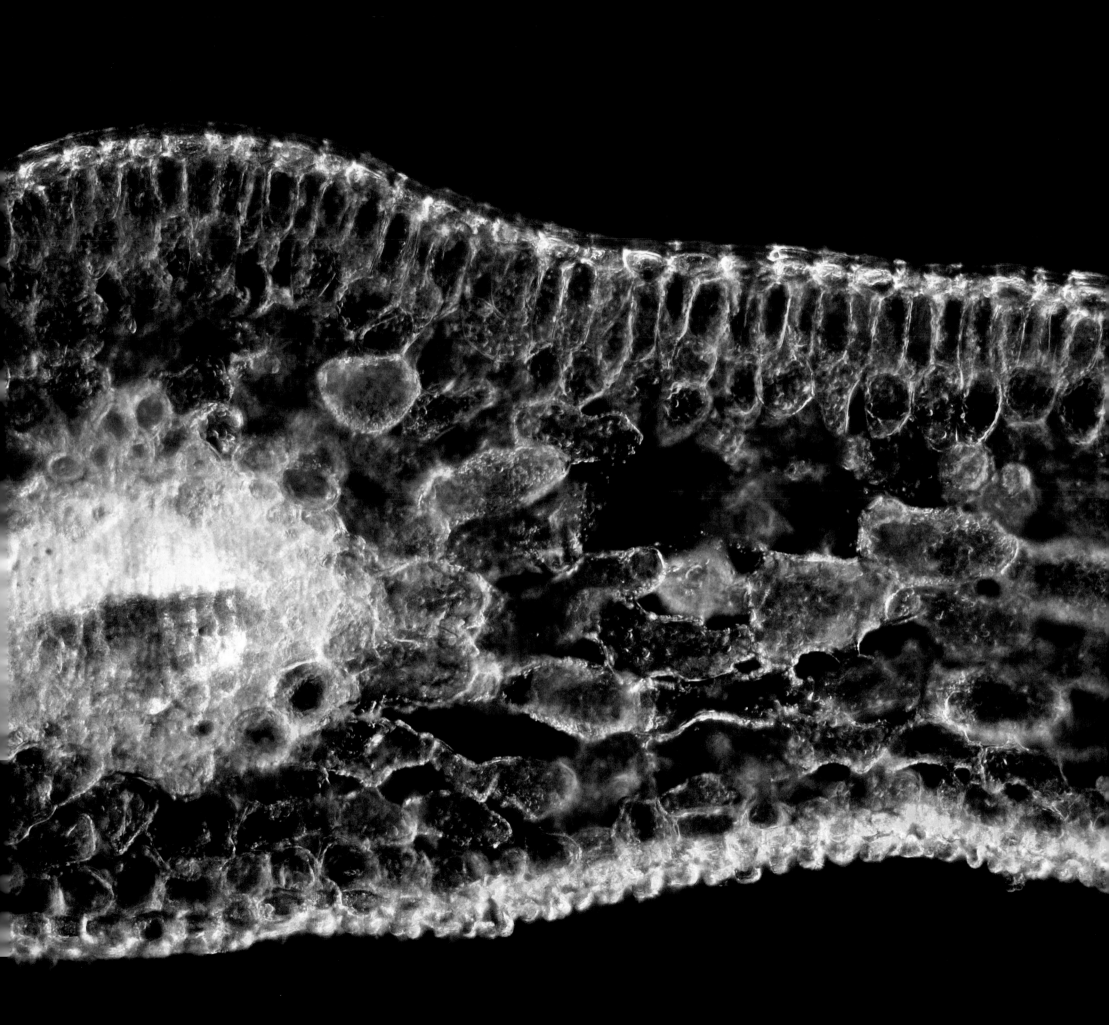

아래: 나선형으로 배열된 엽록체로부터 이름이 유래한 담수조류 해캄속 (*Spirogyra*)의 필라멘트. 다른 종류의 조명을 사용하여 광학현미경으로 관찰한 것이다. 위-명시야, 중간-위상차, 아래-암시야 × 350

38쪽: 주목(*Taxus baccata*) 잎의 횡단면. 수송 조직과 광합성 조직을 가진 중앙 맥을 보여 주고 있다. 해면 조직 위 원주형의 엽록소 조직 세포층. 광학현미경, 암시야 조명 × 360

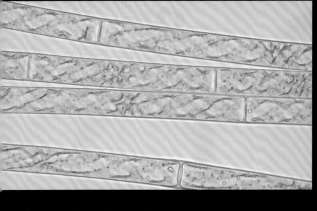

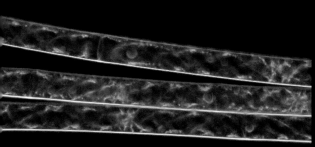

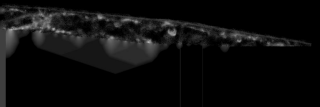

상을 구상했다. 위상차현미경은 세포 내 생물학적 과정을 교란시키거나, 그 일반적으로는 완전히 멈추게 하는 화학적 염색이나 다른 전처리 과정 없이도 세포 안에 있는 투명하거나 무색의 성분을 보여 준다. 따라서 살아 있는 세포를 직접 고배율에서 관찰할 수 있다. 그 결과 위상차현미경과 간섭 대비 관련 기술을 통해 세포 내 구조 – 내부 작용을 하는 세포막, 기관 – 에 대한 많은 새로운 지식을 얻었다. 이 시점에서 시료 표면으로부터 직접적으로 반사되는 빛을 이용하는 다른 종류의 현대적 현미경, 일명 쌍안현미경, 해부현미경, 실체현미경 등 다양하게 불리는 현미경에 대해 언급하는 것이 적절하다고 생각된다. 이 현미경들은 일반적으로 현미경 슬라이드 위에 올릴 수 없는 큰 시료를 관찰하는 데 사용되며 상대적으로 저배율에서만 작동한다.

　이는, 렌즈는 긴 작동 거리(렌즈와 물체 사이의 초점 거리)와 심도가 커야 하기(렌즈에서 가까운 부분과 먼 부분이 동시에 초점이 맞춰지도록) 때문이다. 시료는 태양광이나 외부 램프에 의해 조명된다. 오늘날 해부현미경은 종종 광섬유 조명 시스템과 함께 사용되는데, 열을 내지 않고 유연한 광 도파관을 통해 시료에 밝은 빛을 제공할 수 있다. 두 개의 접안렌즈가 각각의 눈에 별도의 빛 경로를 제공하기 때문에 해부현미경은 표본을 입체적으로 관찰할 수 있다. 초기 모델은 배율이 고정되어 있거나 대물렌즈를 뒤집어서 고배율과 저배율만 선택할 수 있었지만 많은 현대 해부현미경은 연속적인 줌(zoom)을 제공하고 식물이나 다른 시료 표면을 관찰하는 데 매우 편리한 방법을 제공하고 있다. 해부현미경으로 시료를 관찰할 때 가끔 세포의 표면이 보이기는 하지만 이러한 종류의 장비는 시료들을 상세히 연구하는 데에는 적합하지 않다.

시료의 준비

　관찰 범위를 증대시키는 광학의 향상과 병행하여 시료를 준비하는 방법에도 꾸준한 발전이 있었는데, 이는 이용하는 장비의 품질과 종류만큼이나 중요하다. 투과되는 빛이 관통할 수 있는 시료의 두께에는 한계가 있다. 현미경적 크기의 생물은 쉽게 전체 모양을 관찰할 수 있지만, 더 큰 시료는 관찰하기 전에 얇은 단면으로 잘라야만 한다. 가장 간단한 방법은 면도날을 이용하여 손으로 자르는 것이다. 전통적으로 식물학자들은 줄기나 잎과 같은 식물 재료의 단면을 자르는 방법을 배운다. 처음에는 손질된 당근이나 상업적으로 이용 가능한 서양딱총나무(*Sambucus nigra*)의 수(pith) 조각 사이에 단면을 끼워서 이용하는데, 서양딱총나무는 생당근과 달리 실험실에서 무한정 저장할 수 있기 때문이다. 이러한 지지 재료를 사용하면 섬세하고 매우 잘 구부러지는 시료도 자를 수 있다. 이 둘을 물에 담가 시료를 매끄럽게 한 다음, 단면 면도날을 이용하여 표면으로부터 얇은 단면을 잘라 낸다. 약간의 연습으로 면도날을 고르고 신속하게 앞뒤로 움직여 면도날 표면에 수많은 얇은 단면이 축적되게 할 수 있다. 이것들을 시계 접시라고 부르는 얇은 유리 접시에 올려 섬세한 분사기 물로 세척한 후 아주 가는 붓으로 가장 얇은 것을 골라 현미경 슬라이드로 옮긴다. 그리고 커버 글라스로 덮은 후 세포가 아직 살아서 본연의 색을 가지고 있을 때 즉시 관찰한다. 이

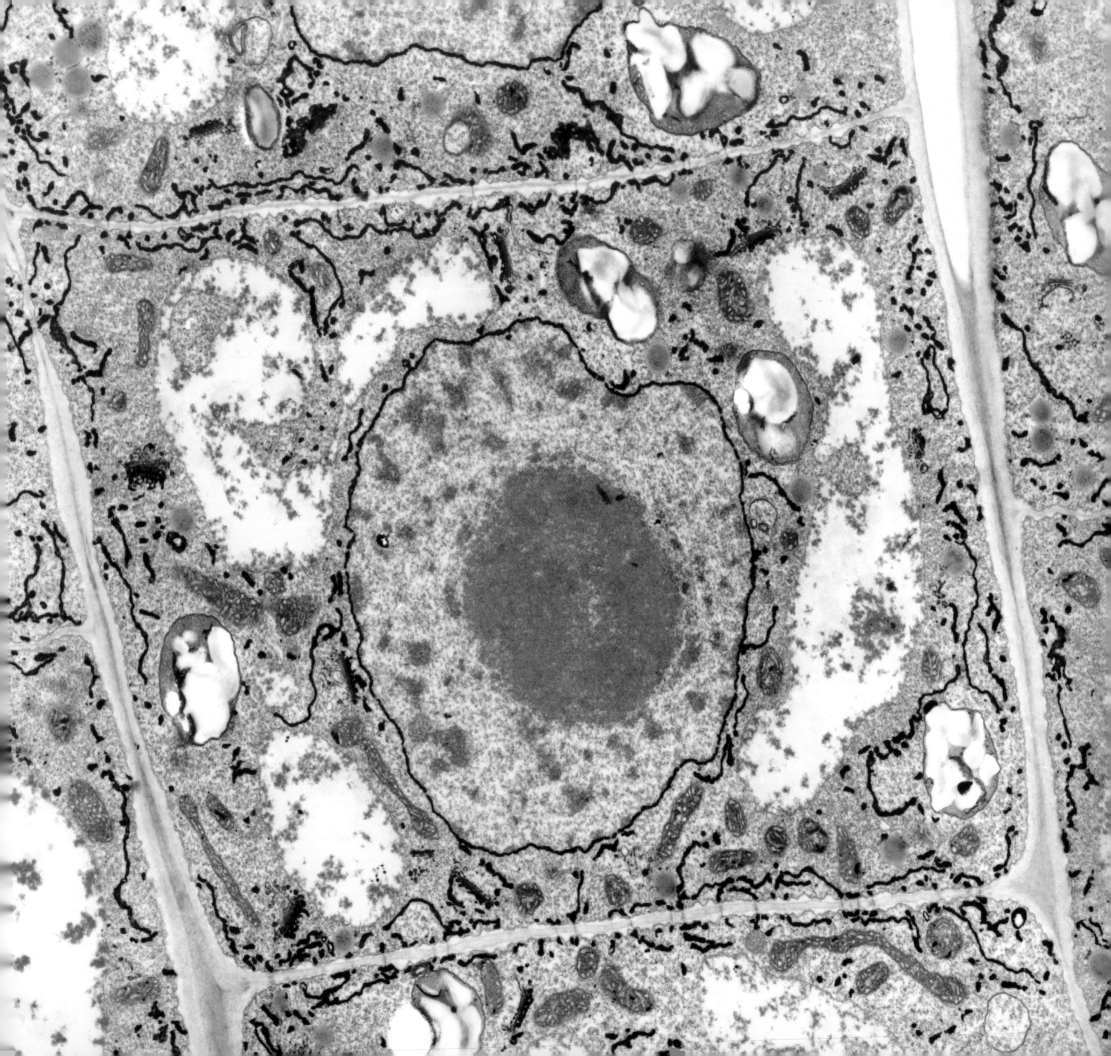

다순한 기술은 식물 조직을 매우 자연스러운 방법으로 즉시 관찰할 수 있도록 해 주며, 이러한 이유로 이 책에 실에 실린 많은 광학현미경 사진은 손으로 자른 단면을 이용한 것이다.

손으로 자른 단면은 일반적으로 세포 두께가 두꺼울 수 있기 때문에 더 고르고 얇은 단면을 만들기 위해 마이크로톰이라는 단면 절단 기계를 사용할 수 있다. 마이크로톰에는 여러 디자인이 있지만 원하는 두께의 단면을 얻기 위해 모두 시료를 천천히 앞으로 움직이게 하는 특징이 있다. 대부분의 수동 마이크로톰은 손으로 돌리는 플라이휠(flywheel)이 있어 시료를 앞으로 움직여서 잘린 단면을 축적하는 고정 칼날을 가로질러 이동시킨다. 이렇게 얻은 단면은 보통 1~50㎛ 범위이며, 5~20㎛의 두께는 일반적인 목적으로 식물 세포를 관찰하기에 가장 이상적인 두께이다. 비록 최초의 수동 마이크로톰 중 일부가 시료를 지지하기 위해 당근 조각이나 수를 이용하기는 했지만, 후기 시료들은 식물 재료를 단면으로 자르기 전에 파라핀 왁스와 같은 받침대에 결합시켜 사용하였다. 이 과정을 '포매(embedding)'라고 하며, 섬세한 재료의 작은 조각도 얇게 절단할 수 있다. 파라핀 왁스가 시료를 포매하는 데 사용될 경우 시료에 균일하게 침투되도록 주입해야 한다. 이 과정은 시료를 다른 용액들로 일련의 화학적 처리를 함으로써 이루어진다. 물과 왁스는 섞이지 않기 때문에 왁스 희석액이 주입되기 전에 화학적으로 탈수되어야 한다. 맨 먼저 조직을 포르말린과 같은 화학 물질에 담가 고정시켜 세포를 죽여서 내부 조직을 보존시킨 후 여러 시간에 걸쳐 점차 농축된 알코올 용액으로 옮기면서 탈수시킨다. 시료는 100% 순수 알코올로부터 크실렌(xylene)으로 옮겨지는데, 크실렌은 일반적으로 인쇄에 사용되는 유기 용매로서, 크실렌에 첨가된 파라핀 왁스는 녹아서 시료의 세포 내로 스며든다. 다시 한 번 여러 시간 동안 천천히 시료를 점차적으로 농축된 용액으로 옮겨지면서 시료는 순수한 몰텐 왁스(molten wax)에 떠 있게 되고 그 후 냉각 및 응고된다. 시료를 포함하고 있는 왁스 블록은 단면 면도날로 깎아서 시료를 올바른 방향으로 놓은 후 마이크로톰으로 절단한다. 요즘은 이 전체 과정을 자동화된 포매 기계를 이용하여 할 수 있다. 또 다른 종류의 마이크로톰은 시료를 단순히 동결시켜 충분히 딱딱하게 만들어 냉동 칼로 자름으로써 왁스 포매를 하지 않는다.

손으로든 마이크로톰으로든 일단 단면을 얻으면 슬라이드 글라스에 고정시키거나 시료 세포 안으로 특정 화학 성분을 넣어 화학적 염색을 한 후에 즉시 관찰할 수 있다. 다양한 염색제를 사용할 수 있으며, 이들은 서로 다른 물질과 반응하여 서로 다른 색을 띠기 때문에 현미경으로 확인이 가능하다. 식물의 단면은 종종 이중 염색법을 쓰는데, 사프라닌(safranin)은 목질화된 세포벽과 핵을 밝은 빨간색으로 염색하며, 패스트 그린(fast green)은 섬유질의 세포벽과 세포질을 녹색으로 염색한다.

이것은 식물 해부학자가 할 수 있는 모든 것의 기본 기술이다. 훨씬 더 정교한 방법이 개발되어 연구자들이 사용할 수 있게 되었지만, 지금은 복합현미경의 초기 사용자들에 의해 밝혀진 새로운 통찰을 논하기 위해 역사를 되돌아보고자 한다.

아래: 매우 얇은 단면을 자르기 위한 장비 – 라이헤르트 고성능 절단기(Reichert Ultracut), 고성능 마이크로톰(ultramicrotome), 유리칼과 시료

40쪽: 반투명의 직사각형 셀룰로스 세포벽에 둘러싸인 매우 얇은 식물 세포 단면. 연속적인 어두운 핵막으로 둘러싸인 세포핵은 세포의 거의 1/3을 차지한다. 깨끗한 부분은 수액으로 찬 액포와 수많은 미토콘드리아를 포함한 회색의 세포질이다. 투과전자현미경 × 10,500

Tab. 58.

Snapdragon
f.1.

The Sperme of
Plantaine
f.2.

Bearsfoot
f.3.

Carnation
f.4.

Derils-bit
f.6.

Mallow
f.14.
The Spermatick Glo-
bulets in f.13.

Bindweed
f.5.

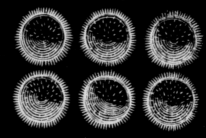

f.12.
The Attire (e)
in f.11.

f.13.
One of ÿ Thecæ (t)
in f.12.

f.11.
The Flower
of Mallow

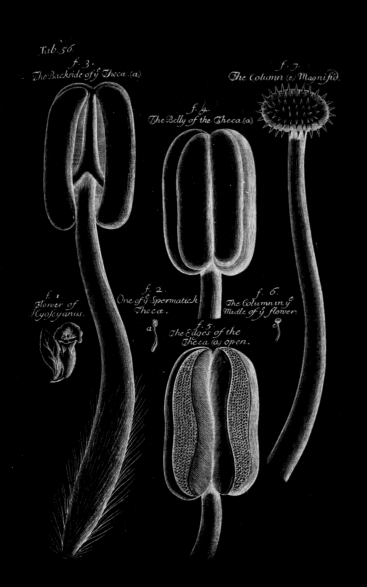

니어마이어 그루(Nehemiah Grew)의 사리풀(*Hyoscyamus niger*) 꽃 기관 그림. '꽃밥 (spermatick theca)'과 '예주(the column)'라고 불렸던 수술과 암술머리를 보여 주고 있다. 그는 수술머리의 열개 부분을 정확히 묘사하여 꽃밥의 개방 전과 후를 보여 주었다.

42쪽: 니어마이어 그루의 그림. 1670년에 출판된 『식물 해부학의 시작』에 실린 수술과 화분 그림

3명의 선구자

식물 현미경 관찰에서 또 다른 3명의 선구자는 니어마이어 그루(Nehemiah Grew, 1641~1712), 마르셀로 말피기(Marcello Malpighi, 1628~1694) 그리고 로버트 브라운(Robert Brown, 1773~1858)이다.

영국인 니어마이어 그루는 네덜란드 라이덴에서 의학을 공부하다가 식물 해부학으로 관심을 돌렸다. 1670년 그의 논문 『식물 해부학의 시작(The Anatomy of Vegetables Begun)』에는 그가 런던에서 의사로 근무하면서 계속 추구했던 식물에 대한 관심이 드러나 있다. 그의 가장 중요한 업적이었던, 아름다운 그림이 그려진 『식물 해부학(Anatomy of Plants)』은 1682년에 출판되었다. 그루가 이룬 가장 획기적인 발전은 아마도 식물이 자웅 배우자(성세포)의 융합에 의해 번식하는 유성적인 기관이라는 인식일 것이다. 특히 그는 수술이 꽃의 웅성 기관이라는 것을 보여 주었고, 수술이 생산하는 화분이 수정에 큰 역할을 할 뿐 아니라 종에 따라 형태가 다르다는 것을 보여 주었다. 후자의 발견은 중요했는데, 화분이 일반적으로 엄청난 숫자로 생산되며, 쉽게 화석화된다는 사실이 화분과 포자를 연구하는 학문인 화분학을 뒷받침하기 때문이다. 이것은 필자의 주요 연구 분야였다. 학생 시절에 토탄 습지에서 추출한 화분과 포자를 조사하는 수업은 매우 흥미로웠는데, 하나의 현미경 슬라이드에 마지막 빙하 시대 말에 후퇴하는 빙하 때문에 노출된 땅에 살았던 고대 숲의 식물 군락에 대한 직접적인 증거가 들어 있는 것을 보는 것은 마치 하나의 계시 같은 것이었다. 이것은 정말 '한 알의 모래에서 세계를 보는' 느낌이었다. 식물의 유성생식을 알아낸 것이 매우 획기적인 일이었다는 사실이 오늘날 우리에게는 이해가 안 되는 일일지도 모른다. 그러나 그 당시에는 배우자의 역할과 생식 과정에서의 수정에 대한 이해가 부족했고, 무생물에서 생명이 자연 발생한다는 생각이 지배적이었다.

마르셀로 말피기는 이탈리아 인으로 의사였으며, 니어마이어 그루처럼 현미경 전문가였다. 그의 작업 대부분은 주로 동물 기관과 조직에 집중되어 있다. 그의 주요 식물 저서인 『식물 해부학(Anatome Plantarum)』은 1675년에 출판되었다. 이 책에는 잎의 아랫면에 위치한 미세한 구멍, 즉 기공의 가스 교환의 역할에 대한 이해와 같은 새로운 식견이 포함되어 있다. 말피기는 또한 체관부라는 특수 조직의 세포를 통해 식물의 잎에서 만들어진 양분이 수송되는 것을 설명했다. 동년배인 그루와 말피기의 작업은 밀접한 유사성이 있는데, 아마도 이 작업은 식물의 발달과 생리학적 관점에서 식물이 어떻게 사는지 이해할 수 있게 해 준 시발점이자 형태와 기능의 관계를 구축하게 해 준 가장 영향력 있는 업적이었을 것이다.

로버트 브라운은 에든버러(Edinburgh) 대학에서 의학을 공부한 스코틀랜드 식물학자였다. 1801년에 선장 매슈 플린더스(Matthew Flinders)와 함께 오스트레일리아 탐사 항해를 떠나 2,000종이 넘는 식물을 발견하여 기술하였다. 프로테아과(Proteaceae)에 특별한 관심을 가진 그는 화분이 다양한 형태를 보인다는 그루(Grew)의 발견을 발판 삼아 화분을 현미경으로 관찰하여

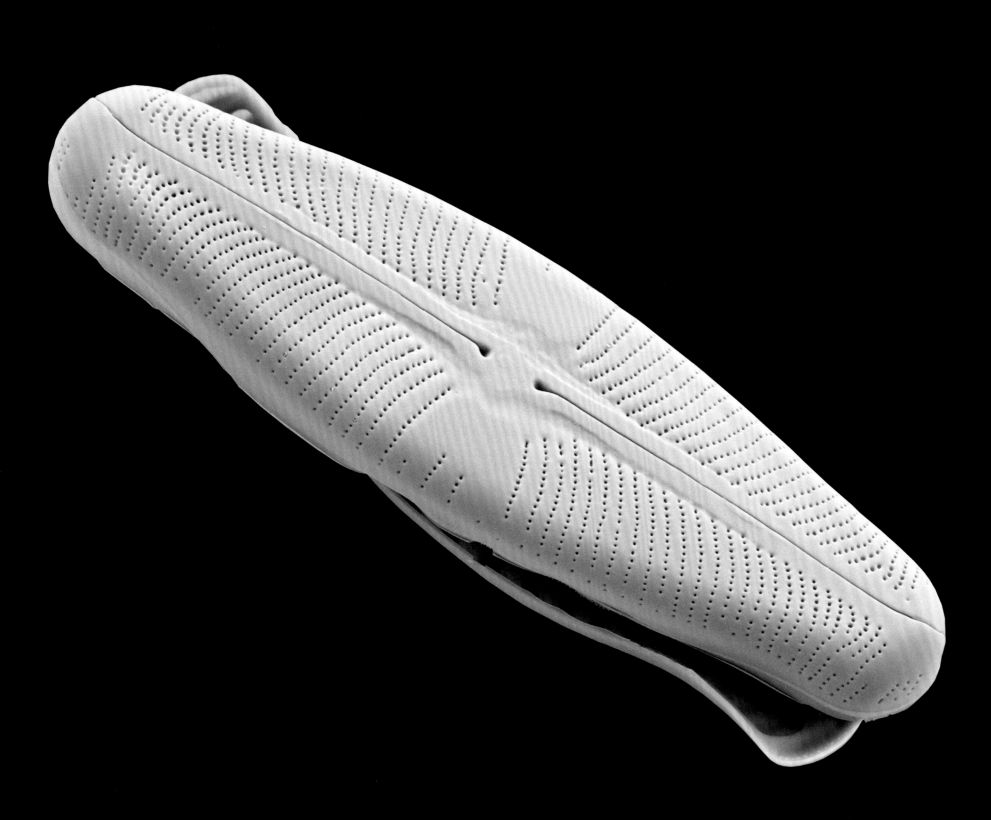

그 과의 분류 체계를 구축하였다. 그는 화가 프란시스 바우어(Francis Bauer, 1758~1840)와 긴밀히 협력하여 식물 전체뿐만 아니라 화분의 정교한 모습을 그리고 색을 칠했다. 브라운의 가장 유명한 관찰은 미세 입자의 임의적 움직임인데, 터진 화분립에서 방출된 전분 입자가 물에서 움직이는 모습을 관찰한 것으로서 '브라운 운동'으로 알려지게 되었다. 그러나 브라운은 세포핵을 명명한 것으로 인정받고 있다. 세포핵은 이전에도 관찰되고 그려지기도 했으나(예를 들면 바우어의 그림) 살아 있는 세포의 중요한 기관으로 인식하지는 않았다. 그는 1827년, 영국(국립자연사)박물관 식물부의 설립자이자 최초의 책임자였다. 1990년 필자가 런던자연사박물관으로 이름이 바뀐 영국(국립자연사)박물관의 식물부 책임자로 임명되었을 때, 저명한 수집가이자 의사인 한스 슬론(Hans Sloane)이 기부한 로버트 브라운의 책상에 앉아서 일하게 된 것과, 가까운 보관장에 전시된 그의 현미경들 중 하나를 갖게 된 것을 매우 큰 영광으로 생각했다.

19세기에는 복합현미경이 생물학 연구의 가장 핵심적인 도구가 되었으며, 선구자의 작업을 이어 수많은 발견들이 이어졌다. 이 책을 통해 영향력 있는 과학자들을 더 많이 만나게 될 것이다. 또한, 현미경은 사교상 화젯거리를 제공하였고, 덕분에 현미경 모임이 대단한 인기를 끌었으며, 자신만의 현미경을 가지려는 사람이 많아졌다. 상업적 공급 업체들은 이러한 관심을 이용하여 깃털, 벼룩, 식물의 일부분 등 다양한 시료를 담은 영구 프레파라트(현미 표본)를 제공하였다. 이러한 슬라이드는 지금도 여전히 많이 남아 있어서 애호가들이 이를 열심히 수집하고 있다.

전자현미경의 시작

3세기 이상 동안 현미경의 한계는 광학현미경의 해상도 상한치에 의해 결정되었다. 1930년대에 과학자들은 시료를 비추는 조명으로 빛 광선 대신 전자 광선의 이용 가능성에 대해 연구하기 시작했다. 따라서 보다 짧은 파장을 가진 전자 광선(전자 빔)의 빛 광선보다 더 높은 해상도를 제공할 것으로 예상되었다. 1930년대 초반에 젊은 독일 과학자 에른스트 아우구스트 프리드리히 루스카(Ernst August Friedrich Ruska, 1906~1988)는 전자 광선을 모으는 데 사용하는 전자기 렌즈를 개발하였다. 루스카는 1931년에 그의 과거 스승이었던 맥스 놀(Max Knoll, 1897~1969)과 협력하여 전자 광선이 얇은 시료를 통과하여 400배 확대된 이미지를 투영할 수 있는 전자현미경 시제품을 만들었다. 기술은 급속도로 향상되어 정확히 8년 후 지멘스(Siemens)사가 최초의 상업적인 전자현미경을 시장에 내놓았다. 이 현미경들은 전자 광선이 얇은 표본을 통해 형광 스크린에 직접 통과함으로써 이미지를 형성하는 투과전자현미경(TEMs)이었다. 전자 광선의 공급원부터 렌즈까지 모든 구성 요소에서 지속적인 진보와 발전은 투과전자현미경의 해상도를 0.2~0.5nm(10억분의 1m)까지 증가시켰다. 또한, 1930년대 초에는 두 번째 타입의 전자현미경 시제품이 개발되어 이미지가 텔레비전 화면처럼 구축되도록 시료 표면을 가로질러 반복적으로 좁은 전자 광선을 주사했다. 이러한 종류의 주사전자현미경(SEMs)은 광학현미경과

44쪽: 스코틀랜드 에든버러의 블랙포드 연못의 퇴적물에서 채취한 규조류 셀라포라 오베사(Sellaphora obesa)의 규화된 세포벽, 또는 판막. 주사전자현미경 × 9,850

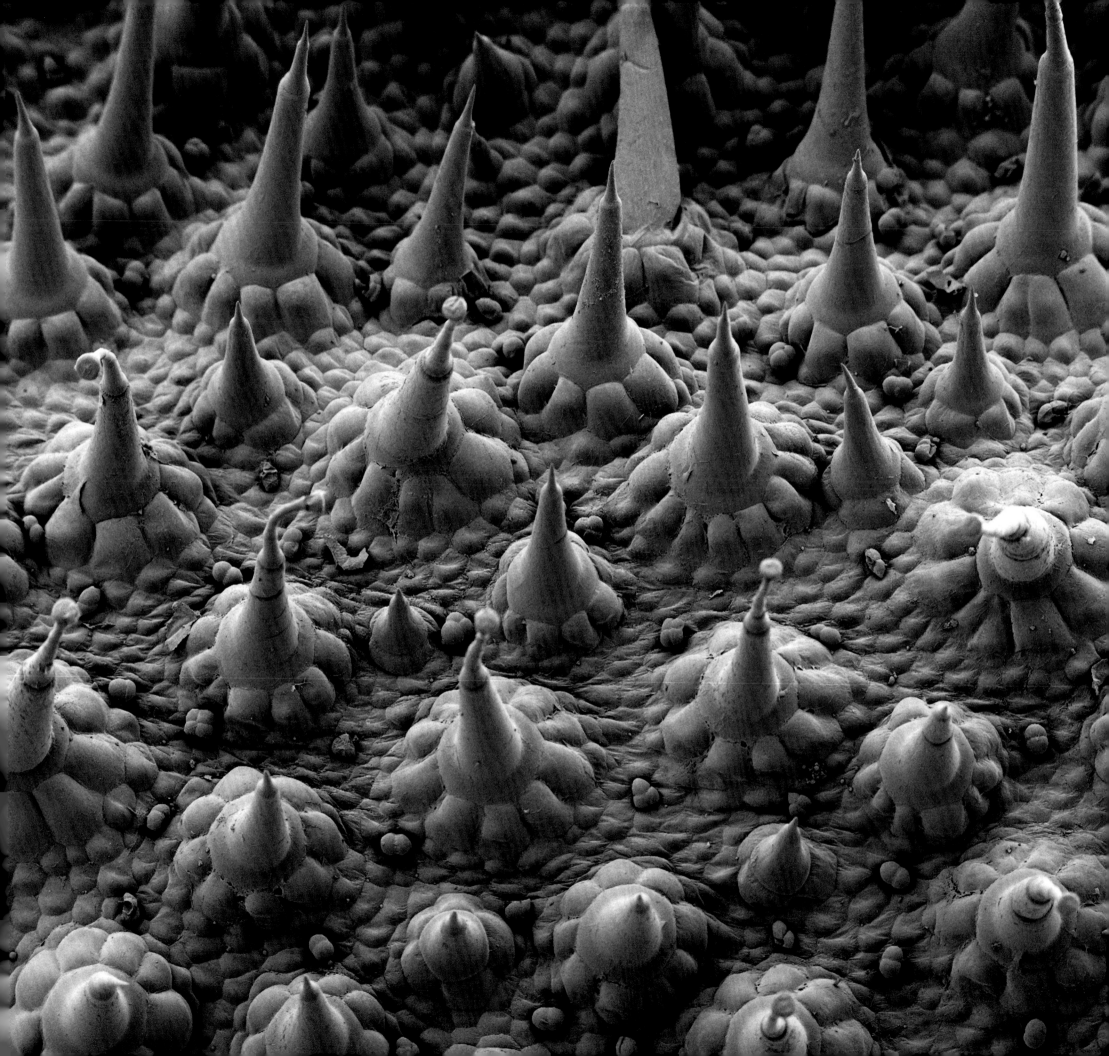

아래: 주사전자현미경 관찰 시 시료를 부착하는 작은 금속 토막 및 관련 장비

46쪽: 마다가스카르산 케이프 앵초(*Streptocarpus suffruticosus*) 잎에 있는 모용(毛茸)은 식물을 천적으로부터 보호하고 바람이 심할 때 지나치게 건조해지는 것을 방지한다. 주사전자현미경 × 200

48~49쪽: 아시아 및 아메리카 태평양 연안에 서식하는 홍조류 엽상체에서 성장하는 동그란 규조류인 아라크노이디스쿠스(*Arachnoidiscus*) 판막 외부의 중심 부분. 주사전자현미경 × 8,000

대체적으로 유사한 표면 이미지를 제공하였는데 여러 해 동안 상업적으로 사용할 수 있었다. 1986년 루스카(Ruska)는 50년 전 무렵 전자 광학의 발전에 기여한 공로를 인정받아 노벨 물리학상을 수상했다.

주사전자현미경은 표면의 이미지를 제공하는 반면, 투과전자현미경은 시료를 통과하여 전자빔을 송신함으로써 이미지를 생성한다. 이러한 면에서 보면 이미지를 만들기 위해 빛 광선이 시료를 통과하는 복합현미경과 비교할 수 있다. 전자빔은 '총(gun)' 또는 '전자방사기(emitter)'에 의해 생기는데, 이는 가장 간단한 형태로 구식 브라운관 텔레비전의 원리와 기본적으로 유사하다. 전자빔은 진공 – 현미경의 원통형 기둥 밖으로 공기를 펌프함으로써 생성 및 유지되는 – 을 통해 이동하여, 전자 렌즈에 의해 초점이 맞춰진다. 전자빔은 일반적으로 매우 얇은 시료만을 관통하기 때문에 전문적인 준비 기술이 필요하다. 이 단계는 왁스 포매(wax embedding)와 박편 제작술(microtomy)에 사용되는 것과 비슷하지만 훨씬 많은 시간과 조심성이 필요하다. 투과전자현미경은 광학현미경에 비해 훨씬 높은 해상도를 갖기 때문에 세포 내의 세포막, 세포 소기관 및 다른 구조는 가능한 한 주의 깊게 고정되어야 한다. 따라서 사용되는 화학 고정제 – 가장 일반적으로는 글루타르알데히드(glutaraldehyde) – 는 살아 있는 세포의 염분 평형과 일치하는 완충 용액에서 제조된다. 이미지의 명암 대비를 높이기 위해 포매하기 전에 조직에 오스뮴(osmium)과 같은 중금속을 결합시키는데, 이 처리를 하지 않으면 전자빔은 가장 연한 조직에 균일하게 침투하기 때문에 생성된 이미지는 명암 대비가 없게 된다. 왁스는 전자빔에서 녹아 버리기 때문에 시료를 매우 얇게 절단하기 위한 포매 배지(embedding medium)로 적합하지 않다. 그래서 가장 일반적으로 에폭시 수지를 시료에 침투시킨 후 경화시킨다. 정교한 초성능 마이크로톰(ultramicrotomes)은 다이아몬드 또는 더 간단하고 저렴하게 갓 깨진 판유리로 만들어진 칼날을 이용하여 두께 60~90㎚의 시료를 자르는 데 사용된다. 이 결과로 만들어지는 시료는 칼날 바로 옆의 작은 물 저장소 수조 표면에 띄워진 후 미세한 구리 그리드 상에 캡처된다. 중금속염으로 추가 염색을 하면 이미지의 명암 대비를 향상시킬 수 있다. 면역금 표지(Immunogold labelling)와 같은 더 정교한 염색 방법도 고안되었는데, 이는 시료 내 특정 단백질에 붙을 수 있는 항체에 콜로이드성 금 입자를 붙인 물질을 이용하는 것이다. 투과전자현미경으로 알게 된 새로운 발견을 요약하여 말하기는 힘들다. 투과전자현미경은 해상도가 뛰어나서 내부 세포막과 소기관을 수백만 배로 확대할 수 있기 때문에 이전에는 알려지지 않았던 세포 내 복잡성이 밝혀질 수 있었다. 확실한 것은 투과전자현미경으로 인해 대부분의 다세포 기관들의 세포 안에는 한때 독립적이고 자유 생활을 하던 더 단순한 세포들이 들어 있었다는 획기적인 생각을 확인했다는 것이다. 이러한 내용은 다음 장에서 다루게 될 것이다.

1965년 캠브리지 과학기기 사(Cambridge Scientific Instruments)가 캠브리지 스테레오스캔(Cambridge Stereoscan)을 제조, 판매하면서 주사전자현미경을 상업적으로 이용할 수 있게 되

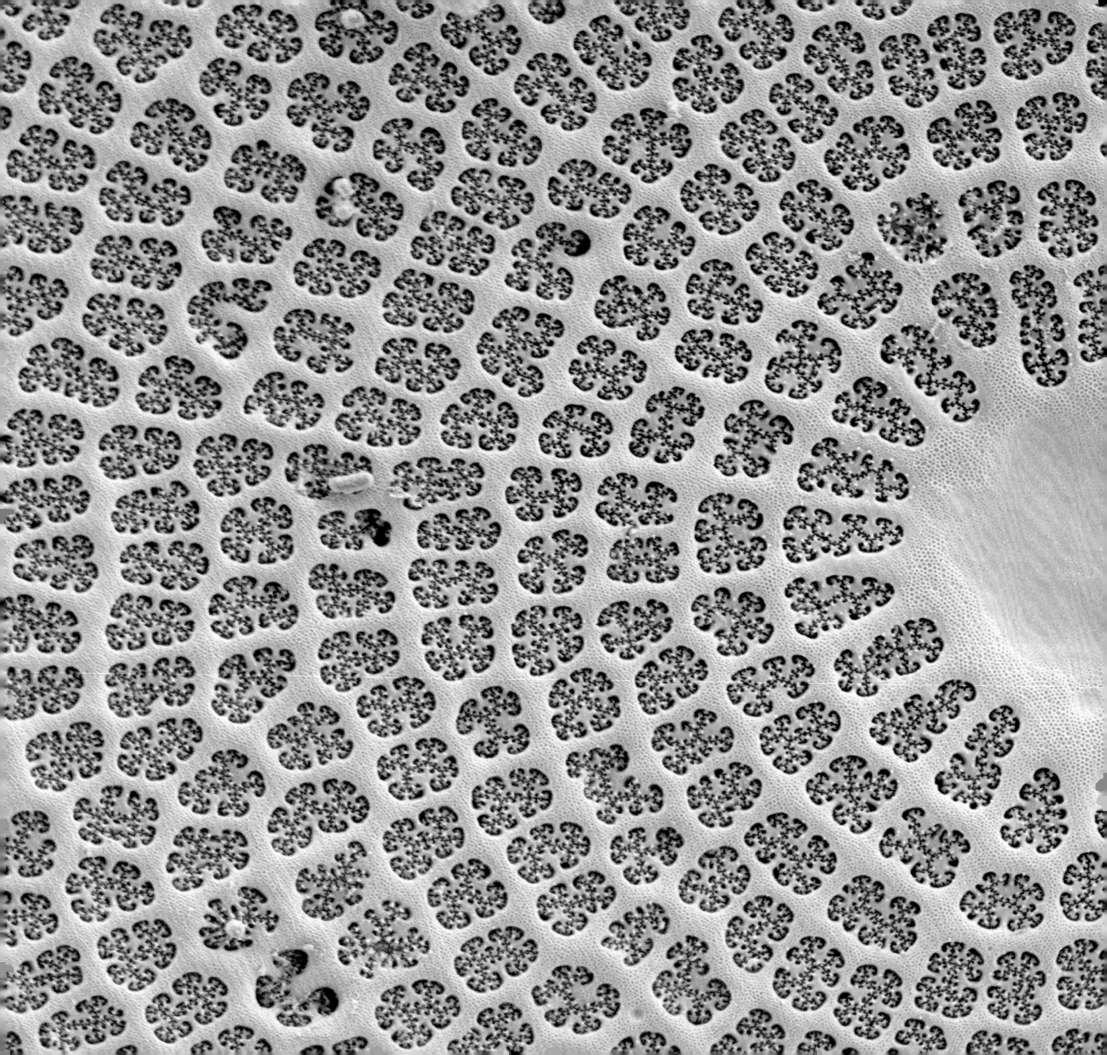

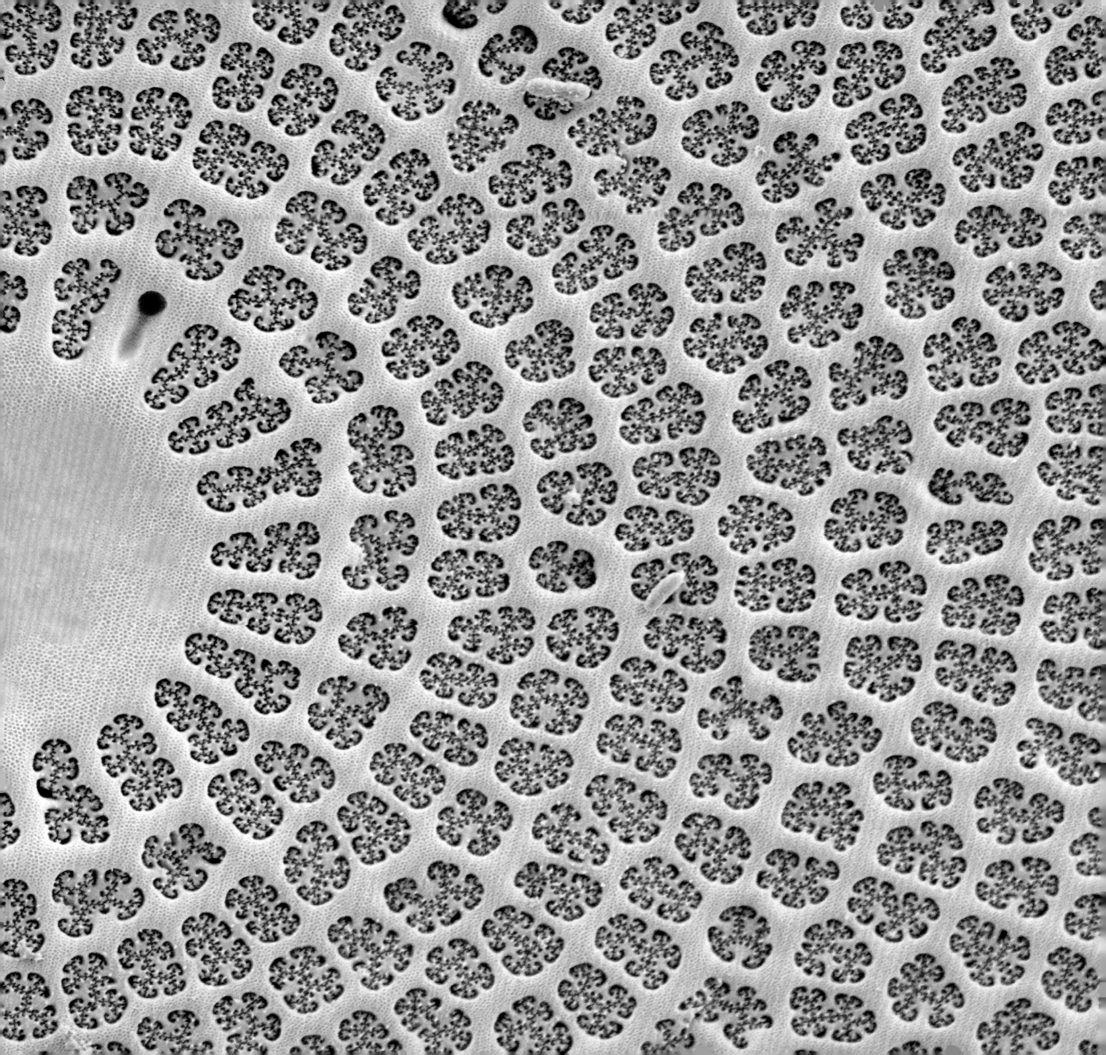

없다. 해부현미경으로 연구하기에는 너무 작은 표면적 특징들을 주사전자현미경을 통해 관찰할 수 있게 되면서 식물분류학에 혁신이 일어났다. 잎 털, 종자 표면 그리고 화분과 같은 다양한 구조는 식물 분류에 급속히 새로운 정보를 제공해 주었다. 그러나 다른 형태의 현미경과 마찬가지로, 최상의 결과를 얻기 위해서는 시료를 준비하는 특별한 기술이 필요하다. 주사전자현미경으로 관찰하기에는 단단하고 건조한 시료가 가장 적당하므로 전자빔이 강한 신호를 만들도록 시료는 비산화 금속의 미세한 필름으로 '스퍼터(Sputter) 코팅'을 하는데, 이 과정은 진공 상태의 장치에서 진행된다. 금속이나 팔라듐으로 된 금속 타겟에 이온화된 아르곤 가스로 충격을 주면 타겟으로부터 원자가 떨어져 나와 시료와 장치 내부의 다른 표면에 원자가 전달된다. 때로는 보다 부드러운 시료의 경우 금으로 코팅하기 전에 동결 건조시키기도 하는데, 특별하게 개조된 주사전자현미경을 사용하면 액체 질소로 급속 동결 및 안정화된 조직을 액체 질소 냉각 시료실(liquid nitrogen-cooled specimen chamber) 안에서 관찰할 수 있다. 일반적으로 주사전자현미경은 세포의 표면을 관찰하는 데만 사용되지만, 시료를 처음 절단하거나 동결 파괴한 경우에는 안쪽 부위를 관찰하는 데에도 사용 가능하다. 주사전자현미경은 투과전자현미경으로 얻은 것에 필적할 만큼 세포막과 세포 기관에 대한 정보를 제공해 주고 3차원 이미지를 제공한다는 이점이 있다.

전자현미경으로 얻을 수 있는 이미지의 품질은 일반적으로 며칠에서 몇 주까지도 소요되는 전처리 단계에 얼마나 주의와 노력을 기울였는지에 따라 달라진다. 그러나 몇 가지 점에서 전자현미경조차 최첨단의 기기는 아니다. 최근 몇 년 사이에 더욱 발달된 현미경들이 다양하게 개발되었다. 예를 들어, 공초점 레이저현미경은 매우 진보된 광학현미경으로서 초점을 맞춘 레이저빔을 반복적으로 시료에 통과시킴으로써 시료를 통과하는 특정 수준마다 픽셀 단위로 디지털 이미지를 만들어낸다. 이렇게 만들어진 수 많은 결과로 3차원 이미지가 구축된다. 이것은 사실상 실제로 자르지 않고도 세포 단면에서 정보를 얻을 수 있어서 특히 살아 있는 세포 내 구조와 단백질의 화학적 변화들을 실시간으로 관찰하는 데 적합하다. 세포 내 구성 요소들을 각기 다른 형광 염료로 시료를 염색함으로써 단일 분자를 포함하여 세포에서 일어나는 화학적 변화들을 관찰할 수 있다. 예를 들면, 세포 분열과 같이 세포 내부에서 일어나는 화학적 변화를 이해하는 데 큰 진척이 있을 수 있었던 것은 바로 공초점현미경 덕분이다. 현미경의 발전은 심지어 단일 분자를 관찰하는 데 그치지 않는다. 1980년대에 개발된 주사터널링현미경(STM)은 관찰하는 시료의 개별 원자 이미지도 얻을 수 있다. 이것은 이 책의 범위를 넘어선 이미지 수준으로, 이 책은 세포 수준에만 한정하여 식물과 식물 세포 내에 숨겨진 아름다움과 광대한 다양성을 탐구한다.

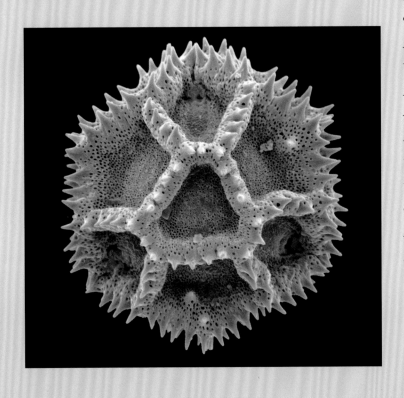

아래: 표면의 미세한 디테일을 보기 위해 강산으로 처리한 서양우엉(*Scorzonera hispanica*)의 단일 화분립. 주사전자현미경 × 1,750

50쪽: 서양우엉(*Scorzonera hispanica*)의 암술머리, 펼쳐진 꽃밥과 화분립. −140℃ 정도로 냉각한 시료실(specimen chamber)을 가진 주사전자현미경을 이용하여 동결 수화(frozen-hydrated)된 상태에서 관찰한 것이다. × 450

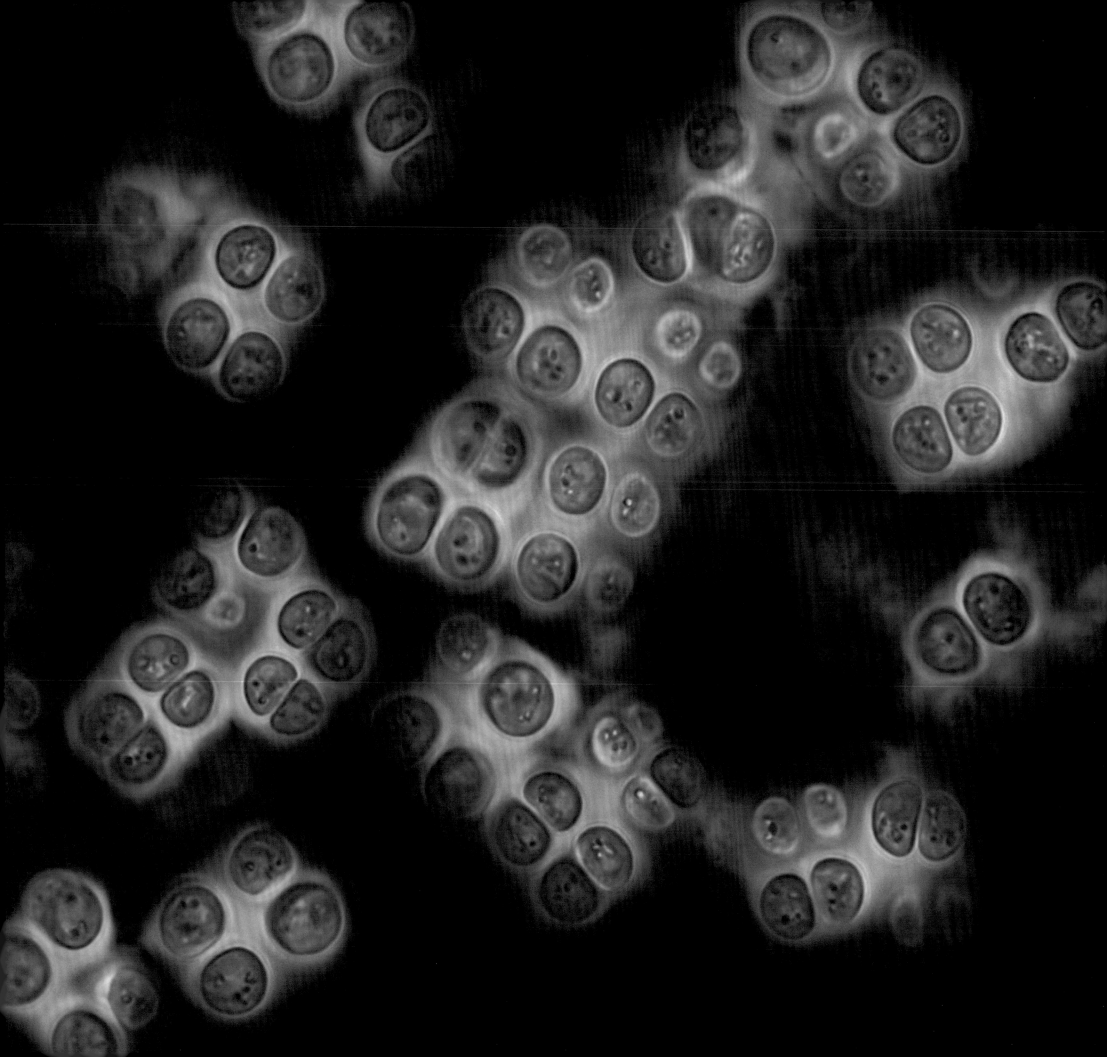

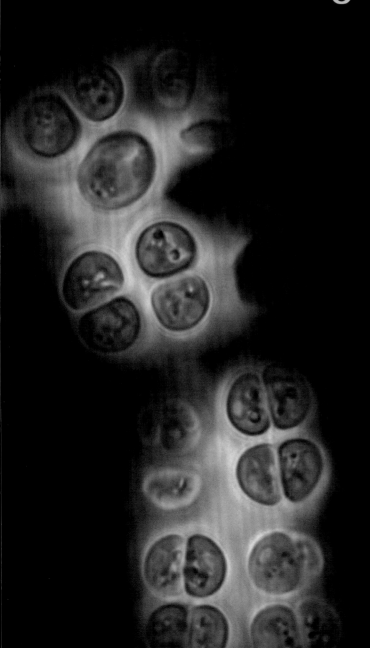

생명의 시작 - 최초의
THE DAWN OF LIFE – FIRST CEL

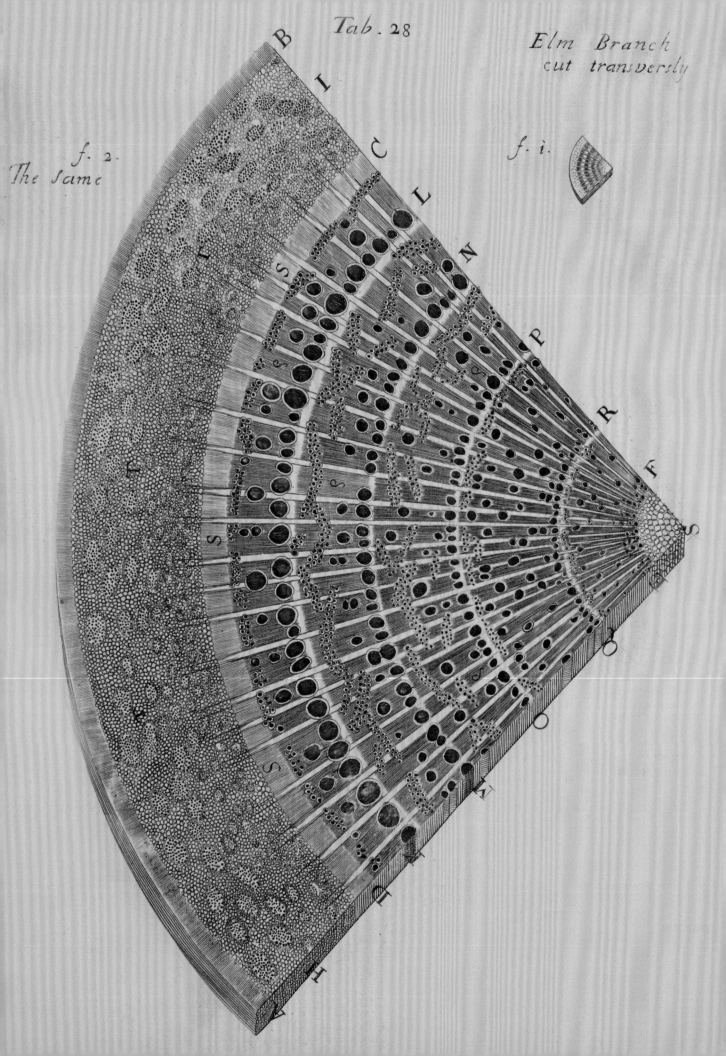

Tab. 28

Elm Branch
cut transversly

f. 2.
The same

f. i.

생명의 기본 단위는 세포이다. 로버트 훅(Robert Hooke)이 '세포(cell)'라는 단어를 만들어 냈을 때 그가 본 것은 나무껍질 - 나무줄기 바깥을 둘러싼 보호층 - 을 형성하는 두꺼운 세포벽으로 둘러싸인 작고 빈 공간이었다. 코르크참나무(Quercus suber)의 경우, 나무껍질이 매우 두꺼워서 지중해 생태계에 흔했던 산불로부터 생체 조직을 보호할 수 있었다. 나무는 살아 있지만 코르크 세포 자체는 죽은 세포인데, 이는 세포질이라는 성분이 발달 과정에서 분해되고 파괴되기 때문이다. 훅은 코르크 조각의 단면을 잘랐기 때문에 살아 있는 세포의 특성에 대한 직접적인 지식을 얻을 수 없었다. 반면, 판 레이우엔훅(van Leeuwenhoek)이 관찰했던 미생물은 그야말로 생생히 살아 있었고, 그가 관찰했던 물방울 속에서 매우 활발히 움직였다. 그중 가장 작은 것은 단세포 생물이었는데, 이들은 각기 코르크의 세포벽보다 덜 단단한 세포막에 의해 이루어진 세포질 덩어리였다. 최초의 생명체 또한 단세포였기 때문에 판 레이우엔훅의 관측으로 우리는 생명의 기원에 훨씬 가까이 접근할 수 있었다. 지구 역사상 가장 중대한 사건은 최초의 세포가 탄생한 일이다. 이 일이 어떻게, 언제 일어났는지에 대한 과학적인 해답을 찾는 것은 중요한 과제 중 하나이다.

지구상의 생명체에 대해 가장 주목할 만한 것은 어쨌든 생명이 시작되었다는 점이다. 우리가 아는 한 생명체는 탄소, 산소, 수소 그리고 다른 원소들의 원자적 기본 구성 요소로부터 복잡한 유기적 분자를 형성할 수 있는 유일한 존재이다. 우주에 이러한 행성이 많다는 것이 점차 밝혀지고 있고 앞으로도 더 많이 밝혀지겠지만, 우리 태양계에는 유일하게 그러한 행성이 2개 존재한다. 지구와 화성은 태양으로부터 각기 3번째와 4번째 행성으로서 둘 다 필수적인 조건을 갖추고 있다. 화성에 생명체가 존재한다는 것은 아직 입증되지 않은 가능성만 있는 것이지만, 우리 행성은 확실히 생명체로 가득 차 있다. 그러한 세계에서 알맞은 요소들이 알맞은 조건하에 합쳐지면, 살아 있는 세포의 구성 요소를 창조하는 데 필요한 복잡한 수준의 분자가 형성될 수 있다. 하지만 어떠한 조건이 요구되는지보다는 어떠한 요소가 필요한지에 대한 질문이 훨씬 간단하다. 왜냐하면, 생명체를 구성하는 분자는 조사가 가능하고 규정할 수 있기 때문이다. 따라서 아직 어떠한 조건이 필요한지 확실히 모르지만 분명 고대 지구에서는 그 일이 일어났고, 아마도 고대 화성에서는 일어나지 않았을 것이다. 하지만 이 우연하고 복잡한 분자 집합체는 살아 있는 것이 아니다. 살아 있다고 규정지으려면, 가장 간단한 형태의 생명체조차도 세포 안에 복잡한 유기적인 분자 구성이 필요하다. 또, 살아 있는 세포는 다음과 같은 몇 가지 필수적인 요소가 필요하다. 반드시 모든 것을 함께 유지할 수 있도록 막에 둘러싸여 주위 환경으로부터 분리되어야 한다. 대사 과정에 연료를 공급하기 위해 환경으로부터 에너지를 획득할 수 있는 능력이 있어야 하며, 비슷한 특성을 가진 후손을 복제할 수 있는 번식력이 있어야 한다. 어떻게 이러한 필수 조건들이 충족될 수 있었을까?

생명은 어떻게 시작되었는가

사람들은 생명이 어떻게 시작되었는지에 대해 여러 가지 추측을 해 왔다. 대부분 모든 문명사회

52~53쪽: 클로로사르키놉시스 셈페르비엔스(Chlorosarcinopsis cf. sempervirens)는 흙에 서식하는 미세 녹조류로서 일반적으로 점액으로 묶인 작은 세포 다발 형태를 띤다. 실험실에서 배양한 이 샘플은 점액질을 두드러지게 하기 위해 인디언 잉크를 사용하였다. 광학현미경. 명시야 조명 × 3,100

54쪽: '세포(cell)'는 코르크의 죽은 빈 세포에 대해 로버트 훅이 만든 단어이다. 그림으로 제시된 느릅나무 가지(니어마이어 그루의 그림, 1670)에서 볼 수 있는 것처럼 목재의 통도 조직(conducting tissues)을 포함하여 많은 식물 세포들이 죽은 세포이고 비어 있다.

에는 생명에 대한 창조 설화가 있고, 이는 일반적으로 그들의 종교적 신념 체계에서 중심 역할을 한다. 과학 역시 이 문제에 대해 신이 존재한다는 가능성을 일축하기보다는 과연 어떠한 조직적 단계와 과정이 생명을 만들 수 있는지, 그리고 일단 확립된 후에는 어떻게 지속되는지의 중요한 문제에 대해 항상 해답을 찾고 있다. 필자가 흥미로워하는 점은 가능성 있는 가설을 생각하고 이를 입증하는 방법을 궁리해 봄으로써 과학자들은 생명이 어떻게 시작되었는지에 대한 합리적이고 완벽한 해석을 내놓을 수 있다는 것이다. 생명이 시작된 장소와 상황에 대한 다양한 가설이 제기되어 왔는데, 고대 지구의 심해 분화구라고 보는 견해도 있고, 얕은 해역에서 시작되었다고 보는 견해도 있다. 각 가설에는 지지자들이 존재하며, 각 가설의 장점에 대한 활발한 토론이 이어지고 있다. 한 가지 중요한 관점에서는 모두의 의견이 일치하고 있는데, 인간은 생명의 기원을 하루아침에 이루어진 기적적인 사건으로 그리려는 경향이 있지만, 생명으로 간주될 수 없는 세포의 주요 구성 성분들이 여러 번의 뚜렷한 단계를 거쳐 형성되면서 생명이 탄생되었을 것이라는 점이다. 세포의 어떠한 구성 성분이 먼저 생겼는지에 대해서는 논란이 많다. 막질의 외부막이었는지, 다음 세대에 정보를 부호화하여 전달하는 유전자를 구축하는 분자 장치, 분열 및 복제 능력이었는지, 아니면 에너지를 전달하는 대사 경로였는지 등등이다. 완전하게 작동하는 세포가 되려면 이 모든 것이 필요한데, 과연 이들은 어떻게 조합되었을까? 어떤 종류의 막은 친수성 분자와 소수성 분자 사이의 경계에서 자연적으로 만들어진다. 이는 살아 있는 세포를 둘러싼 복잡한 막과는 거리가 멀지만, 특정한 배치로 자신을 배열시킬 수 있는 분자의 고유 기능이 어떻게 최초의 단순한 세포막으로 이어질 수 있는지를 보여 준다. 대사 체계와 유전 체계 모두 단백질을 포함하여 복잡한 분자들이 상당히 많이 필요하다. 단백질 자체는 아미노산이라는 작은 분자로 만들어졌다. 계통이 성립되려면 살아 있는 세포는 그들의 유전자를 증폭시켜 후세대에 전달할 수 있어야 한다. 우리는 관찰을 통해 살아 있는 세포에서 이러한 과정이 어떻게 일어나는지 알고 있지만, 과연 생명이 시작될 당시에는 이런 일이 어떻게 일어났을까?

이 핵심적인 질문의 해답으로 제시된 많은 의견들이 오랫동안 존재해 왔다. 1871년 찰스 다윈 (Charles Darwin, 1809~1882)의 유명한 의견이 그 당시 큐 식물원(Kew Gardens)의 원장이자 친구인 조지프 돌턴 후커(Joseph Dalton Hooker, 1817~1911)에게 보낸 편지에 언급되어 있다. 모든 종류의 암모니아, 인산염, 빛, 열, 전기 등이 존재하는 '따뜻한 작은 연못(warm little pond)'에서 단백질 화합물이 화학적으로 형성되어 복잡한 변화가 일어나면서 생명이 시작되었을 것이라는 생각이었는데, 이 생각은 곧 정착되었다. 1920년대에 다윈이 제안했던 '따뜻한 작은 연못'은 러시아의 생화학자인 알렉산더 이바노비치 오파린(Aleksandr Ivanovich Oparin, 1894~1980)에 의해 일종의 '원시적인 수프(primeval soup)'로 간주되어, 오늘날에는 일어날 수 없는 반응이지만 산소가 없던 원시 지구의 대기에서는 이 수프 속의 유기적인 분자들이 서로 반응하여 점차 복잡해질 수 있다고 생각하였다. 초기 원시 지구의 대기 상태가 오늘날과는 현저히 다르다는

2010년 4월 16일, 아이슬란드 에이야피야라요쿨(Eyjafjallajökull) 화산 위로 치는 번개. 우리 행성의 초창기 생명의 기원에 번개가 일조하였을지도 모른다. 스탠리 밀러(Stanley Miller)와 해럴드 유리(Harold Urey)는 이러한 효과를 내기 위해 실험에 전기 스파크를 이용하였다.

57쪽: 시카고 대학 실험실에서 해럴드 유리와 연구하고 있는 스탠리 밀러. 단일 분자에서 생명의 전구체인 복잡한 유기 분자를 만들 수 있는 원시 지구의 조건을 재현하고 있다.

58~59쪽: 원핵생물 남조류 트리코르무스종(Trichormus)의 세포는 점액질이 많은 나선형 필라멘트를 형성하는데, 이는 육상 조류가 가뭄 기간 동안 견딜 수 있게 하는 것으로 추측된다. 광학현미경, 명시야 조명 × 2,700

것을 인식한 것이 중요한 통찰이었다. 나중에 살펴보겠지만, 생물 – 넓은 범위에서의 식물 – 이 존재함으로써 대기가 변화된 것이다. 20세기 초 유명한 진화 생물학자였던 존 버돈 샌더슨 홀데인 (John Burdon Sanderson Haldane, 1892~1964)은 지구의 원시 바다는 '뜨거운 묽은 수프(hot dilute soup)'와 같다고 생각했다. 원시 행성의 대기와 바다에 대한 이 견해는 이론적으로 시험이 가능한 것이었다.

이 방법으로 생명의 분자적 기본 단위를 만들 수 있는지를 알아보기 위해 곧 이어 실험실에서 적절한 대기와 물리적 조건을 재현하려는 노력이 시작되었다. 1952년 시카고 대학에서 스탠리 로이드 밀러(Stanley Lloyd Miller, 1930~2007)와 해럴드 클레이턴 유리(Harold Clayton Urey, 1893~1981)는 메탄, 암모니아, 수소 그리고 수증기가 혼합되어 있는 밀봉된 유리 플라스크에 전기 스파크를 일으켜 번개 효과를 냈다. 이 실험 과정에 쓰인 모든 주요 성분은 자연에 흔하게 있어 충분히 이용 가능한 것이었다. 이틀 동안 실험을 진행한 결과, 두 번째 플라스크에 응축된 수증기 – 바다를 나타냄 – 는 옅은 노란색으로 변했고 대기 플라스크는 타르 잔류물로 덮였다. 이렇게 얻어진 '원시 수프'를 당시의 비교적 단순한 방법으로 분석하여 밀러와 유리는 20가지의 서로 다른 아미노산이 들어 있음을 확인하였다. 이는 순수하게 화학적, 물리적 수단으로 오늘날 살아 있는 세포의 중요한 기본 단위인 복합 요소가 생길 수 있다는 가능성을 보여 주었다. 이후 정교한 장비를 사용하여 원래의 실험에서 보존된 잔류물을 재분석하여 22개의 아미노산이 '생물 발생 이전'의 대기를 나타내는 가스와 물의 혼합물로부터 생성되었음을 보여 주었다. 아미노산은 복잡한 유기 분자로서 단백질이 조합되는 단위이자 생명의 중요한 필수 조건이지만, 그 자체로는 살아 있는 것이 아니다.

1950년대 이후, 이 고전적 실험은 다양하게 변형되어 초기 대기 조성에 대해 서로 다른 개념들이 세워졌고, 생명과 관련된 다양한 유기 분자들의 생성에 영향을 주는 화산 폭발과 같은 요소들을 물리적으로 만들 수 있었다. 그러나 1969년, 지구로 떨어진 오스트레일리아의 머치슨 (Murchison) 운석과 같은 일부 운석에서 생명의 잠재적 전구체로 인식되는 다른 복잡한 유기 분자가 발견되었다. 이 놀라운 발견은 지구의 생명체가 과연 외계에서 기원된 구성 요소를 갖고 있는지의 여부에 대한 추측들을 부채질했다. 머치슨 운석이 입증하는 것은 지구만이 복잡한 유기 분자가 형성되는 유일한 곳이 아니라는 것이다. 흥미 있는 가능성은 같은 성분의 화합물은 생물체의 분해 산물을 나타내는 것일 수 있으므로 우주 어딘가에 생명이 분명히 존재하고 있다는 사실이다. 최초의 화석을 조사하는 것처럼 이 분야는 분명 앞으로 수년 동안 과학의 흥미 있는 분야가 될 가능성이 높다. 그러나 이 실험을 한 단계 더 발전시켜, 유기 분자 주위를 둘러싼 막이 있으면서 에너지를 생산하거나 소비할 수 있는 완전한 세포를 형성하는 방법이 아직까지는 없다. 아마도 이는 결코 실험으로 입증할 수 없을 것이다. 따라서 다윈이 상상하고 밀러와 유리에 의해 실험되었던 '따뜻한 작은 연못'으로부터 생명체가 생겼다는 발상은 우리로 하여금 먼 길을 오게 했지만 완전한

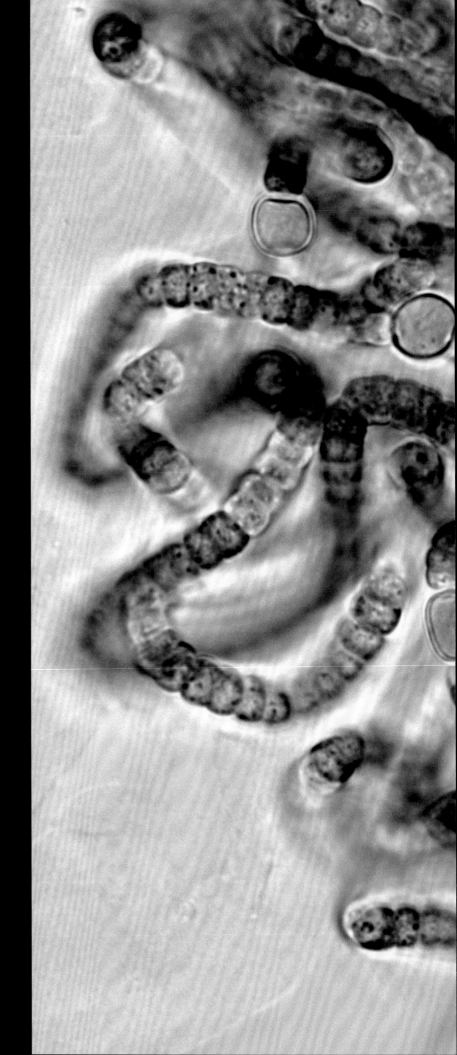

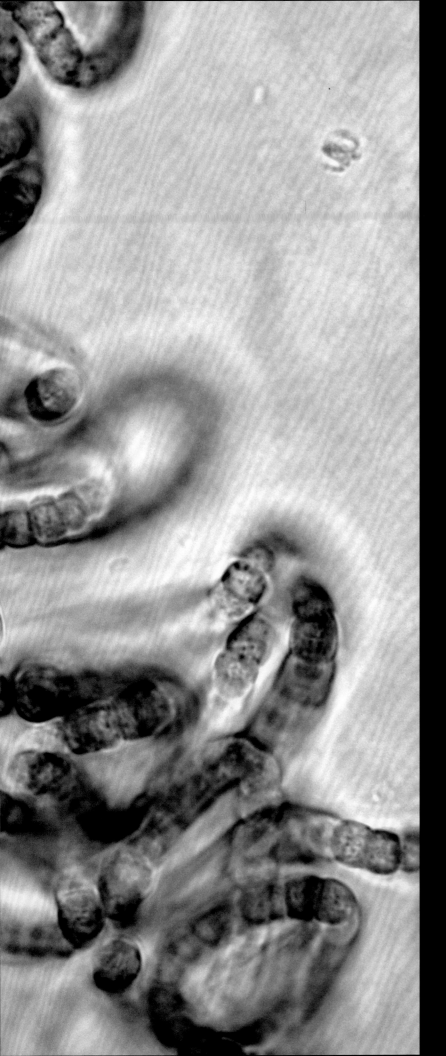

그림을 부여 주지는 못했다. 그리고 유기 분자는 그 자체가 살이 있는 것도 아니다.

한편, 세포를 기본적인 분자 구조로 분해하는 최신 기법으로 생명의 기원을 탐구하는 다른 방법이 열렸다. 여기에는 크게 두 가지 방법이 있는데, 첫 번째는 아주 간단한 단세포 유기체를 골라서 '쳐내기(knocking out)', 즉 유전자를 제거해 가면서 생명의 특성을 유지할 수 있는 최소 집합체를 알아보는 것이다. 두 번째는 새로운 과학 분야인 합성생물학을 이용하여 실험실에서 세포의 개별 구성 요소들을 만드는 것이다. 두 가지 기술 모두 공상 과학같이 들릴지 모르지만 매우 현실적인 방법이다. 현미경 이용을 통해 얻은 지식이 없었다면 생물학이 오늘날의 수준까지 발전하지 못했을 것이라는 점은 주목할 만한 가치가 있다. 우선, 세포 내 구성 요소를 보고 이해하는 것이 필요했고, 이들이 하나로 통합되면 서로 어떻게 작동하는지를 규명하는 것이 필요했다. 이들 구성 요소를 각각 특정 기능을 수행하는 생물의 기관(organ)에 비유하여 세포 내 소기관(oranelle)이라고 한다.

2010년에는 스스로를 유지시키고 재생할 수 있는 세포 형태의 합성된 생명체가 최초로 만들어졌다. 이는 미국의 생물학자이자 기업가인 존 크리그 벤터(John Craig Venter, 1946~)와 그의 팀에 의해 이루어졌는데, 이들은 박테리아 세포 내에 원래의 유전자 세트를 제거한 후 인위적으로 만든 최소 세트의 유전자를 조립하여 주입하였다. 이 같은 실험을 가능하게 한 핵심 기술은 세포 내의 특정 복합 분자의 역할을 이해한 데서 기인한다. DNA(deoxyribonucleic acid) 구조의 발견을 발판 삼아 처음에는 DNA를 구성하는 뉴클레오타이드(DNA와 RNA의 이른바 '알파벳'에 해당하는 문자)의 염기 서열이 어떻게 특정 단백질로 발현되는지를 알게 되었다. 이어서 DNA 염기 서열을 제조하는 방법이 개발되어 새로운 유전자를 세포 내에 삽입한 세포들, 즉 유전자 변형 생물(GMOs)을 만들 수 있게 되었다. 일반적으로 분자생물학 분야, 특히 분자유전학의 발전 속도는 매우 놀랍다. 이는 전적으로 유전자와 유전 정보를 읽어서 생성된 방대한 양의 데이터를 고성능의 컴퓨터가 처리하기 때문에 가능해졌다. 인간 염색체상의 모든 유전자에 대한 DNA를 해독하는 인간 게놈 프로젝트는 앞으로 필요한 많은 단계를 위한 기틀을 마련하였다. 세계의 수많은 연구소들이 공동으로 참여하여 최초로 인간의 완전한 게놈 서열을 밝히는 데에는 13년이나 걸렸다. 이제는 같은 양의 데이터를 한 달 만에 얻을 수 있는데, 이는 합성생물학을 뒷받침하는 두 번째 주요 기술적 진보인 자동화된 고속 DNA 염기 서열 분석(high-throughput automated DNA sequencing)의 발달 덕분이다. 앞으로 이 가속도는 더욱 빨라질 것이다.

따라서 이제는 유전자를 제거한 박테리아에 충분한 세트의 유전자를 삽입하여 대사 작용과 번식을 가능하게 함으로써 인공 세포를 만들 수 있다. 삽입된 인공 유전자는 박테리아 내에서 단순한 형태의 생명체의 일반적인 프로세스를 수행하면서 정상적인 기능을 한다. 의심할 여지없이 앞으로는 더 놀라운 성과들을 이룰 수 있겠지만, 지금은 뜨겁고 묽은 수프, 화산 활동 및 원시 대기 상태를 가졌던 원시 지구로의 여행을 계속해 보자.

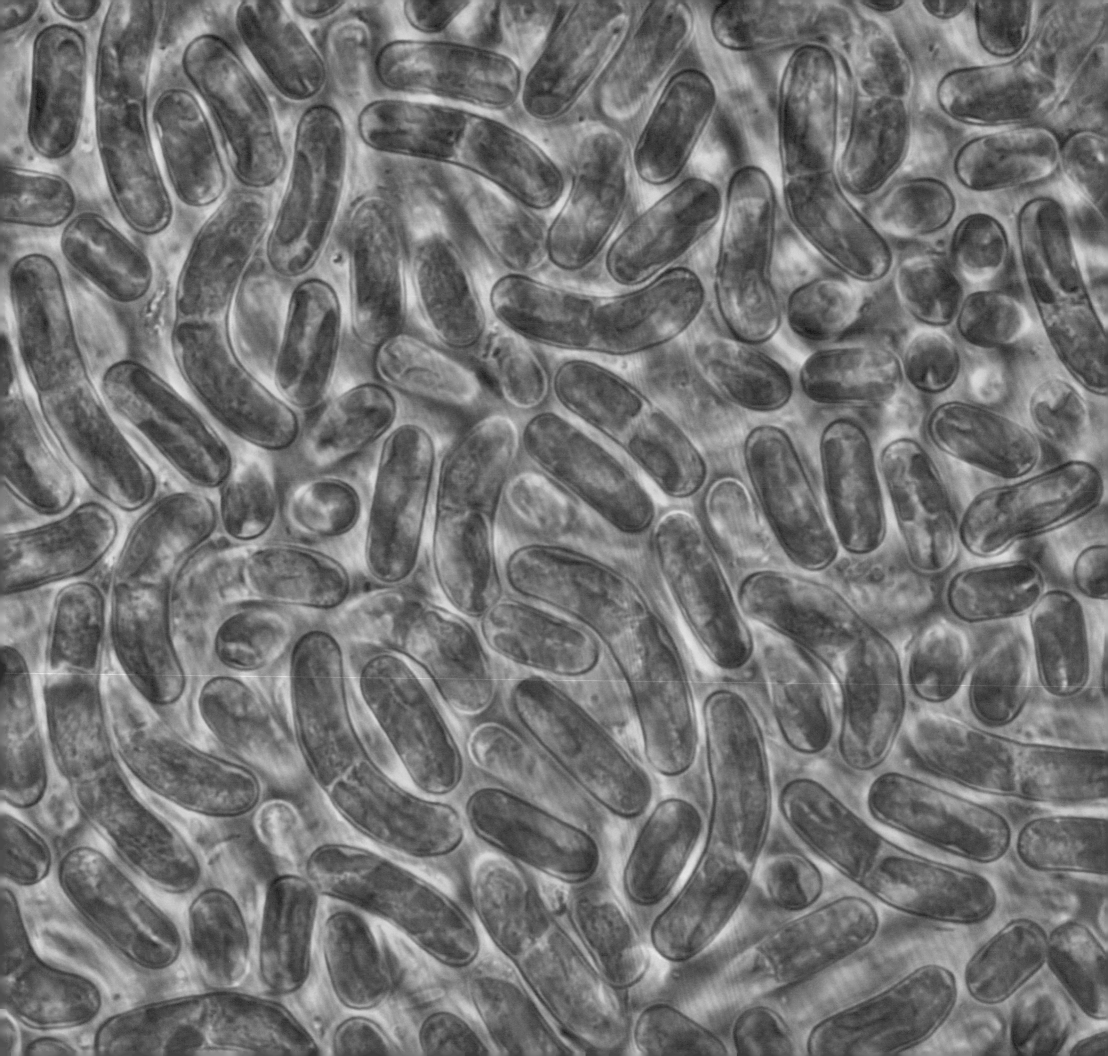

이언	대	기	백만 년 전
현생이언	신생대	제4기	0
			3
		제3기	
		고제3기	23
			66
	중생대	백악기	146
		쥐라기	200
		트라이아스기	251
	고생대	페름기	299
		석탄기	359
		데본기	416
		실루리아기	444
		오르도비스기	488
		캄브리아기	542
은생이언	원생대	신원생대	1000
		중원생대	1600
		고원생대	2500
	시생대	신시생대	2800
		중시생대	3200
		고시생대	3600
		시시생대	4000
	태고대		4600

지질 연대표는 지질학의 지층 순서에 따라 지구의 역사를 주요 기(period)로 나눈 연표 시스템이다. 생명은 약 39억 년 전 시생대의 시시생대에 바다에서 시작되어 중시생대에 육상에 모습을 드러내기 시작했다.

60쪽: 녹조류인 클레브소르미디움 니텐(*Klebsormidium niten*)은 차축조류의 일종이다. 차축조류는 담수조류와 육상조류 그룹으로, 4억 5천만 년 전 육상에 진출하여 육상 유배 식물의 기원이 되는 녹조류와 진화적으로 가장 유사한 분류군이다. 광학현미경, 명시야 조명 × 2,750

지구상에 언제부터 생명이 시작되었는지를 정확히 알기는 어렵다. 왜냐하면 우리는 대부분의 증거를 화석에 의존하고 있기 때문이다. 어떤 형태의 생명체는 너무 연약해서 화석이 되기 어렵고 화석화된 생명의 흔적을 발견해도 이들의 정확한 연대를 결정하는 것은 종종 논쟁거리가 된다. 더 오래되고 잘 보존된 화석이 발견될 가능성은 앞으로 얼마든지 있다. 따라서 우리가 할 수 있는 최선은 더 오래된 샘플이 발견될 수 있음을 항상 염두에 두고 가장 오래된 화석을 지구의 지질학적 역사의 흐름에 따라 배치하는 것이다. 나중에 살펴보겠지만, 지질학적 시간을 따라 현재로 이동할수록 생명의 복잡성을 풀어 가는 일은 좋은 화석 증거가 발견됨으로써 점점 명확해진다.

지구의 나이는 약 45억 년으로 추정한다. 어떤 과학자는 더 신중하게 연도를 더 뒤로 잡기도 하지만, 대부분의 과학자들은 직접적인 화석을 증거로 생명의 역사를 35억 년 전으로 보고 있다. 사실 39억 년 전 생명의 기원에 대한 증거들이 나타나고 있다. 이것이 사실일 경우, 우리의 행성에는 최소한 역사의 3/4 시기 동안 생명체들이 살고 있었다는 것이 된다. 하지만 이 시기의 대부분은 간단한 형태의 단세포 생명들만 차지하고 있다. 놀랍게도 지구의 초기 생태계에 등장하던 생물의 많은 근연군들이 여전히 우리와 함께 살고 있다. 대부분의 전문가들은 스트로마톨라이트 – 고대 바다 암초에 있는 미생물에 의해 형성된 층층이 쌓인 매트 – 가 최초 생명의 화석 증거 중 하나라는 사실에 동의한다. 스트로마톨라이트의 연대를 35억 년 전으로 추정해도 무리가 없지만, 그보다 조금 덜 오래된 20억 년 전의 화석에는 오늘날 스트로마톨라이트를 형성하는 남조류(시아노박테리아로 알려짐)와 매우 비슷한 세포 구조가 잘 보존되어 있다. 스트로마톨라이트는 서오스트레일리아의 세계 문화유산인 샤크베이(Shark Bay)와 멕시코 북쪽의 생물권 보전 지역인 쿠아트로 시에네가스(Cuatro Ciénegas)와 같이 외해보다는 주로 염도가 높은 수역에서 나타난다. 생명이 탄생될 당시에 살던 어떤 생명체들과 우리가 같은 행성에 산다는 것은 놀랄 만한 일이다. 지질 연대표는 지구의 역사를 주요 연대로 나누어 보여 주는데, 이는 암석과 화석을 시간 순서대로 배치하기 위해 지질학자들이 이용하는 참조 체계이다. 지질 연대표의 시간대는 너무 방대해서 수명이 70~100년인 우리 같은 생물체가 이해하기는 어렵다. 생물의 진화와 다양성을 이 지질학적 시간으로 설명하는 한 가지 방법은 시간을 나선형으로 그려서 서로 다른 그룹의 생물이 최초 출연한 시기를 보여 주는 것이다. 생명의 기원에서 육상으로 진출하기까지의 여행 동안 지금은 멸종된 일부 중요한 화석 식물을 지질사적 맥락에 넣기 위해 때때로 이 지질 연대표를 들여다보게 될 것이다.

현재 지구상의 생명체가 이 지질학적 시간 동안 얼마만큼 완벽하게 우리 행성의 자연 모습을 형성했는지를 인식하는 것은 중요하다. 생명체는 대기의 화학 성분을 변화시켰고, 암석에 방대한 퇴적물을 남겼으며, 어떤 경우에는 암석의 풍화와 침식을 가속화시키는 반면, 또 어떤 경우에는 침식 속도를 줄이는 보호층을 만들기도 하였다. 생명체는 지질학적 시간 동안 지구 프로세스(Earth process; 탄소와 물의 순환 및 생물권의 작용 등)와 태양 사이의 복잡한 상호 작용을 통해 지구의

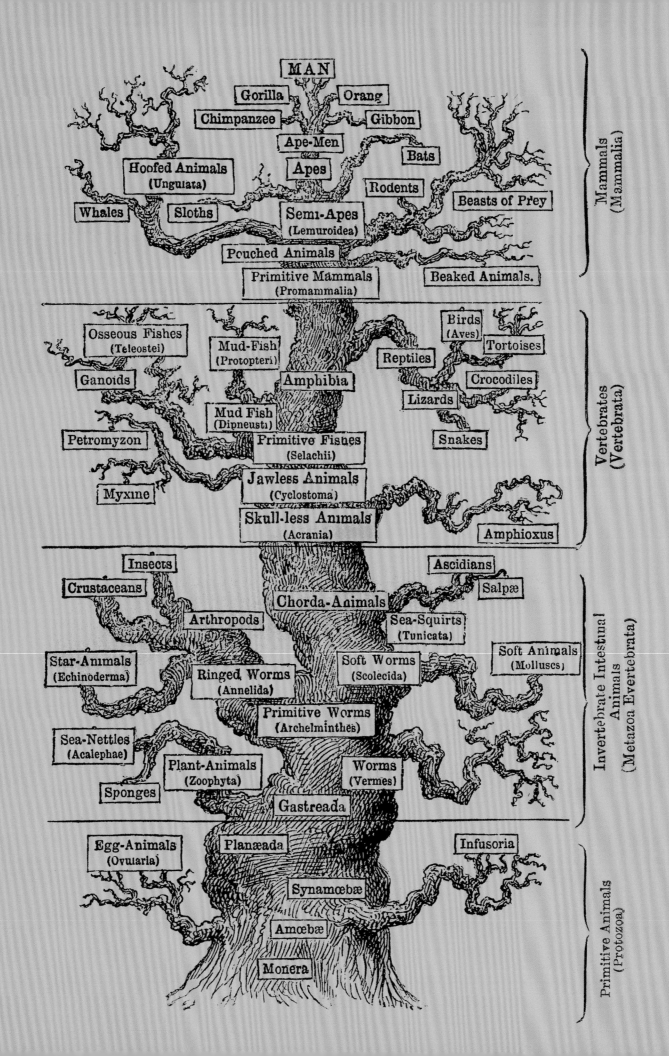

기후 시스템 패턴을 만들었다. 두꺼운 대기층이 있는 살아 있는 지구의 표면과 생명이 없는 마맛자국투성이의 달 표면을 비교해 보라. 화성은 과거에 지표에 물이 있었음을 나타내는 지형적 특징을 보이는데, 지구에는 그러한 분화구가 거의 없다. 지구의 표면은 여러 번 바뀐 것이다. 지구 지각의 대부분을 형성하고 있는 가장 오래된 암석들은 화성암으로서 높은 온도와 압력 하에서 형성되는데, 이후의 지질학적 기록을 보면 생물 또는 그 흔적으로 형성되는 퇴적암 지층들이 많이 발견된다. 예를 들면, 광대한 백악(chalk, 석회암)은 특정 단세포 조류 주위의 보호 껍질을 형성하는 미세한 석회질판으로부터 형성된 것으로, 백악기 시대에 만들어졌다. 유사하게, 석탄기 동안의 석탄층은 고대 숲의 화석화된 유기 잔재물이다. 요컨대 우리의 화석 연료는 고대의 햇빛 잔재물, 즉 과거 광합성의 화석화된 잔재물인 것이다.

대기의 변화가 우리 행성에 미치는 영향은 아마도 지질학적 변화가 미치는 영향보다 더 클 것이다. 처음에는 단순히 질소, 이산화탄소, 수소의 혼합물로 구성되었다가 남조류와 같은 단세포 유기체에 의해 대기의 가스 성분과 바다는 서서히 변해 갔다. 광합성을 통해 남조류가 태양의 햇빛을 활용하면서 오늘날 우리가 알고 있는 산소가 풍부한 세계로의 변화가 시작되었다. 그러므로 소위 '산소 급증 사건(Great Oxygenation Event)'으로 알려져 있는 극적인 변화는 약 24억 년 전에 시작되었다. 비록 현재보다 훨씬 적지만, 이때의 사건으로 높아진 대기의 산소량은 그 이후 우리와 같은 다세포 유기체를 포함한 보다 큰 형태의 생명체 진화의 원동력이 되었을 것으로 생각된다.

생물과 지구 및 태양계의 물리적 시스템은 서로 밀접하게 연결되어 있다. 원인과 결과를 구분하기는 어렵지만 어디서나 이러한 관계를 볼 수 있다. 생물 사이의 관계, 달과 물의 조수 간만 차, 식물의 생장과 기후 등이 그 예이다. 제임스 러브록(James Lovelock, 1919~)이 지구가 마치 하나의 '살아 있는' 시스템처럼 전체적으로 적응하고 반응한다고 했던 가이아 개념을 통해 아주 훌륭하게 표현했듯이, 지구는 정말로 살아 있는 행성이라고 볼 수 있다. 생명의 역사를 초기부터 지구가 급속한 환경 변화를 겪는 기간인 현재까지 추적해 보면, 인간이 삶에 필요한 조건을 생성하고 유지하는 데 광합성과 식물이 얼마큼 중요한지를 이해하게 될 것이다. 이는 이 책의 마지막 장에서 살펴보게 될 주제이기도 하다.

계통수의 첫 번째 가지

지구상의 가장 첫 번째 생명체를 35억 년~39억 년 정도로 보고, 이제 계통수의 첫 번째 분지에 해당하는 초기 단계의 진화와 다양성을 살펴보도록 하자. 지질 연대표가 지구의 나이에 대한 참조 체계인 것처럼, 계통수 역시 간단한 분지 다이어그램으로 진화적 관계에 대한 참조 체계를 제공한다. 우리가 직관적으로 가계도와 연결시킬 수 있는 효율적이고 훌륭한 개념인 계통수는 생물학에서 오랜 전통을 가지고 있다. 초기 사례 중 가장 잘 알려진 것 중 하나가 에른스트 헤켈(Ernst Haeckel, 1834~1919)의 것이다. 헤켈은 매우 창의적이고 철학적인 생물학자로서 많은 새로운 개

아래: 니콜라 펄샤이드(Nicola Perscheid)가 1904년에 찍은 에른스트 헤켈(Ernst Haeckel)의 사진. 헤켈은 찰스 다윈(Charles Darwin)에 의해 큰 영향을 받았고, 모든 동물의 개체 발생은 계통 발생을 반복한다는 이론을 발전시켰다.

62쪽: 1879년 에른스트 헤켈이 그의 저서 『인간의 진화(Evolution of Man)』에 그린 생명의 나무인 계통수(系統樹). 줄기에서 갈라져 나온 각 가지는 동물의 진화적 다양성 경로를 나타낸다.

념들을 도입했는데, 그의 새로운 아이디어들을 따라가려면 새로운 단어들을 만들어 내야 할 정도였다. 그의 계통수는 마치 울퉁불퉁한 참나무를 닮았고, 당대의 인간이 우월하다는 의식을 반영하여 인간을 가장 높은 자리에 배치하였다. 찰스 다윈이 그린 간단한 계통수는 손으로 쓴 "나의 생각은…"으로 시작하는 글귀와 함께 그려진 것이었으며, 다윈의 사고 과정을 보여 주기 때문에 더욱 위대한 것이다.

오늘날 분지하는 계통수 개념은 진화 관계에 대한 이해를 표출하고 전달하기 위해 여전히 가장 많이 사용하는 일반적인 방법이다. 이러한 관계에 대한 지식은 전통적으로 다른 종들의 구조적 특징, 즉 형태에 대한 관찰에서 얻어졌다. 현미경은 이와 같은 특징들, 특히 미세한 형태의 생명을 관찰하는 데 큰 역할을 하였고 오늘날에도 여전히 중요하다. 그러나 이제 가장 완벽한 계통수 그림은 종간 특정 유전자 또는 전체 유전자까지도 DNA 서열을 비교할 수 있게 되면서 그려질 수 있게 되었다. 유기체가 아무리 작아도 DNA로부터 얻은 방대한 양의 데이터 덕분에 계통을 재구성하는 과학, 즉 계통수 찾는 일에 대혁신이 일어났다. 계통수는 생물 간 관계를 나타내고 전달하는 데 시각적으로 매우 효과적인 방법이기 때문에, 이 책에서는 계통수를 이정표로 삼아 식물의 진화 이야기가 어디쯤에 해당하는지를 보여 주고자 한다. 계통수는 매우 다양한 수준으로 표현할 수 있는데, 가지를 요약하여 표현하거나, 최소한 가능성 있는 모든 종을 표시할 수도 있다. 지금으로서는 모든 종을 기록하는 것은 요원하다. 현재까지 약 170만 종의 생물이 기술되었으나, 모든 종을 기록하면 500만~1300만일 것으로 추정된다. 이 책은 식물에 초점을 맞춘 것이므로 필자가 선택한 계통수는 살아 있는 식물과 화석 식물의 주요 그룹을 강조한 것보다 선택적인 것으로, 모든 생물을 포함한 다른 계통수의 가지를 최소한으로 나타냈다. 이 계통수를 통해 첫 번째 가지에 해당하는 초기 생물의 분화를 이해할 수 있게 될 것이며, 광합성을 하는 생물, 즉 넓은 의미에서의 식물이 어떻게 동물, 균, 박테리아 및 다른 주요 가지들과 연관되어 있는지를 알게 될 것이다.

이러한 계통수를 그리는 데 사용되는 몇 가지 규칙을 알게 되면 이해하기가 쉽다. 첫 번째, 계통수의 맨 아랫부분에는 가상의 조상이 위치한다. 거기서부터 계통수는 여러 계열의 분지들로 형성되어 간다. 두 유기체 간의 정확한 유연관계를 알고 있는 경우(이들의 이름은 분지 끝에 나타낸다) 분지는 '마디'에서 두 갈래로 갈라진다. 하지만 종종 계통수의 특정 지점에서 정확한 유연관계가 밝혀지지 않은 경우가 있다. 이러한 경우 '마디'는 3개 이상으로 갈라지게 된다. 이것은 일반적으로 몇 가지 대체할 수 있는 유연관계가 있기는 하지만, 현재로서는 어떤 것이 가장 좋은 것인지를 결정하기에는 뒷받침해 줄 만한 분자적 또는 형태적 형질 증거가 불충분하다는 것을 의미한다. 이때 그 '마디'에서의 상대적 위치나 순서는 임의적이다. 이것은 그 '마디'에서의 분지는 서로 바뀔 수 있는 3개 이상의 계통을 나타내며, 어떤 순서로든 그려질 수 있음을 의미한다.

계통수를 살펴보도록 하자. 앞에서 언급했던 세포로 인식되기 위해 필요한 조건들을 충족시키는 최초의 물리적 구조를 조사할 수는 없지만, 처음에는 이들이 어떤 특정한 하나의 종류가 아니었다

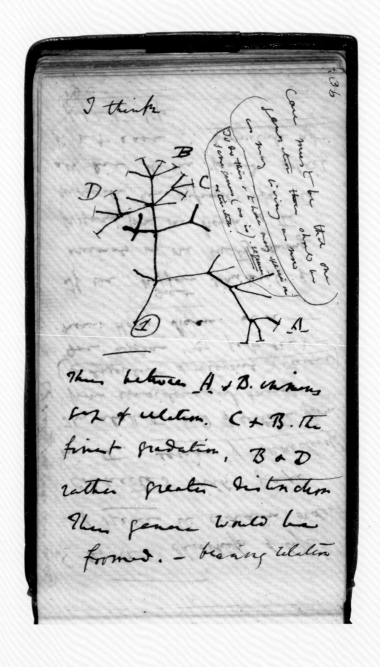

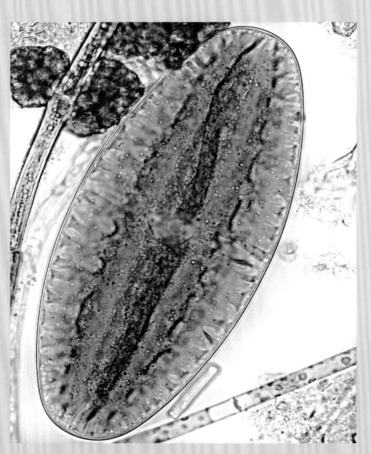

아래: 단세포 진핵생물인 니트리움 디기투스 변종 라툼(*Netrium digitus var. latum*)은 데 스미드[desmids, 물먼지말목(Desmidiales)]라고 알려져 있는 그룹에 속하는 녹조류이다. 세포를 두 개의 대칭으로 나누는 좁은 협착 부위를 가지고 있는 것이 특징이다. 광학현 미경. 명시야 조명 × 500

64쪽: 1837년 찰스 다윈(Charles Darwin)의 수첩 중 "나의 생각은…"으로 시작하는 페이 지에는 역사상 가장 위대한 아이디어가 생겨나기 시작했으며, 다음과 같은 주석이 붙어 있다. "그 당시 한 세대는 지금 생물의 수만큼이나 많았을 것이다. 그러므로 같은 속에 많은 종을 갖기 위해서는 멸종이 필요하다. 따라서 A&B의 유연관계는 매우 멀다. C&B 가 가장 가깝고 B&D는 그것보다 멀다. 이렇게 되면 '…한 관계를 가지고 있다'는 속 (genera)이 형성된다."
캠브리지대학 도서관 소장. DAR 121쪽 36

고 가정하는 것이 일반적이다. 대신 1998년에 미국 미생물학자 칼 리처드 우즈(Carl Richard Woese, 1928~)가 언급했던 "족보상의 역사가 아닌 실제 역사에 따라 생물학적 단위로 생존하고 진화하는 다양한 세포의 커뮤니티"를 형성했을 것이다. 계통수의 맨 아랫부분에서 첫 번째 분지는 원핵생물(prokaryotes)이라고 하는 단순한 유기체이다. 원핵생물은 너무 작아서 서로 다른 원핵 생물들을 부를 만한 더 쉬운 일반적인 이름이 없다. 이들의 학명은 그리스어 '*pro*('~전'을 의미')'와 세포핵을 의미하는 '*karyon*('알맹이 또는 견과'를 의미')'에서 유래되었다. 따라서 원핵생물은 세포 핵을 가진 생물 이전에 등장한 간단한 세포이다. 세포핵을 가진 세포는 진핵세포('진짜 알맹이'를 의미)라 부른다. 세포핵은 크고 독립된 소기관으로서 막으로 둘러싸여 있으며, 염색체 상태로 유 전 물질을 가지고 있다. 다소 무미건조한 이 기술적 차이가 원핵세포와 진핵세포라는 뚜렷한 두 종류의 세포를 구분 짓는다. 진핵생물의 진화는 지구 생명의 역사상 가장 중요한 전환점 중 하나 였다. 생물학 용어를 배우기 전에는 이러한 중대한 사건을 이해하기 어렵다는 것이 여러 가지 면 에서 유감이다. 그렇다고 "단순한 세포가 복잡한 세포로 진화했다"라고 말하는 것은 너무 단순화 하는 것이다. 생물학이 다른 과학 영역보다 더 특별한 용어를 가지는 것은 당연한 일이다. 이해해 야 할 많은 것들을 일상 용어로는 정확히 표현할 수 없기 때문이다.

이제는 지구 역사의 초창기에 갈라진 3개의 주요 분지가 계통수 아랫부분을 차지하고 있는 것으로 알려져 있는데, 두 개는 원핵세포를 가지고 있고, 하나는 진핵세포를 가지고 있다. 원핵성 분지 중 하나는 누구나 다 아는 이름인 반면, 하나는 생물학자만이 알고 있다. 잘 알려진 원핵생물은 바로 박테리아로서, 과학적 이름으로는 진정세균이다. 많은 오해가 있지만 수천만 박테리아의 대부분은 인간에게 무해하다. 그럼에도 불구하고 우리는 우리가 진화해 온 삼림과는 다른 무균 생활 환경을 만들기 위해 너무 많은 시간과 에너지를 소비하고 있다. 또 다른 주요 원핵성 분지는 단순 히 '옛날 것'이라는 의미의 고세균이다. 고세균은 현미경적 크기인 데다 최근에 발견되었기 때문에 우리 행성에서 가장 많은 형태의 생명체 – 특히 해양 플랑크톤 – 라는 것을 간과하기 쉽다. 과학 자에 의해 최초로 발견된 고세균은 온천이나 염분 농도가 높은 곳 등 세상의 가장 극한 환경에서 서식하고 있었는데, 이런 곳들은 옛 지구의 일부 특징을 나타내는 장소여서 흥미롭다. 최초의 '극 한생물('극한 환경에서 산다는 것'을 의미)'인 고세균이 알려진 이후로 1970년대에 이르러서는 지 구의 거의 모든 서식 환경에서 고세균이 발견되었다. 35억 년 전 지구에 나타난 원핵생물은 아직 도 우리와 함께 살고 있으며, 공룡과 같은 그 어떤 커다란 피조물보다 더 저항력이 있었다. 당연히 최초의 원핵생물은 주위 환경에서 바로 사용할 수 있는 물질로부터 에너지와 양분을 얻었을 것이 다. 이들은 화산 활동과 관련된 요소들인 철, 황 또는 망간 등이 포함된 화합물의 분자 결합을 끊 음으로써 에너지를 얻었다. 이것이 지구 최초의 생명체가 에너지를 얻는 방법이었음에도 불구하 고, 대부분의 다세포 생물이 살 수 없는 바다의 심연 열수 분출공과 같은 장소에서 오랜 세월을 견 뎌냈다.

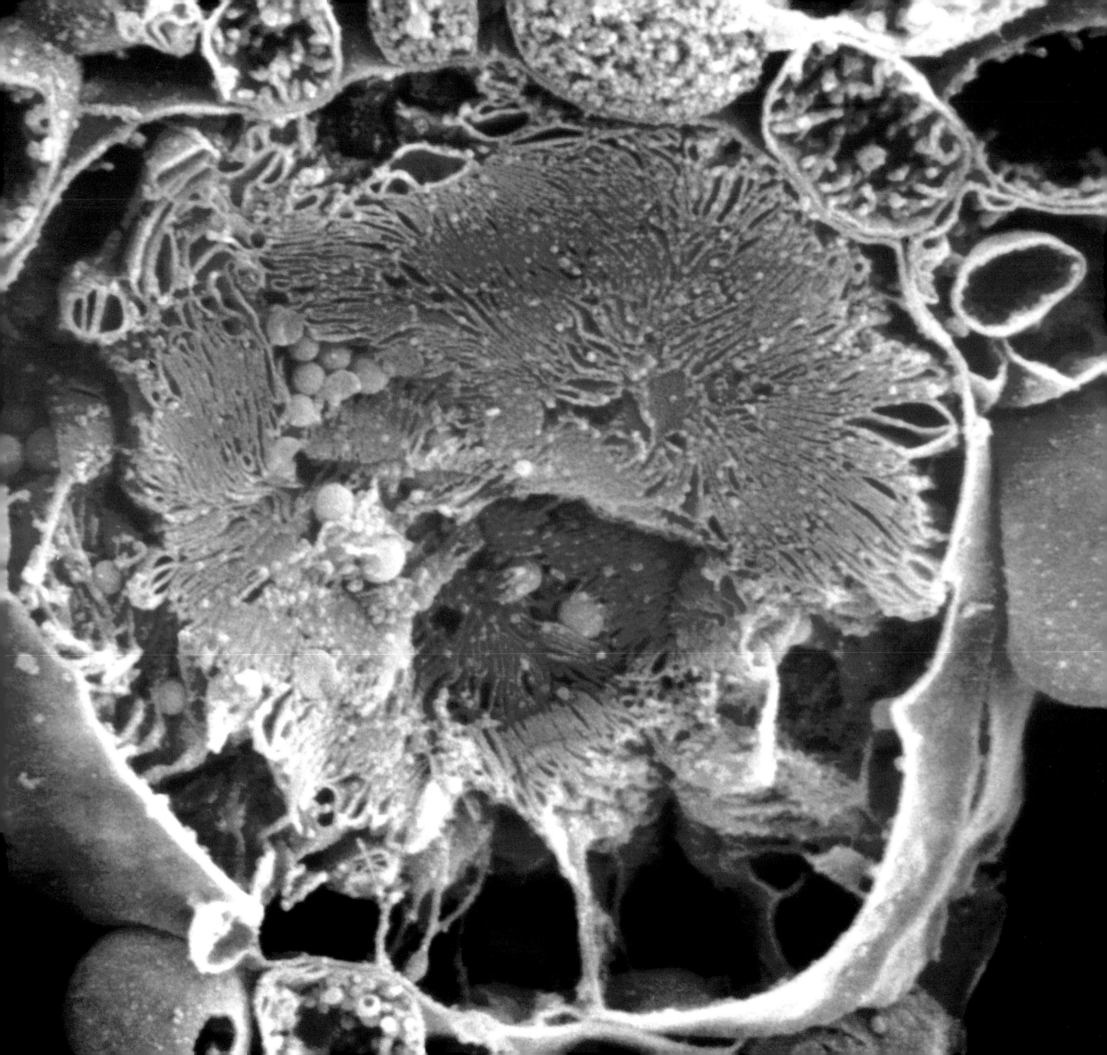

모든 진화적 혁신에서 가장 중요한 것 중 하나는 광합성에 의해 햇빛의 에너지를 이용할 수 있게 된 것이다. 이는 지구의 대기 특성을 변화시켰고, 점차 우리처럼 몸집이 큰 동물들에게 필요한 생활 환경을 만들 정도로 지대한 위업이었다. 화석 기록에 의하면 이 놀라운 위업은 남조류에서 시작되었는데, 남조류는 표면적을 넓히기 위해 막이 반복적으로 접혀 있는 특수화된 광합성 구조를 가지고 있다. 이러한 막들은 광합성의 복잡한 명반응이 일어나는 부위이며, 물이 광분해할 때 나오는 전자를 이용하여 에너지를 생성한다. 수십억 년 동안 우리 행성의 특징이 되어 온 흙더미 모양의 구조물인 스트로마톨라이트를 형성한 것은 얕은 바다에 사는 이러한 집단을 이룬 남조류였다. 다른 남조류는 원시 지구의 대양을 자유롭게 떠다니거나 물속 표층에 얇은 막을 형성하면서 살았다. 광합성은 곧 지구에서 가장 중요한 생물학적 과정이 되었고, 여전히 중요한 과정이라고 말할 수 있다.

세포생물학의 빅뱅

과거 20억 년 전, 광합성의 기원만큼이나 지구 생명체의 진로에 큰 영향을 준 놀라운 사건이 일어났다. 이는 최초의 세포들(완전한 기능과 번식이 가능했지만 서로 확실히 구분되지 않았던) 간 일련의 상호 작용 결과로 일어났다. '뜨겁고 묽은 수프'에서 최초의 세포들 간에 많은 물질들이 교환되었던 것이다. 초기 세포들 사이에 유전적 시스템도 이동되어 다른 기능을 암호화하는 유전자가 자주 교환되었는데, 이로 인해 곧 복사된 유전자들이 축적되기 시작하였고 후손들이 새로운 기능을 획득하게 되는 결과를 가져왔다. 새로운 환경 조건에 가장 잘 적응한 무리들이 성장하여 생존하고 나머지는 죽게 되었으며, 이들 간의 상호 작용 과정에서 어떤 단세포 형태의 생명체가 다른 세포를 삼켜 그들이 만든 양분을 흡수하는 방식으로 먹고 살기 시작했다. 이는 태양이나 다른 원천으로부터 필요한 에너지를 스스로 만들기보다는 다른 생물을 잡아먹는 먹이사슬이 확립되었음을 나타낸다. 그러나 지구상의 생물의 본성을 영원히 바꾼 것은 단세포 종이 다른 종을 잡아먹는 사건이 아니라, 삼켜진 세포들이 살아남은 동시에 포식자 내부에서 번식하기 시작한 일이었다. 이러한 방식으로 독립적이고 각자의 진화사를 가지고 있던 별개의 세포들이 서로 결합하여 전혀 새로운 종류의 생명체를 만들었다. 이러한 일련의 사건들을 '세포생물학의 빅뱅'이라 부른다. 그 결과로 나타난 새로운 세포는 더 컸고 몇 가지 다른 내부 기관을 가지고 있었는데, 이 소기관들은 모두 각자의 막으로 둘러싸여 있으면서 서로 다른 과정들을 수행하였다. 어떤 소기관은 이중막으로 둘러싸여 있는데, 하나는 집어삼킨 세포의 것이고 나머지 하나는 원래 세포의 내막계 일부이다. 두 종이 상호 유익한 협력 관계로 함께 밀접하게 살 때 이들이 공생 관계에 있다고 말한다. 예를 들면, 지의류는 균류와 조류의 공생으로 이루어졌는데, 성공적인 하나의 공생체가 되기 위해 서로 다른 방법으로 생존에 기여하고 있다. 완전한 공생이 하나의 세포 안에서 이루어지는 경우를 내부 공생(endosymbiosis)이라 하며, 이러한 과정은 1883년, 비교적 빨리 감지되었다. 독일의 생

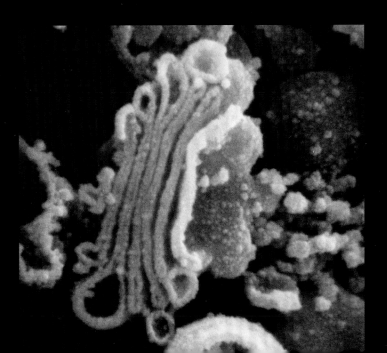

진핵세포 내 막 체계(membrane system)는 딕티오솜(dictyosome) 또는 골지체와 같은 기관들을 포함하는데, 골지체는 막에서 처리하는 공정들과 접힌 막으로부터 단백질을 소낭 형태로 내보내는 기관이다. 주사전자현미경 × 100,000

66쪽: 식물 세포의 발전소인 엽록체이다. 광합성이 일어나는 막을 보여 주기 위해 동결 파쇄하였다. 더 작은 미토콘드리아는 엽록체를 둘러싸는데, 미토콘드리아 역시 독립생활을 하던 원핵생물로부터 진화하였다. 주사전자현미경 × 19,500

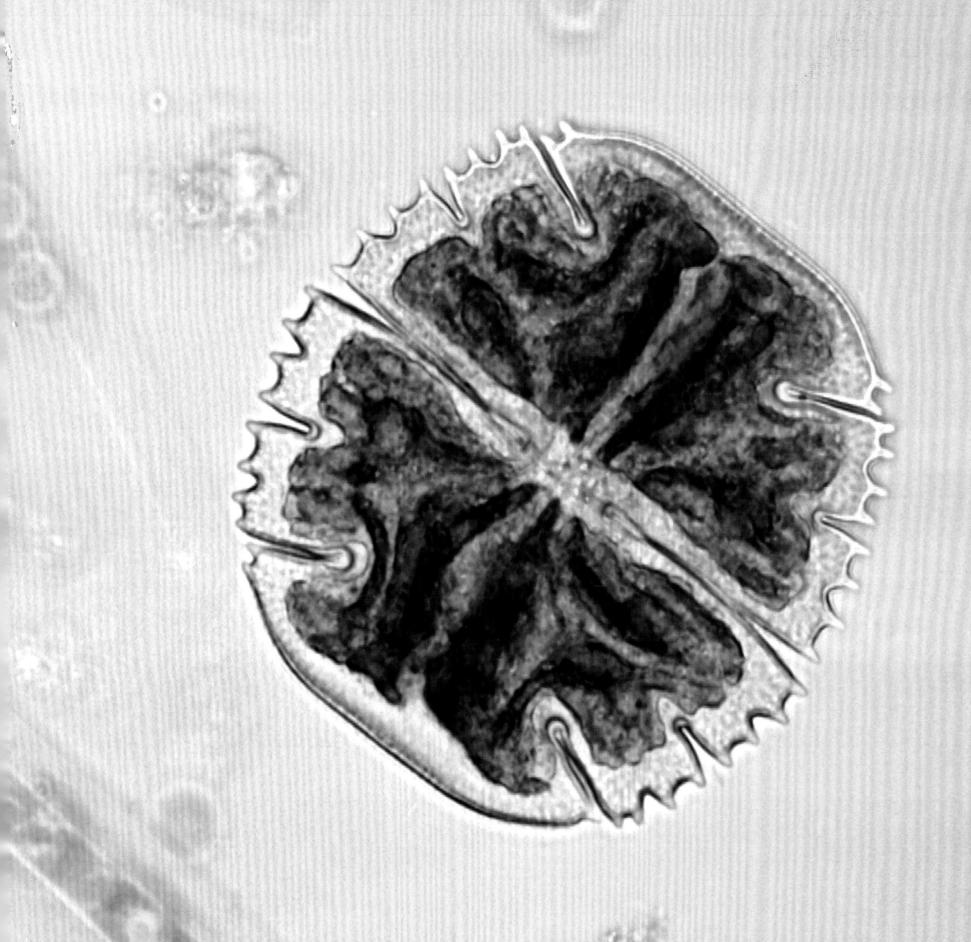

물학자 안드레아스 프란츠 빌헬름 심퍼(Andreas Franz Wilhelm Schimper, 1856~1901)가 두 개로 분열하는 엽록체(고등식물에서 광합성이 일어나는 기관)의 자기 복제는 독립생활을 하는 남조 류의 세포 분열 과정과 놀랍도록 유사하다는 것을 알아낸 것이다. 심퍼(Schimper)는 엽록체 자체 가 어쩌면 남조류의 일종일지 모르며, 녹색 식물은 두 종류의 유기체가 융합된 것이라고 추측하였 다. 이 위대한 생각은 현미경이 자연의 세계를 새롭게 이해하는 데 얼마만큼 영향을 주었는지 보여 주는 대표적인 예이다. 심퍼의 관찰은 지의류의 공생을 연구하던 러시아 생물학자 콘스탄틴 세르 게이위츠 메레쉬코브스키(Konstantin Sergejewicz Mereschkowsky, 1855~1921)에게 영향을 주었다. 메레쉬코브스키는 단순한 종류의 세포들이 공생하여 크고 복잡한 세포가 생겼다는 공생 발생(symbiogenesis) 이론을 주장하였다. 그 당시만 해도 태양 에너지를 이용하지 못하는 세포가 광합성을 하는 원핵생물을 포획하여 내부에 통합시킨 일을 알아낸 것은 중요한 정보였다. 물론 모 든 진핵생물이 광합성을 하는 것은 아니다. 동물, 균류 그리고 몇몇 종류의 단세포 유기체도 살아 있는 조직 또는 죽은 조직을 소화시켜야만 그들이 필요로 하는 에너지를 얻을 수 있지만, 내부 공 생으로 유래된 기관을 가지고 있다.

그 후 엽록체뿐 아니라 미토콘드리아 역시 내부 공생에 의해 복잡한 진핵생물의 세포가 되었다 는 것이 분명해졌다. 엽록체의 내부 공생은 남조류를 포획하는 단일 진화적 사건이라고 생각되는 반면, 미토콘드리아는 다른 박테리아를 포획하여 내포시킨 또 다른 사건 결과로부터 유래한 것으 로 생각되고 있다. 엽록체는 녹색의 진핵세포에게 태양에서 나오는 에너지를 붙잡을 수 있는 힘 을 주었고, 저장된 양분을 분해하는 능력을 가진 미토콘드리아는 효율적인 방법으로 에너지를 방 출할 수 있게 해 주었다. 미토콘드리아와 엽록체가 처음 현미경으로 관찰되었을 때, 이들이 자기 만의 DNA – 이전에 독립적이었음을 증명 – 를 가지고 있으리라고는 짐작하기 어려웠다.

가장 오래된 진핵생물은 원핵생물처럼 단세포 형태의 생물이었다. 오랜 시간에 걸쳐 점진적으로 처음에는 동일한 세포들의 다세포 군집이 형성되었고, 그 후 각자의 기능을 수행하는 서로 다른 종류의 세포로 구성된 생물로 진화하였다. 지금까지 우리는 계통수의 시작 부분만 다루었지만 벌 써 세 개의 큰 분지를 만났다. 즉 진정세균, 고세균 및 진핵생물(모든 진핵성 유기체를 포함하는 그룹의 공식 이름)이다. 오늘날에도 그 다음에 나타나는 일부 분지들, 특히 진핵생물 내 분지들의 유연관계가 아직 완전히 해결되지 않았다.

역사적으로 계통수의 초기 분지들을 설명하는 데에는 매우 다른 체계가 이용되었다. 에른스트 헤켈(Ernst Haeckel)은 계통수 아랫부분에 그가 계(kingdom)라고 불렀던 분지가 3개 있다고 생 각했다. 이것은 판 레이우엔훅이 발견했던 단세포 세균과 두 개의 다세포계인 식물계와 동물계였 다. 이러한 구분법은 당연해 보이지만, 앞서 우리가 본 바와 같이, 판 레이우엔훅의 시대에는 원핵 세포와 진핵세포 사이의 구별이 없었고 고세균이 인식되기 몇 세기 전이었다. 1930년대에 전자현 미경으로 진핵세포와 원핵세포의 구별이 가능해졌을 때, 미국의 생물학자 허버트 포크너 코프랜드

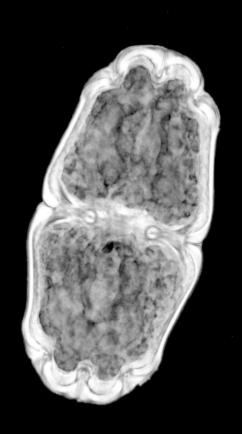

단세포 유기체라 할지라도 형태는 매우 다양하다. 유아스트럼 크라숨 변종 마이크로세 팔룸(*Euastrum crassum* var. *microcephalum*)은 8,000종이 넘는 접합조목(desmid) 중 하나이다. 광학현미경, 명시야 조명 × 680

68쪽: 접합조목이라고 알려진 단세포 녹조류는 독특한 형태를 가지고 있다. 마이크라스 테리아스 트룬카타(*Micrasterias truncata*)는 각각의 갈라진 조각(lobe)에 엽록체를 가지 고 있는 좌우대칭 생물이다. 광학현미경, 명시야 조명 × 1700

(Herbert Faulkner Copeland)는 현대적 지식에 가까운 중요한 단계로 나아가기 시작했다. 그는 당시 알려진 생물들을 4개의 계로 나누었는데, 즉 모네라계(원핵세포를 가진 단일 그룹), 원생생물계(단세포 진핵생물), 식물계와 동물계이다. 1956년, 코플랜드의 『하등생물의 분류(*The Classification of Lower Organisms*)』에는 헤켈의 사진이 권두 삽화로 들어가 있고 다음과 같은 글이 적혀 있다. "생물을 두 개의 계, 식물계와 동물계로 나누는 기존의 분류 체계는 버려야 한다. 식물계와 동물계는 분명 한계가 있고, 여기서 제외된 생물은 다른 두 계에 포함되어야 한다." 그러나 머지않아 진핵세포를 가진 균계가 다섯 번째 계로 인식되면서 생물계는 5개로 늘어났다.

1970년대 중반, 선택된 유전자의 염기 서열을 비교함으로써 분류학에서 새로운 형질로 이용할 수 있게 되었다. 이것으로 칼 우즈(Carl Woese)는 진정세균과 고세균 사이의 유전적 차이가 긱긱의 진핵생물과의 유전적 차이만큼이나 크다는 것을 알게 되었다. 이 시점에서 계통수가 세 개의 분지(진정세균, 고세균, 진핵생물)로 되어 있다는 것이 명확해졌고, 이를 세 개의 도메인으로 인식하는 개념이 도입되었다. 코플랜드가 지적하였듯이, 분류학적 계층 구조를 구분하는 데 사용되는 라벨은 주어진 시점에서 가장 잘 알려져 있는 지식에 근거하여 생명의 다양성을 구성하기 위해 인간이 만든 장치이다. 이것이 의미가 있으려면 분지의 그룹들은 단계통, 즉 모든 후손들이 공통 조상으로부터 나온 그룹이어야 한다. 생물의 세 도메인을 인식하고 이름을 짓는 일은 획기적인 발전이었으며 보편적으로 받아들여진다. 이제는 계들이 단계통 가지라고 여기고 있으며, 8개의 계가 있는 것으로 널리 받아들여지고 있다. 진정세균(진정세균 도메인 내 유일한 계), 고세균(고세균 도메인 내 유일한 계), 진핵세포라는 특징으로 묶인 6개의 계는 대부분 기존의 계와 매우 다르다. 그러나 이렇게 8개의 계로 나누려는 시도에도 불구하고, 현재 우리의 지식을 표현하는 데 있어서 실패한 '5계 분류 시스템'은 여전히 교과서와 웹 사이트에 실려 알려지고 있다. 하지만 이 책에서는 진핵생물을 오피스토콘타계(Opisthokonta), 엑스카바타계(Excavata), 아메바계(Amoebozoa), 리자리아계(Rhizaria), 크로말베올라타계(Chromalveolata), 아르케플라스티다계(Archaeplastida)의 6개의 계로 나누었다. 이것들 중 어떤 것도 익숙한 이름은 없다. 과연 이들은 무엇인가?

우리가 속한 오피스토콘타계부터 알아보자. 오피스토콘타계는 한 개의 편모로 움직일 수 있는 세포를 가진 그룹을 말한다. 가장 익숙한 종류의 편모는 인간을 포함한 동물의 정자세포일 것이다. 이 계 내에서 인간과 관계있는 유기체는 동물과 균류 등 다양한 생명체들이다. 균류가 식물보다 우리와 더 가깝다는 것에 놀라겠지만, 현미경적 구조와 DNA 염기 서열은 충분한 증거를 제시하고 있다.

엑스카바타계는 주로 광합성을 하지 않는 단세포 진핵생물이지만, 녹조류와의 내부 공생으로부터 유래된 엽록체를 가진 유글레나와 같은 몇몇 단세포 조류도 여기에 포함된다. 담수에 풍부하게 서식하기 때문에 이 그룹에서 가장 잘 알려져 있는 유글레나(*Euglena*)는 역사적으로 식물과 동물 모두로 분류되었다. 어두워지면 엽록체는 쇠퇴해지고 유글레나는 주위 환경으로부터 양분을 취하

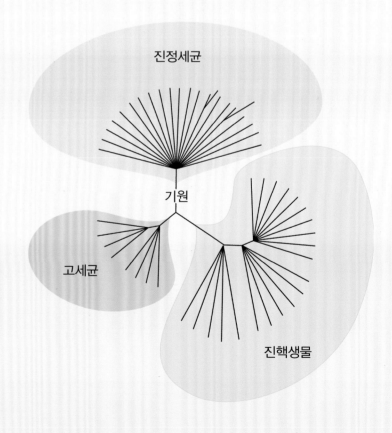

생물의 세 도메인인 진정세균, 고세균 그리고 진핵생물을 나타내는 다이어그램. 모두 알려지지 않은 공통 조상으로부터 진화하였을 것으로 추측된다.

거나 원핵생물을 잡아먹으면서 생존한다.

아메바계 역시 대부분 광합성을 하지 않는 단세포 유기체들로 이루어져 있다. 교과서에 잘 나오는 미생물인 아메바와 덜 알려진 변형균류를 포함한다.

리자리아계도 광합성을 하지 않는 단세포 유기체들이며, 아메바와 유사하지만 아메바계와는 전혀 다른 방법으로 이동한다. 이 그룹에는 에른스트 헤켈(Ernst Haeckel)이 그린 화려한 껍질을 가진 유공충과 방산충이 포함된다. 또, 광합성을 하는 내부 공생자가 녹조류이면서 그 핵의 잔재가 남아 있는 클로르아라크니오화이타(Chlorarachniophyta)라고 하는 작은 그룹의 열대성 해양 조류도 포함된다. 이는 클로르아라크니오화이타와 마지막 두 계에서는 최소한 한 번 이상의 내부 공생이 일어났음을 증명한다.

크로말베올라타계는 모두 홍조류와의 내부 공생에서 유래된 엽록체를 가진 광합성을 하는 유기체들로 구성되어 있다. 이 그룹은 규조류, 와편모조류, 착편모조류 및 갈조류 등 그 형태가 매우 다양하다. 일상적인 언어로 크로말베올라타는 조류(algae)라고 하는 광합성을 하는 수중 식물의 일종이다. 조류라는 용어는 시아노박테리아(Cyanobacteria, 남조류)를 가리키는 단어로도 사용된다. 따라서 조류는 일부 원핵생물과 일부 진핵생물을 나타내기 때문에 계통수의 단계통에 해당되지 않는다.

마지막으로, 아르케플라스티다계는 이 책의 주된 주안점으로서 홍조류, 녹조류, 글라우코화이타(Glaucophyta, 미세 담수 조류 13종의 그룹)와 모든 육상 식물 분지이다. 이 그룹을 함께 묶는 특징은 이들이 모두 남조류에서 유래된 엽록체를 가지고 있으며, 엽록체가 이중막으로 둘러싸여 있다는 것이다.

세대에서 세대로

식물이 육지를 어떻게 정복했는지 알아보기 전에 대기를 창조한 조류와 해양을 먼저 살펴보도록 하자. 우선, 세포가 어떻게 분열하고 스스로 복제하는지 알아보자. 앞에서 보았듯이, 복제하는 능력은 생물의 필수 요건이다.

일단 세포 분열이 시작되면, 연속적인 과정이지만 이를 세 단계로 나누어 생각하는 것이 도움이 될 것이다. 맨 처음 단계는 세포의 유전 물질의 분열, 그 다음 단계는 세포질이 새로 나누어진 유전 물질을 똑같이 나누어 가진 조각으로 분할되는 것, 그리고 마지막 단계는 새로 형성된 세포의 분리이다. 최초의 세포가 어떻게 분열되었는지는 정확히 모르지만 세포 분열 자체는 원핵생물의 이분열이라는 다소 간단한 방법에서 진핵세포의 보다 복잡한 과정으로 진화했다는 것을 알 수 있다. 이분열은 모든 원핵세포에서 일어나며 내부 공생 결과로 만들어진 진핵세포의 기관에서도 일어난다. 사실, 진핵생물의 엽록체와 미토콘드리아의 이분법에 의한 분열은 내부 공생이 역사적으로 일어났다는 한 가지 증거이기도 하다. 원생생물의 유전 물질은 거의 항상 단일 가닥의 환상 염

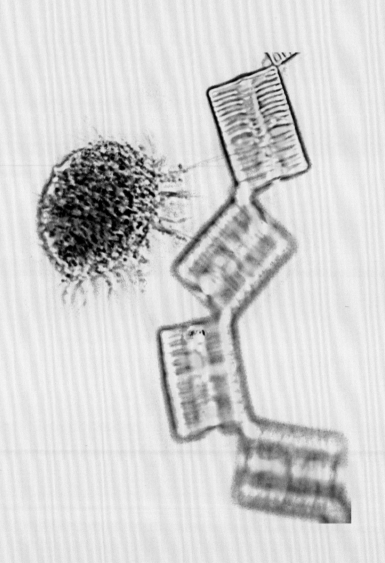

단세포 생물의 분류는 복잡하고 아직도 진행 중이다. 사슬 형태의 규조류 타벨라리아 플로클로사(*Tabellaria flocculosa*) 옆의 아메바성 태양충. 광학현미경, 명시야 조명 × 1,050

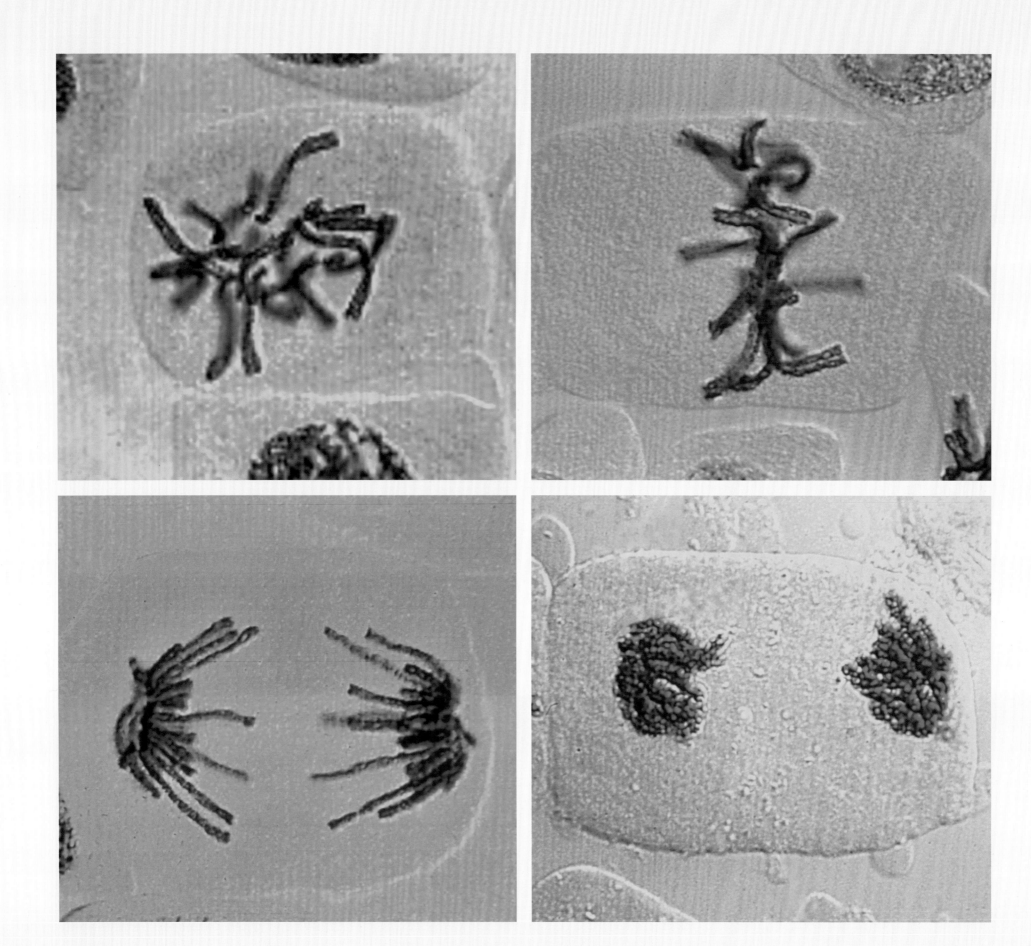

색체에 들어 있는데, 세포 분열이 시작되면 복제가 일어나 동일한 두 번째 염색체를 만든다. 이 과정은 DNA의 이중 나선을 형성하는 두 개의 가닥이 분리된 후, 그것을 원형으로 똑같은 염기 서열을 가진 새로운 DNA 가닥을 만들어 냄으로써 이루어진다. 이 과정이 끝나면 두 개의 염색체는 각기 원래의 가닥과 새로운 가닥이 합쳐진 이중 나선 DNA를 가지게 된다. 염색체는 세포의 안쪽 막에 부착되어 길어지면서 두 염색체가 잡아당김으로써 분리된다. 최종적으로 세포막의 함입으로, 각각의 염색체를 가지고 있는 두 개의 똑같은 딸세포가 만들어진다.

진핵세포에서 염색체는 대개 복수로 존재하며 선형이다. 뿐만 아니라, 세포는 염색체의 이동과 새로운 세포벽 형성을 조율하는 특수한 구성 요소를 가지고 있기 때문에 세포 분열은 더 복잡하다. 진핵세포에서 두 종류의 세포 분열을 구분하는 것은 중요하다. 첫 번째는 '실(염색체를 볼 수 있는 시기이며 실같이 생겼다)'을 의미하는 그리스 어 '미토스(*mitos*)'에서 유래된 체세포 분열(mitosis)로서 두 개의 딸세포를 만든다. 두 번째는 감수분열(meiosis)이라 부르는데, 이 결과로 만들어지는 4개의 딸세포에는 염색체가 절반씩밖에 없기 때문에 '감소하다'라는 의미를 가진 그리스어 '메이오운(*meioun*)'에서 유래한다. 감수분열은 본질적으로, 유전적으로 부모세포와는 다른 배우자(난자 또는 정자세포)를 형성하는 형태의 세포 분열이다. 이 메커니즘은 나중에 설명할 것이다. 지금은 식물의 생활사 중 배우자 형성 시 염색체 조성의 반감이 얼마나 중요한지에 대해서만 주목하도록 한다. 완전한 염색체 조성은 수정 즉, 수컷과 암컷의 생식세포가 융합하여 배아를 형성해야만 회복된다. 완전한 염색체 조성을 가진 세포를 이배체(diploid)라고 하며 각 염색체를 두 조씩 가지고 있는 반면, 염색체 한 조만 가지고 있는 세포를 반수체(haploid)라고 한다. 식물의 생활사는 두 개의 세대, 반수체 세대와 이배체 세대로 구분할 수 있는데, 나중에 살펴보겠지만 서로 다른 그룹에서 이런 뚜렷한 두 세대가 교대하는 것이 식물 진화의 핵심 테마 중 하나이다.

19세기 초반과 중반에 식물과 동물의 세포 분열에 대한 많은 보고들이 발표되었고, 그 주제는 상당한 논쟁거리 중 하나가 되었다. 세포 분열에 대한 세부 사항의 발견에 대해 정확히 누가 더 인정받아야 하는지를 말하기는 어렵지만, 1848년 독일 생물학자 빌헬름 프리드리히 베네딕트 호프마이스터(Wilhelm Friedrich Benedikt Hofmeister, 1824~1877)가 자주달개비(*Tradescantia*), 시계꽃(*Passiflora*), 소나무(*Pinus*)를 관찰하여 출판한 책에서 최초로 세포 분열 과정에 대해 인식하고 묘사한 사람이라는 데에는 의심할 여지가 없다. 그는 최초로 식물에서 이배체와 반수체 세대가 번갈아 나타난다고 증명한 사람이자 식물 생활사 및 식물 그룹 진화의 비밀을 푸는 데 중요한 열쇠를 제공했던 사람이다. 서로 다른 식물 그룹 간의 관계와 생활사에 대해 호프마이스터가 파악한 사실들은 식물 진화 체계를 확립하였으며 오랫동안 지속되었는데, 이는 1859년 찰스 다윈(Charles Darwin)의 『종의 기원(*On the Origin of Species*)』보다도 8년 일찍 발표된, 매우 놀라운 것이었다. 호프마이스터가 어린 시절에 가족이 하는 음반 회사의 점원으로 지내면서 틈틈이 자연 공부를 했던 것을 고려하면 그가 이룬 업적은 더 위대하다고 할 수 있다. 그의 가장 중요한 발

블루벨(*Hyacinthoides non-scripta*)의 체세포 분열 단계. 전기(좌측 상단)에는 염색체가 응축되고 두 배가 되며, 중기(우측 상단)에는 분열면을 따라 배열되며, 후기(좌측 하단)에는 두 배가 된 염색체는 분리되어 양극으로 이동하고, 말기(우측 하단)에는 재편성되어 두 개의 독립된 핵을 만든다. 광학현미경, 간섭대비 × 3,000

하면서 당대의 가장 위대한 식물학자 중 하나로 널리 알려졌다. 호프마이스터는 핵분열이 시작되면서 현미경으로 염색체가 보이기 시작하고, 염색체는 세포 내에서 정확한 위치를 차지하게 된다는 것을 관찰하였다. 염색체는 분리되어 현미경으로 뚜렷하게 보이기 시작하기 전에 염색체가 복제되고, 이렇게 복제된 두 개의 긴 가닥은 동원체(centromere)라고 하는 부위에서 서로 연결되어 있다. 이들 가닥은 수축하고 응집되어 뚜렷한 염색체를 형성하고 방추체 – 세포 내부 기관의 일부인 미세소관으로 구성 – 라고 하는 구조물에 의해 세포의 분열면에 배열되고, 그런 다음 두 배가 된 염색체의 각 반쪽들은 방추사에 의해 양 극으로 분리되며 단일 가닥의 염색체를 가진 새로운 핵 두 개가 다시 생긴다. 이렇게 만들어진 두 개의 핵은 염색체 구성 성분이 동일하며, 그 후 새로운 세포벽이 생김에 따라 세포질이 반으로 나뉜다. 이것은 세포판(cell plate)으로 자라기 시작하면서 원래의 세포벽에 도달할 때까지 자라고, 그런 다음 셀룰로스 섬유가 구축되기 시작해서 새로운 세포벽이 원래의 세포벽과 같은 두께가 될 때까지 자라는데, 물과 용해된 물질이 세포와 세포 사이에 통과해야 하는 '벽공(pit)'이라는 몇몇 부분은 얇은 채로 남는다. 그 다음으로는 2차 세포벽(더 단단한 구조)이 침적한 후에 세포가 성장하는 성장기가 있으며, 체세포 분열의 마지막에는 원래의 세포가 똑같은 염색체를 가진 두 개의 딸세포로 분열되는 과정을 거치는데, 두 개의 딸세포 각각 핵과 다른 기관들을 포함하고 있으며 2차 세포벽에 둘러싸여 있다.

조류 – 대기의 창조자들

앞서 보았듯이, 조류(Algae)는 계통수에서 어떤 특정한 분지를 가리키기보다는 수중의 광합성 유기체들을 편의상 부르는 용어이다. 어떤 종들은 원핵성이며, 진핵성 종도 있다. 남조류, 즉 시아노박테리아부터 이야기하고자 한다. 시아노박테리아는 지구 생명체의 가장 원시적인 형태 중 하나로서 매우 중요하며, 지구 대기에 산소를 만들어 내기 시작했을 뿐 아니라 엽록체 – 진핵성 조류와 육상 생물로 하여금 태양의 에너지를 활용할 수 있는 능력을 부여해 준 기관 – 의 조상이다.

많은 시아노박테리아는 단세포성이지만 어떤 것들은 군집을 형성하여 사슬이나 필라멘트 형태로 자라기도 한다. 사슬은 세포 분열에 의해 만들어지는데, 시아노박테리아의 경우 이분열로 만들어졌다. 군집을 형성하는 데에는 많은 장점이 있으며, 이는 진화상으로 서로 다른 세포들이 군집 내에서 특정한 기능을 수행토록 하는 기틀을 마련하게 되었다. 일부 세포들은 두꺼운 벽을 가진

아래: 감수분열에 의한 분열로 4개의 딸세포가 생긴다. 큐피드 다트(Cupids dart, *Catananche caerulea*) 화분모세포에서 핵분열은 완료되고, 새로운 세포 주위로 새로운 세포벽을 만들기 위해 세포질이 고도의 대칭 방식으로 분할되고 있다. 주사전자현미경 × 3,100

75쪽: 스코틀랜드 호수의 생물. 규조류(*Gomphonema*)의 작은 집단이 녹조류 해캄속(*Spirogyra*) 때문에 더 작아 보인다. 둘 다 광합성을 통해 산소를 배출하며, 전 세계적으로 규조류는 대기 산소의 20%를 책임지고 있다. 광학현미경. 간섭위상차 × 900

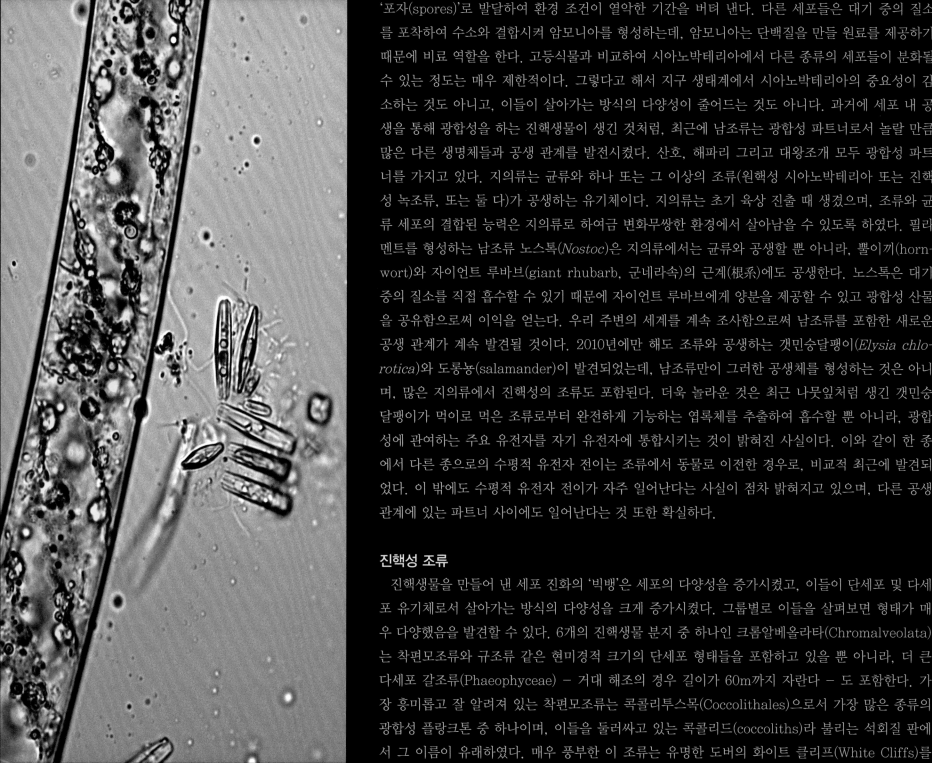

'포자(spores)'로 발달하여 환경 조건이 열악한 기간을 버텨 낸다. 다른 세포들은 대기 중의 질소를 포착하여 수소와 결합시켜 암모니아를 형성하는데, 암모니아는 단백질을 만들 원료를 제공하기 때문에 비료 역할을 한다. 고등식물과 비교하여 시아노박테리아에서 다른 종류의 세포들이 분화될 수 있는 정도는 매우 제한적이다. 그렇다고 해서 지구 생태계에서 시아노박테리아의 중요성이 감소하는 것도 아니고, 이들이 살아가는 방식의 다양성이 줄어드는 것도 아니다. 과거에 세포 내 공생을 통해 광합성을 하는 진핵생물이 생긴 것처럼, 최근에 남조류는 광합성 파트너로서 놀랄 만큼 많은 다른 생명체들과 공생 관계를 발전시켰다. 산호, 해파리 그리고 대왕조개 모두 광합성 파트너를 가지고 있다. 지의류는 균류와 하나 또는 그 이상의 조류(원핵성 시아노박테리아 또는 진핵성 녹조류, 또는 둘 다)가 공생하는 유기체이다. 지의류는 초기 육상 진출 때 생겼으며, 조류와 균류 세포의 결합된 능력은 지의류로 하여금 변화무쌍한 환경에서 살아남을 수 있도록 하였다. 필라멘트를 형성하는 남조류 노스톡(*Nostoc*)은 지의류에서는 균류와 공생할 뿐 아니라, 뿔이끼(hornwort)와 자이언트 루바브(giant rhubarb, 군네라속)의 근계(根系)에도 공생한다. 노스톡은 대기 중의 질소를 직접 흡수할 수 있기 때문에 자이언트 루바브에게 양분을 제공할 수 있고 광합성 산물을 공유함으로써 이익을 얻는다. 우리 주변의 세계를 계속 조사함으로써 남조류를 포함한 새로운 공생 관계가 계속 발견될 것이다. 2010년에만 해도 조류와 공생하는 갯민숭달팽이(*Elysia chlorotica*)와 도롱뇽(salamander)이 발견되었는데, 남조류만이 그러한 공생체를 형성하는 것은 아니며, 많은 지의류에서 진핵성의 조류도 포함된다. 더욱 놀라운 것은 최근 나뭇잎처럼 생긴 갯민숭달팽이가 먹이로 먹은 조류로부터 완전하게 기능하는 엽록체를 추출하여 흡수할 뿐 아니라, 광합성에 관여하는 주요 유전자를 자기 유전자에 통합시키는 것이 밝혀진 사실이다. 이와 같이 한 종에서 다른 종으로의 수평적 유전자 전이는 조류에서 동물로 이전한 경우로, 비교적 최근에 발견되었다. 이 밖에도 수평적 유전자 전이가 자주 일어난다는 사실이 점차 밝혀지고 있으며, 다른 공생 관계에 있는 파트너 사이에도 일어난다는 것 또한 확실하다.

진핵성 조류

진핵생물을 만들어 낸 세포 진화의 '빅뱅'은 세포의 다양성을 증가시켰고, 이들이 단세포 및 다세포 유기체로서 살아가는 방식의 다양성을 크게 증가시켰다. 그룹별로 이들을 살펴보면 형태가 매우 다양했음을 발견할 수 있다. 6개의 진핵생물 분지 중 하나인 크롬알베올라타(Chromalveolata)는 착편모조류와 규조류 같은 현미경적 크기의 단세포 형태들을 포함하고 있을 뿐 아니라, 더 큰 다세포 갈조류(Phaeophyceae) ─ 거대 해조의 경우 길이가 60m까지 자란다 ─ 도 포함한다. 가장 흥미롭고 잘 알려져 있는 착편모조류는 콕콜리투스목(Coccolithales)으로서 가장 많은 종류의 광합성 플랑크톤 중 하나이며, 이들을 둘러싸고 있는 콕콜리드(coccoliths)라 불리는 석회질 판에서 그 이름이 유래하였다. 매우 풍부한 이 조류는 유명한 도버의 화이트 클리프(White Cliffs)를 형성하는 백악기 시대 백악층의 주요 원천이다. 규소성 골격을 가지고 있는 규조류도 대량으로 존재하는데, 규조토(치약을 제조할 때 연마제)라 불리는 퇴적암을 형성한다. 대략 100,000 종의 규조류가 존재하며 어떤 것은 실 모양의 집단을 형성하기도 한다. 독특한 규소질 세포벽의 구조와 패턴 차이는 이들을 분류하는 데 중요한 요소이다. 찰스 다윈(Charles Darwin)은 그의 『종의 기원(On the Origin of Species)』에서 "막돌말과(Diatomaceae)의 미세한 규소질의 막보다 더 아름다운 것은 거의 없다. 이들은 성능 좋은 현미경으로만 그 아름다움을 볼 수 있게 창조된 것인가?"라고 적었다. 실제로 규조류는 항상 현미경 학자들을 매료시켜 왔다. 렌즈 아래에 둘 물체 중 이보다 더 만족스러운 것은 거의 없을 것이다. 빅토리아 시대에 숙련된 규조류 학자(diatomist)들에게 인기 있는 도전적인 취미는 현미경 글라스에 시료의 대칭성과 복잡성을 강조하는 변화무쌍한 패턴으로 이들을 배열하는 것이었다. 규조류는 더 중대한 관찰도 가능하게 했다. 유리의 자연 상태 형태이기도 한 이산화규소는 분해되기 어렵기 때문에 규조류는 보존이 잘 되며 최소 1억 8천5백만 년 쥐라기 초기 시대로 거슬러 올라가는 우수한 화석 기록이 많다. 규소성 세포벽의 다양성은 이들 화석을 종 수준으로 분류할 수 있게 해 준다. 일반적으로 서로 다른 종은 매우 특별한 환경 조건을 필요로 하는 경우가 많기 때문에 규조류 화석은 담수와 해양 환경 모두에서 긴 시간 또는 더 짧은 기간 동안의 환경 변화를 보여줄 수 있는 이상적인 후보군이다. 1980년대 런던 대학의 리처드 바타를베(Richard W. Battarbee, 1947~)와 그의 동료들은 산성비의 영향에 대한 연구를 수행하였다. 그들은 황과 질소 산화물과 같은 산성 대기 오염 물질에 의해 유발된 산성비의 결과로 1830년대 초부터 스코틀랜드의 호수에서 어떤 종이 사라지기 시작했다는 것을 입증하기 위해 침전물 중심부에서 추출한 규조류를 이용하였다. 호수와 같은 수역의 산성도는 그 속에 살고 있거나 살았던 규조류로 매우 정확하게 추정할 수 있다. 규조류 연구로부터 얻은 증거는 산성비를 유발하는 대기 오염을 제한하는 유럽의 법률 제정에 있어 주된 역할을 했다. 북유럽의 호수들은 이제 서서히 산도가 낮아지고 있고, 규조류를 비롯하여 산도가 낮은 조건을 필요로 하는 다른 조류들이 돌아옴으로써 서서히 회복되고 있다. 그러나 대부분의 경우, 한때 조류를 근간으로 하는 먹이사슬에 의존하던 무척추동물과 어류를 포함한 완전한 종 다양성은 아직 회복되지 않았다.

  갈조류는 미세한 규조류보다 훨씬 더 친숙하고 또 많은 해조류가 포함되어 있다. 이들은 모두 크기 면에서 훨씬 더 크기 때문에 현미경 없이도 조직 면에서 훨씬 복잡하다는 것을 알 수 있다. 갈조류는 뿌리 같은 '부착 기관(holdfast)'이 있어 바위나 해저에 고정할 수 있고, 줄기 같은 '자루(stipe)'와 납작한 잎 모양의 엽신(blade 또는 엽상체 frond)을 가지고 있다. 모자반속의 블래더랙(Fucus vesiculosus)과 같은 갈조류는 세포의 종류가 매우 다양하며, 대부분의 광합성 작용은 얇은 큐티클 층으로 싸인 세포의 바깥층에서 일어난다. 그 아래에는 몇 개의 피층세포가 있는데, 엽록체가 조금 있고 세포 사이에는 많은 점액질이 있다. 잎의 중심부에는 기다란 사상균 세포로 이루어진 수질(髓質)이 있어 광합성 산물을 이동시키는 역할을 담당하며, 각 잎의 중앙맥은 두꺼운

아래: 유명한 도버의 화이트 클리프(White Cliffs) 백악층. 거의 대부분 후기 백악기 시대에 해저에 가라앉은 인편모조류인 단세포 플랑크톤성 조류 콕콜리드(coccolith)의 잔해로 이루어져 있다.

77쪽: 방패 같은 탄산칼슘판을 가진 인편모조류 에밀리아니아 헉슬리(Emiliania huxleyi)는 가장 광범위하고 풍부한 플랑크톤성 조류 중 하나이다. 주사전자현미경 × 21,000

78쪽: 대륙 가장자리의 얕은 바다는 해조류가 풍부하게 자라는 서식처이다. 다시마속(Laminaria) 종 켈프는 스코틀랜드 애버딘셔 주 고르도에서처럼 해저에 풍부한 숲을 형성하는 갈조류이다.

79쪽: 인편모조류 글라디오리투스 플라벨라투스(Gladiolithus flabellatus)는 두 가지 형태의 판에 의해 보호된다. 이 판들은 단일 세포의 세포질 내부에서 만들어져서 표면으로 내보내진다. 주사전자현미경 × 15,000

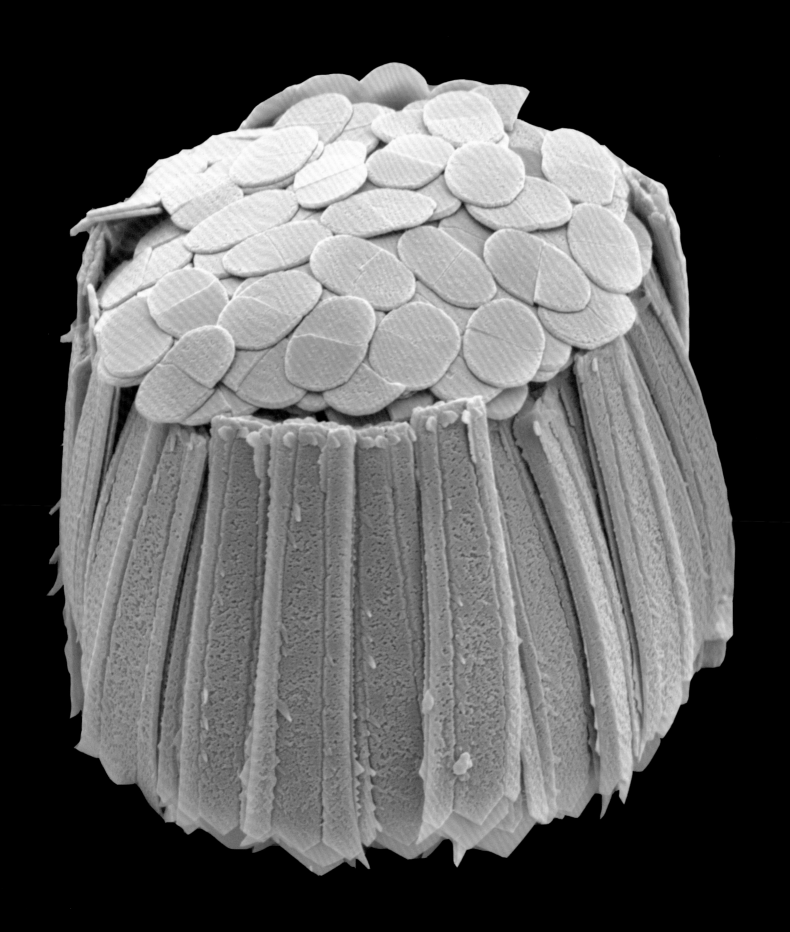

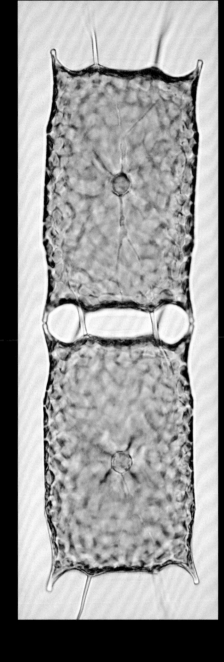

해양 규조류인 오돈텔라 레지아(*Odontella regia*)는 두 종류의 돌기가 있다. 이 돌기들은 세포를 사슬로 연결하고 다당류를 분비하는 데 관여한다. 광학현미경, 명시야 조명 × 450

80쪽: 북해의 플랑크톤성 규조류 코스시노디스쿠스(*Coscinodiscus*)의 살아 있는 세포, 광학현미경, 명시야 조명 × 1,200

벽을 가진 더 조밀한 세포들로 되어 있어 기계적 강도를 높여 준다. 갈조류의 색은 세포 내에 포함되어 있는 광합성 색소가 혼합되어 나타나는데, 광합성 색소는 빛 에너지를 붙잡는 서로 다른 색을 가진 다양한 분자들이다. 대부분의 광합성 유기체는 공통적으로 가지고 있는 클로로필(chlorophyll) a 외에 클로로필 c와 푸코잔틴(갈조소, fucoxanthin)을 가지고 있는데, 각각의 광합성 색소들은 서로 약간씩 다른 스펙트럼 부분으로부터 빛을 흡수한다. 사람의 눈에 보이는 색은 광합성 색소가 흡수할 수 없는 빛의 파장인데, 다양한 클로로필 종류 중 사실상 녹색을 흡수하는 것은 하나도 없기 때문에 녹색을 반사하여 녹색으로 보이는 것이다. 갈조류의 색소 푸코잔틴은 청록색과 황록색을 흡수하기 때문에 적갈색으로 보인다. 갈조류에는 알기네이트(alginates)라고 하는 물질도 풍부한데, 알기네이트는 물을 흡수하는 탄수화물로서 썰물 때 건조한 대기에 노출되었을 때 살아남을 수 있게 해 준다. 이러한 특성 덕분에 해조류는 식품 산업에서 알기네이트의 상업적 생산을 포함해서 여러 가지 목적으로 매우 유용하게 이용되는데, 푸코잔틴 등 해조류에서 얻은 물질은 비만 치료제와 식욕 억제제 등으로 광범위하게 활용되어 왔다. 특히 남중국해와 유럽의 대서양 해안 경계 국가에서 다양한 종류의 해조류가 수확되어 섭취되고 있다. 과거에는 블래더랙(bladder wrack)과 같은 해조류가 농장의 비료 또는 가축의 먹이로 이용되거나, 태운 후 유리를 만들기 위한 탄산나트륨으로도 이용되었는데, 이러한 블래더랙은 격리된 해안가의 조간대에서 자라며, 썰물 때에는 대부분의 시간 동안 공기에 노출되어 있다. 블래더랙의 이름은 가지에 달린 납작한 엽신에 있는 수많은 공기주머니에서 유래하는데, 일부 가지의 끝에는 공기가 아니라 점액으로 채워진 부푼 부분이 있으며, 여기에 생식 구조가 있다. 각 개체는 웅성 개체이거나 자성 개체이고, 부푼 구조는 웅성은 주황색, 자성은 녹색을 띤다. 유성생식은 바다에서 일어나지만 부모 개체에서 멀리 떨어진 곳에서 일어난다. 암배우자와 수배우자를 가지고 있는 기관은 보호 점막으로 둘러싸인 채 썰물 때 공기 중에서 수축되면서 배우자를 생산하는 구조로부터 쥐어짜듯이 떨어져 나온다.

우리에게 친숙하지는 않지만 썰물 때 일시적으로 노출되면 쉽게 발견할 수 있는 것이 홍조류(Rhodophyta)이다. 홍조류의 붉은색 색소는 빛 에너지를 포획하여 엽록체에 전달하는 데 관여한다. 또한, 녹색 빛이 들어오지 않는 깊은 바다에서 살 수 있게 해 주며, 직접적으로는 광합성을 지원하지 못하는 빛 파장도 이용할 수 있게 해 준다. 많은 홍조류가 탄산칼슘을 분비하는데, 이것은 열대 바다의 산호초를 형성하는 데 중요한 몫을 한다.

계통수에서 가장 중요한 분지 중 하나는 녹색식물(Viridiplantae)로서 육상 식물과 녹조류(Chlorophyta)를 모두 포함하는 그룹이다. 이들의 주요 형질은 이중막으로 둘러싸인 엽록체 내에 클로로필 a와 b가 모두 있는 것이다. 이들은 주로 셀룰로스로 된 세포벽으로 둘러싸여 있으며, 탄수화물 저장 산물로 녹말을 축적한다. 녹조류는 가장 풍부하고 다양한 조류로서 7,500종 이상이 담수와 해수 모두에서 발견되는데, 여기에는 해캄(*Spirogyra*)과 같이 사상체(filamentous) 모양도 있고, 파래(*Ulva lactuca*)와 같이 납작한 종이 모양도 있다. 해캄의 경우 사상체 내의 세포들은

모두 같은 형태이다. 사상체는 개별적인 세포로 나뉜 후 분열하여 새로운 사상체를 만들 수 있다.

모든 세포는 인접한 두 사상체 간의 결합 과정에 의해 유성생식이 가능하다. 파래는 더 뚜렷하게 분화되었는데, 일부 세포는 부착기를 형성하여 조류를 바위 벽에 단단히 고정시키고, 어떤 세포는 특유의 엽신(blade)을 형성한다. 엽신은 세포 2개의 두께인데, 각 세포는 동일하며 핵과 하나의 엽록체를 가지고 있다. 그러나 식물체는 반수체일 수도 있고 이배체일 수도 있는데, 반수체 세포를 가진 개체는 배우체(생활사 중 배우자를 형성하는 단계)라고 알려져 있으며, 이배체 세포를 가진 개체는 포자체라고 하며 포자를 형성한다. 따라서 배우체와 포자체의 생식 방식은 별개로서, 배우체는 유성생식에 포함되고 포자체는 무성생식에 포함된다. 파래는 두 종류가 형태적으로 똑같이 생겼으며, 육상 식물의 경우 매우 다른 형태를 띨 수 있다. 특히 두 종류의 녹조류가 중요한데, 이들이 육상 식물과 가장 가까운 조류이기 때문이다. 첫 번째는 차축조류(Charophytes)로서 큰 담수조류이며, 표면에 탄산칼슘 퇴적물이 쌓이기 때문에 스톤워트(stoneworts)라고도 불린다. 두 번째는 콜레오키트목(Coleochaetales)으로서 15종 정도가 포함되며, 일반적으로 다른 담수 식물의 잎과 줄기에서 자란다. 이들은 오래된 화석 기록을 가지고 있는데, 파카속(*Parka*)은 실루리아기 후기와 데본기 초기, 4억 1천5백만 년 이상으로 거슬러 올라간다.

육상 진출을 위한 발판

생명은 바다에서 처음 생겨났고, 지금의 지구라는 행성을 특징짓는 다양한 생명의 분화가 일어난 곳 또한 바다이다. 광합성의 진화는 진화에 대한 이야기의 핵심 단계로서, 생명은 특정 파장의 빛을 흡수하는 색소 분자들을 이용하여 탄수화물을 주 에너지원으로 합성하여 쓸 수 있게 되었다. 어떤 미생물들은 다른 화학 공정을 통해 에너지를 생성하기도 하지만 먹이사슬의 가장 아래에 위치하며, 모든 생명의 기초를 이루는 것은 광합성이 가능한 유기체들이다. 그들은 숨을 쉴 수 있는 대기를 만들어 냈다. 오늘날 매년 대기로 방출되는 산소의 3/4은 바다에서 이루어진 광합성에 의한 것이다. 여기에 기여하는 방대한 양의 조류와 단세포 생명들은 세계 곳곳의 아름다운 산호초와 광대한 백악 퇴적물과 석회암을 만들어 내기도 한다. 바다와 담수계의 생명은 생태계의 균형을 유지하는 데 매우 중요하다. 현재 지구의 큰 수역들은 오염 위기에 놓여 있는데, 특히 하수도와 육지의 인공 비료에서 흘러넘치는 질산염의 위협을 받고 있다. 대기의 이산화탄소 증가로 인한 바다의 산성화 역시 산호와 같이 석회질의 골격을 가진 유기체에 부정적인 영향을 미치고 있다.

생명은 가능한 모든 서식처로 확산되고 분화되려는 경향이 있기 때문에 바다에 국한되어 존재했을 리가 없다. 하지만 육상으로 올라가는 데에는 몇 가지 필연성이 있었다. 갈조류, 홍조류, 녹조류와 같은 해조류는 햇빛이 풍부한 조간대에서 번성하였다. 그러나 이들 모두 담수에 사는 조류와 마찬가지로 번식하기 위해서는 물에 잠겨 있어야 했다. 이들 중 단 한 그룹 녹색조류만이 최초의 육지 개척자가 되어 다세포 육상 식물의 조상이 되었다.

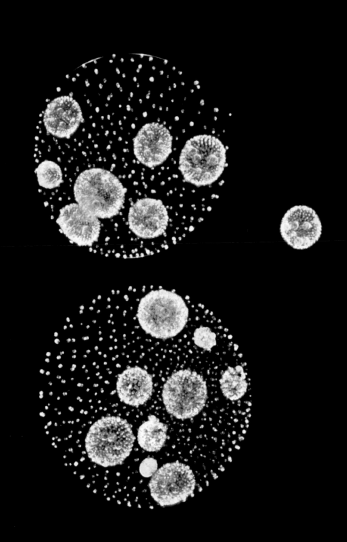

내부에 '딸 군집'을 가진 녹조류 볼복스 아우레스(*Volvox aureus*, Chlorophyta). 군집의 꼭대기에 있는 세포는 더 큰 감광 '안점'을 가져 군집이 빛을 향해 헤엄칠 수 있게 한다. 아래 표면 쪽의 세포는 생식만을 담당한다. 광학현미경 × 110

82쪽: 스코틀랜드 고산 지대의 시내에서 자라는 해캄속(*Spirogyra*)과 그 밖의 녹조류. 생명은 바다에서 시작되었지만 육지로 퍼진 것은 호수, 시내와 같은 담수에서부터였다.

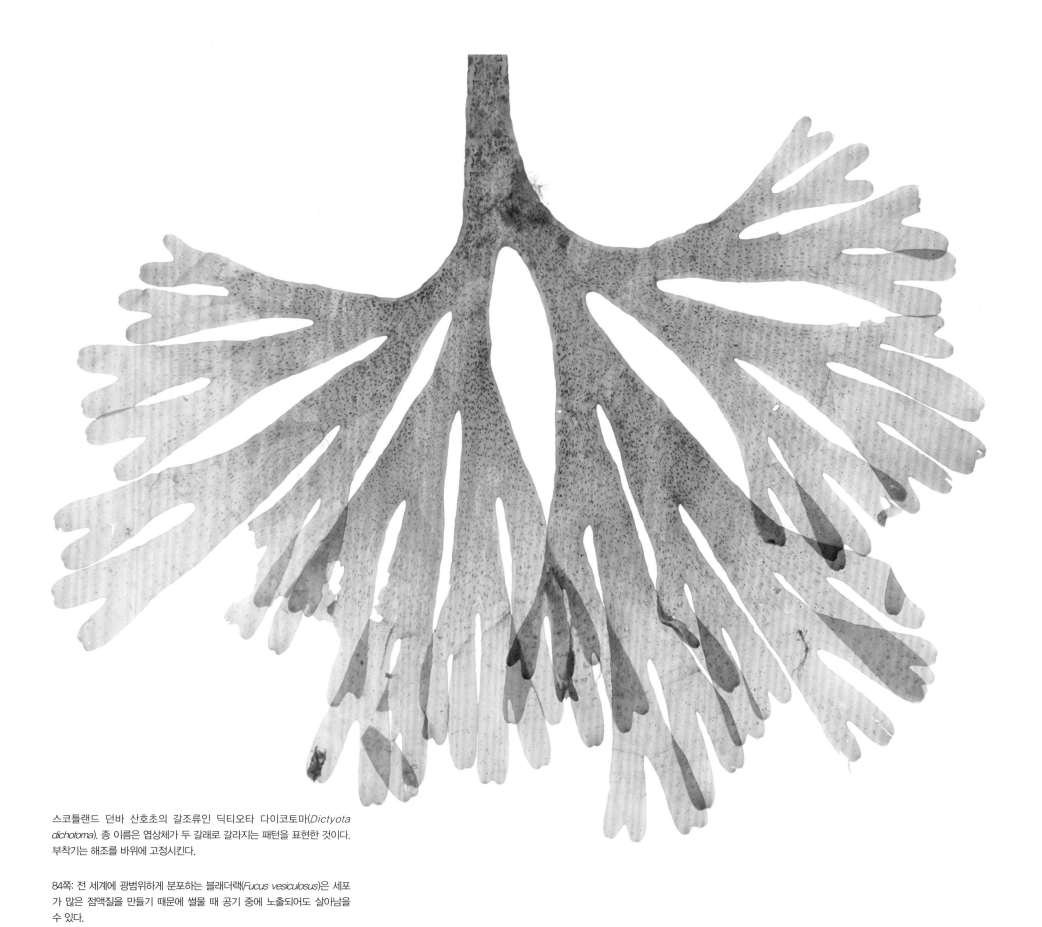

스코틀랜드 던바 산호초의 갈조류인 딕티오타 다이코토마(*Dictyota dichotoma*). 종 이름은 엽상체가 두 갈래로 갈라지는 패턴을 표현한 것이다. 부착기는 해조를 바위에 고정시킨다.

84쪽: 전 세계에 광범위하게 분포하는 블래더랙(*Fucus vesiculosus*)은 세포가 많은 점액질을 만들기 때문에 썰물 때 공기 중에 노출되어도 살아남을 수 있다.

육상으로의 진출
THE INVASION OF LAND

사막의 세계

각진 돌이 산재해 있고 간간이 바위 절벽이 있으며 수평선까지 이어지는 불모의 붉은색 땅을 상상해 보자. 대초원이나 관목, 숲을 짐작케 할 만한 녹색 빛깔이 없는 광활한 풍경, 여기는 어디인가? 이곳에 대해 세 가지 추측이 가능하다. 가장 분명한 추측은 물이 거의 없어서 식물이 살 수 없는 사막이다. 사하라(Sahara)는 지구상에서 가장 뜨거운 사막으로, 12개국에 9백만㎢에 걸쳐 뻗어 있으며 70%가 불모의 암석 평원인 하마다(hamada)로 이루어져 있다. 이곳은 아마도 사하라 사막의 외진 부분일 것이다. 묘사한 풍경과 비슷한 또 한 곳은 화성(Mars)이다. 비록 인간이 발을 들여 놓은 적은 없지만 화성 표면 탐사를 하는 로봇 덕분에 계속 익숙해지고 있다. 또한, 우리가 시간 여행을 할 수 있다면, 구적사암(Old Red Sandstone) 형성이 시작된 4억 1천8백만 년 전 실루리아기의 지구 어딘가가 될 수도 있다. 구적사암의 독특한 녹이 슨 것과 같은 붉은색은 실루리아기(4억 4천4백만 년~4억 1천6백만 년 전)부터 석탄기까지 바람에 날려 쌓여 온 사막 퇴적물 속에 산화철이 있음을 의미한다. 아마도 오늘날의 하마다와 같은 모습이었을 것이다. 앞서 설명한 세 가지 추측 모두 옳을 수 있다. 하지만 어떤 경우도 식물은 찾아볼 수 없다. 이곳들을 녹색으로 만들려면 어떻게 해야 하는가? 하나의 간단한 구성요소인 물은 오늘날의 사막 일부를 녹색으로 변화시킬 수 있다. 사막에 비가 오면 놀라운 변화가 생긴다. 일시적으로 생명이 많아지는 것인데, 이러한 현상은 신비로운 것이 아니다. 식물은 이미 그곳의 지표면 아래에 휴면 상태로 존재하면서 물을 기다리고 있었기 때문이다. 그렇다면 화성 표면이나 데본기 및 실루리아기의 사막과 어떻게 다를까? 천문학자들이 처음 화성을 관찰했을 때, 태양계 내의 행성들이 비슷한 역사를 가지고 있음에도 불구하고 화성은 우리 세계와는 매우 달랐다. 천문학자들은 타원형 궤도에 있는 두 행성의 상대적 위치에 따라 우주 공간에서 5천5백만~4억 1천만km 떨어진 곳을 관찰하기 시작했다. 화성에 생명의 흔적이 있는지 궁금해하는 것은 매우 당연한 일이었다. 어떤 관측자는 화성의 붉은 표면의 몇 가지 특징이 운하일 것이라 추측하면서 운하 시스템 지도를 그리기 시작했다. 독특한 붉은색은 화성이 사막일 것이라는 추측을 낳았고, 따라서 아마도 관개를 하기 위해 운하를 건설한 생명체가 있을 수도 있다는 생각이 들었을 것이다. 물론 지금은 더 이상 운하를 건설한 생명체가 있을 것이라고 예상하지는 않지만, 과학자들은 여전히 화성에서 생명체의 흔적을 발견하기 위해 연구하고 있다. 우리가 사는 세계를 탐험하면서 우리는 단순한 형태의 생명체들이 매우 극한의 환경에서도 살아남을 수 있다는 것을 잘 알게 되었다. 그러나 화성에서 발견된 증거는 아직 많지 않다. 화성은 지구처럼 물과 계절이 있는 행성이다. 화성의 암석 시료는 매우 희귀하지만 지구에서 운석 형태로 입수할 수 있으며, 최소한 이 중 하나에는 화석화된 미세한 박테리아 흔적이 있을 수도 있다. 화성 탐사선인 스피릿(Spirit)과 오퍼튜니티(Opportunity)가 수백만 km 밖에서 전송한 이미지에는 정교한 화성 풍경이 담겨 있다. 스피릿 로버(Spirit Rover)는 화성 표면의 7km를 가로지른 후 트로이(Troy)라고 불리는 모래구덩이에 빠져 멈출 때까지 흥미로운 탄산염암의 이미지

아래: 화성의 풍경은 지구의 사막과 매우 비슷하다. 하지만 현재 화성에는 생명체가 없는 것으로 알려져 있다.

86쪽: 가장 광범위하게 분포하는 석송류(Lycopodium clavatum)는 포복경을 가지고 있으며, 위를 향해 두 갈래로 갈라진 줄기 끝에는 포자를 가지고 있는 포자낭수(strobili)가 있다.

88쪽: 낮은 생물 다양성에도 불구하고 사우디아라비아의 자발 아자(Jabal Aja)와 같은 사막은 매우 중요한 곳이다. 이곳에 생존하는 많은 종은 제한적으로 분포하면서 놀라운 적응력을 보이기 때문이다.

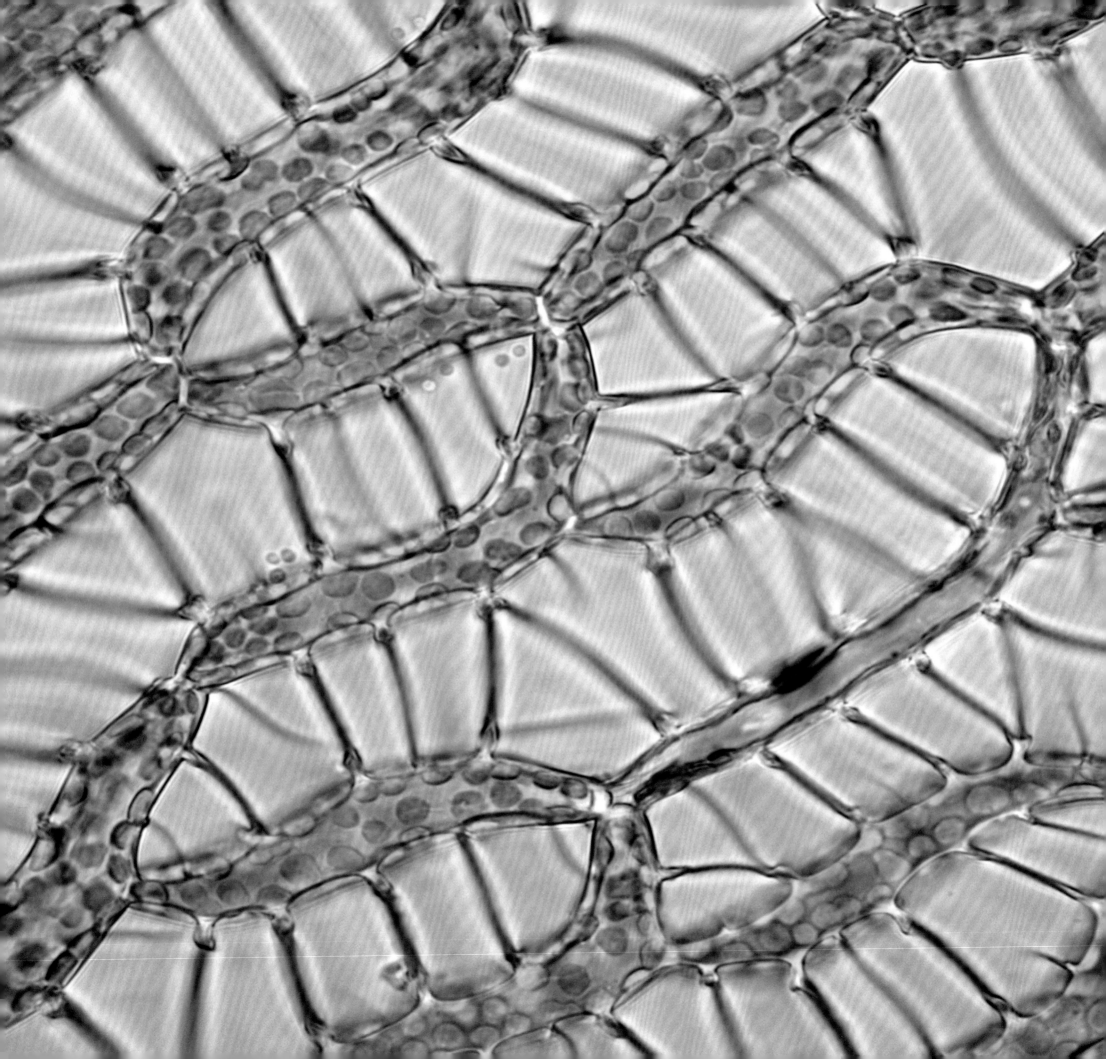

를 전송했다. 앞에서 본 것처럼, 지구에서는 탄산염암과 같은 암석들은 대부분 생명이 존재하는 조건에서 만들어진다. 탄산염암은 화성에 생명이 있음을 시사할 수 있지만 지구가 생명으로 가득 찬 것과는 달리, 현재까지 화성에서는 생명의 존재가 확인되고 있지 않다.

약 45억 년 전 태양계 행성들이 생성되었을 때 어떤 행성도 표면에 물이 없었다. 그러나 지구에서 결정적인 사건이 일어났다. 42억 년 전 태고대에 바다가 만들어지기 시작한 것이다. 약 32억 년 전, 초기 지구의 바다에서 생명이 탄생한 후 수백만 년 동안 생명은 점차 확산되고 다양해져 더욱 복잡한 생태계와 상호 관계가 형성되었다. 앞장에서 보았듯이, 처음 단세포에서 시작된 광합성은 후에 다세포 유기체에까지 확산되어 대기를 변화시키기 시작했고, 지구는 화성과 달리 서서히 산소가 풍부한 대기를 가지게 되었다. 어떤 점에서는 생명이 바다를 벗어나 땅으로 올라온 것이 필연적이었다고 생각하기 쉽지만, 이것이 얼마나 커다란 도약이었는지는 상상하는 것조차 어려울 정도이다.

바다 밖으로

생명이 육상을 점령한 것은 우리 행성 역사상 가장 중요한 사건 중 하나이다. 이런 일이 일어나지 않았다면 우리는 이 자리에 없었을 것이다. 또, 비록 인간이 우리 행성 이야기의 중요한 일부이기는 하지만, 우리는 아주 최근에 나타났을 뿐이다. 육상을 점령한 것에 대해서는 여러 가지 의문점이 있다. 이것이 언제 시작되었고, 어떠한 도전이 있었으며, 어떻게 극복했으며, 역사를 어떻게 바꾸었을까 하는 것이다.

생명이 언제 바다를 떠나 건조한 육지에 나타났을까? 이 의문에 대한 정확한 답을 말하는 것은 어렵다. 그 해답을 얻기 위해서는 화석을 살펴보아야만 하고, 화석은 과거에 대한 단편적인 증거만을 제공하기 때문이다. 화석이 발견되면 이것이 초기 생명체의 것인지 아닌지 확신하기 어렵다. 어떤 종류의 생명은 작고 연질부만 있어 흔적 없이 사라질 수 있으며, 이는 화석 기록에서 어떤 증거를 찾기가 불명확해진다. 우리가 알고 있는 육상 생명체에 대한 가장 오래된 증거는 지상 표면을 덮은 간단한 조류 피막(crust)이다. 어떤 종류의 육상 조류 피막은 12억 년 전 지질학적으로는 원생대의 스테니안(Stenian)기에 해당하는 시기로 거슬러 올라간다. 만약 화성에 생명이 있거나 있었다면 아마도 미생물이 지표면에 형성하는 얇은 막의 형태로 존재했을 것이다. 지구에 존재하는 광합성 유기체 막은 분명 여러 종류의 다양한 생물들이 존속할 수 있도록 도와주었을 것이다. 이와 같이 단순한 최초의 육상 생태계는 균류와 무척추동물 소비자가 조류로부터 에너지를 얻는 단순한 형태를 띠었을 것이다. 이처럼 조류는 최초의 육상 개척자로 인정받아 마땅하지만, 오늘날 우리는 조류 위를 지나갈 때 땅이 약간 사각거리는 느낌을 받는다는 것을 제외하고는 이러한 조류들의 존재를 거의 알아차리지 못한다. 육상에서 생명의 화석 증거를 찾기 위해서는 약 7억 7천5백만 년 후의 화석 기록을 찾아봐야 할 것이다.

90쪽: 물이끼속(Sohagnum)의 잎. 물을 수용할 수 있는 커다란 공세포와 수많은 녹색의 엽록체를 가진 광합성 세포로 구성되어 있다. 광학현미경 × 1,950

이는 오르도비스기 중기에 해당하는 4억 7천5백만 년 전으로, 최초의 다세포 식물이 땅을 뒤덮으면서 육지를 붉은색에서 녹색으로 바꾸기 시작한 때이다. 이들 초기 육상 식물들은 진화를 통해 형태적으로 다양해졌으며, 서로 다른 종들이 혼합되는 상호 작용을 통해 점점 더 복잡한 군집을 만들어 갔다. 이미 해역과 담수역에는 주요 생산자인 조류부터 초식 동물, 육식 동물 그리고 분해자에 이르기까지 정교한 먹이사슬을 가진 수없이 다양한 생명들이 존재했다. 복잡하고 정교하게 얽힌 생태계는 육지로 확장되어 완전히 새로운 삶의 방식에 대한 가능성을 열었다. 광합성 식물이 번창했던 곳에는 더 크고 복잡한 생물체들이 생길 것이 자명했다.

화석 기록에 의하면, 4억 5천만 년 전에서 4억 년 전 사이에 육상 식물의 크기가 커지고 유기적 복잡성이 서서히 높아지기 시작했다. 시간을 거슬러 낮은 초본 식물이 가득하던 때를 생각해 보면, 그곳은 분명 개방된 습지대 같은 느낌일 것이고, 가장 큰 나무라고 해 봐야 키가 우리 무릎에도 닿지 않았을 것이다. 구적사암이 만들어진 실루리아기 후기의 풍경은 차츰 붉은색을 벗어나기 시작하고 그 후에는 녹색 색조가 주를 이루었을 것이며, 이어지는 지질 시대에는 육상 식생이 더욱 다양해졌을 것이다. 식물 자체를 자세히 살펴보기 전에 먼저 육지에서의 삶에 강력한 장벽이 될 만한 물리적 문제를 생각해 보자.

공기에 노출된 삶

우리는 공기에 노출된 육상 생활에 이미 잘 적응한 상태이기 때문에 최초의 개척자들이 직면했을 문제들을 간과하는 경우가 있다. 뜨거운 태양이나 바람의 냉기, 수분과 영양 공급 등의 이러한 문제들은 우리에게도 익숙한 문제들이고, 이 문제의 해결법 또한 현대의 삶의 방식을 사는 우리에겐 익숙하다. 우리 조상들은 옷 입기, 햇빛 가리기, 배관 설비 등을 이용하여 절대 생존할 수 없었을 환경에서도 끊임없이 종을 확산시켜 왔다. 육지에서의 삶을 위해 바다를 떠나온 최초의 개척자들도 위와 같은 문제들에 직면했을 것이다. 물에 잠겨 있으면 생명에 필수적인 양분과 용해된 가스를 직접 흡수할 수 있다. 수생식물의 경우, 광합성으로 당을 생성할 때 필요한 용존 이산화탄소는 식물 주위에 널려 있기 때문에 직접적으로 쉽게 얻을 수 있다. 호흡을 통해 대사에너지를 방출하는 데 필요한 산소 역시 이와 같은 방식으로 얻게 된다. 용해된 미네랄 및 미량 원소 또한 물에서 성장하는 식물의 조직에 직접적으로 흡수된다. 물은 부유성 생물과 고정하여 사는 생물 모두의 공급원이 될 만큼 충분히 밀도가 높다. 세계의 얕은 근해에서 자이언트 켈프(giant kelp)의 가죽끈 모양의 엽상체(frond)는 해류에 따라 구부러진다. 이러한 유연성은 바다에서 폭풍을 견딜 수 있게 해 준다. 플랑크톤은 햇빛이 풍부한 물의 위쪽에 모이지만, 너무 많은 햇빛은 해가 될 수 있다. 물 또한 햇빛을 약화시키며 유해한 자외선이 걸러진 환경을 제공한다. 육상에서 산다는 것은 여과되지 않은 유해한 자외선과 바람 때문에 거칠고 건조한 환경에서 공기에 직접 노출된다는 것을 의미한다. 거칠고 모래가 휘몰아치는 세계에 대한 많은

93쪽: 스코틀랜드 고산 지역의 습지 주변에 사는 물이끼속(*Sphagnum*)과 그 밖의 이끼류. 물방울은 광합성을 통해 방출된 산소이다.

94~95쪽: 선태류 생활사 대부분은 반수체 배우체이다. 사진에 나타난 이끼(*Pellia epiphylla*)의 이배체 포자체는 구형의 포자낭을 가지고 있고 생존 기간이 짧으며 에너지와 물을 배우체에 의존한다.

증거는 구적사암에서 (바람에 의해 침식된 석영과 처트 형태로) 얻을 수 있다. 육지에서는 몸을 뜨게 해 주는 매개체인 물이 없기 때문에 생물은 중력에 그대로 노출될 수밖에 없다. 높이 자라기 위해서는 공기 중에 지지할 수 있는 새로운 수단이 필요한데, 강한 바람은 엄청난 장력을 줄 수 있다. 물은 생명에 필수적이므로 육상 생물은 육상 환경에서 물을 얻을 수 있는 새로운 방법을 찾아야 하고, 물이 바로 대기로 증발되지 않도록 해야 한다. 그러므로 수중 영역에서 진화해 온 생명이 공기에 노출되어 육지에서 생활하기까지 몇 억년이 걸렸다는 사실은 결코 놀랍지 않다.

식물이 어떻게 변화된 상황에 적응할 수 있도록 진화했을까? 식물은 세포와 조직을 변형시켰고 그 과정에서 자신의 몸 자체의 설계를 바꾸기도 했다. 이미 존재하는 상태에서 변형을 통해 새로운 조건에서 생존할 수 있도록 만드는 것이 진화의 본질이기도 하다. 일반적으로 이는 매우 긴 시간에 걸쳐 일정한 단계를 거쳐 천천히 일어난다.

특수화된 세포

앞서 보았듯이, 조류는 많은 다양한 종류의 세포로 구성될 수 있고, 이 세포들은 광합성부터 번식에 이르기까지 다양한 기능을 수행해 낸다. 육상 생활에 필요한 세포는 어떤 종류이며, 단순한 육상 식물을 만들기 위해서 얼마나 다양한 종류의 세포들이 필요했을까? 이에 대한 답은 놀랍게도 적은 수이다. 단순한 육상 식물의 영양 기관을 구성하는 것은 단지 4종류의 세포에 불과하다.

첫째는, 가장 덜 특수화된 것 중 하나이며 모든 식물 세포에 광범위하게 존재하는 종류로 유조직(柔組織)이라고 한다. 유조직 세포는 지름 20~400µm로 상대적으로 크며, 세포질에는 셀룰로스 섬유로 된 세포벽과 핵, 크고 수액이 가득 찬 공간인 액포가 있다. 각각은 다양한 소기관을 가지고 있으며, 다른 식물 세포와 달리 항상 대사적으로 활성인 상태를 유지한다. 일반적으로 유조직 세포는 분열하여 유사한 두 개의 작은 딸세포를 만들 수 있다. 이 딸세포는 크기가 커지면서 연조직으로 남거나 후각 조직 – 식물체 지지와 단단함을 위해 구조적으로 보강된 세포벽을 가졌다 – 과 같은 다른 종류의 세포로 분화될 수 있다. 이런 의미에서 유조직은 동물의 줄기세포와 비슷하다. 엽록 조직 세포는 더 많은 엽록체를 가지고 있다는 점에서 유조직과 다르며, 식물의 지상부에서 광합성 조직을 구성한다. 공기 중에서 건조해지지 않기 위해 육상 식물은 특수한 외부 세포를 발달시켰는데, 표피라고 하는 세포층이 그것이다. 이 용어는 동물에서도 사용한다. 육상 식물의 표피세포는 유조직이 변형된 종류로서 중요한 진화적 혁신을 일으켰는데, 세포 바깥쪽에 있는 방수층인 큐티클은 수분 증발을 방지하고 식물체 내부의 수분을 유지한다. 큐티클은 왁스 중합체로 구성되어 물 분자가 스며들지 못하게 하며, 꽤 단단하기 때문에 종종 식물 화석에 잘 보존되어 있다. 물론 식물이 완벽히 방수되어 주변으로부터 물을 흡수하지 못한다면 문제가 될 것이지만, 물을 흡수하기 위한 세포에는 큐티클이 얇게 존재하거나

97쪽: 녹조류 콜레오키트 오르비쿨라리스(*Coleochaete orbicularis*)는 바위와 담수 식물에 납작한 원반 구조를 형성한다. 콜레오키트과(Coleochaetaceae)에 속하며, 육상 식물의 가장 가까운 근연 식물로 알려져 있다. 광학현미경, 암시야 조명 × 660

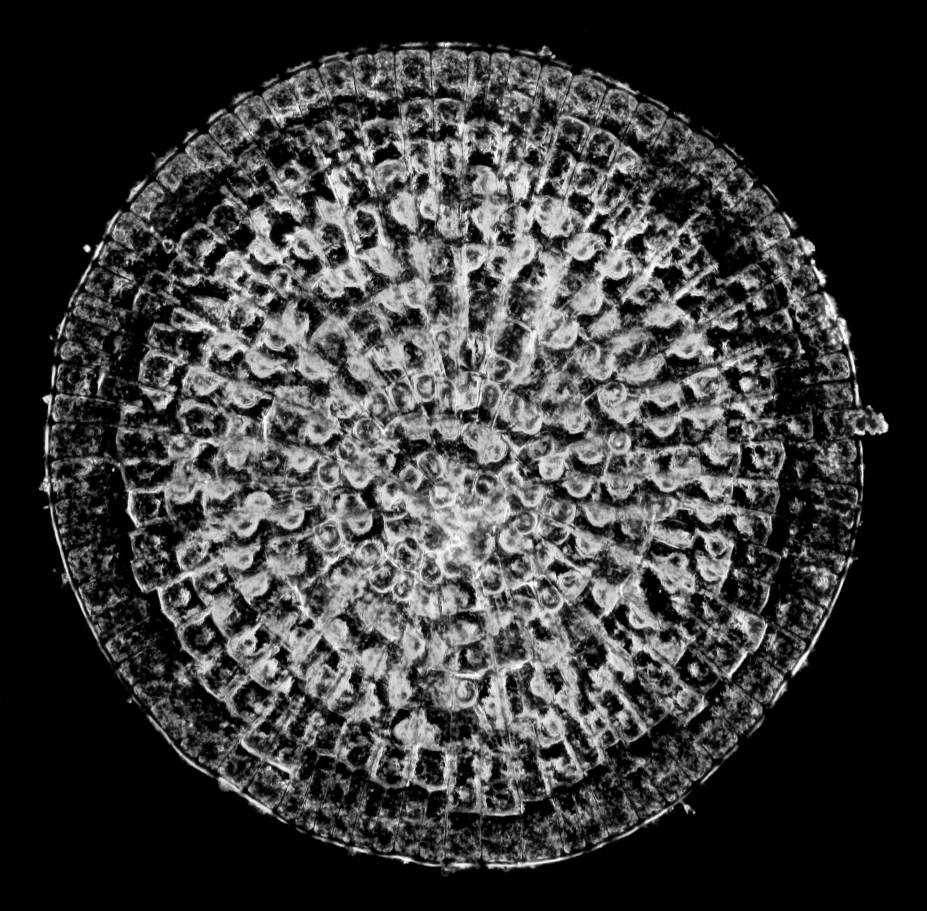

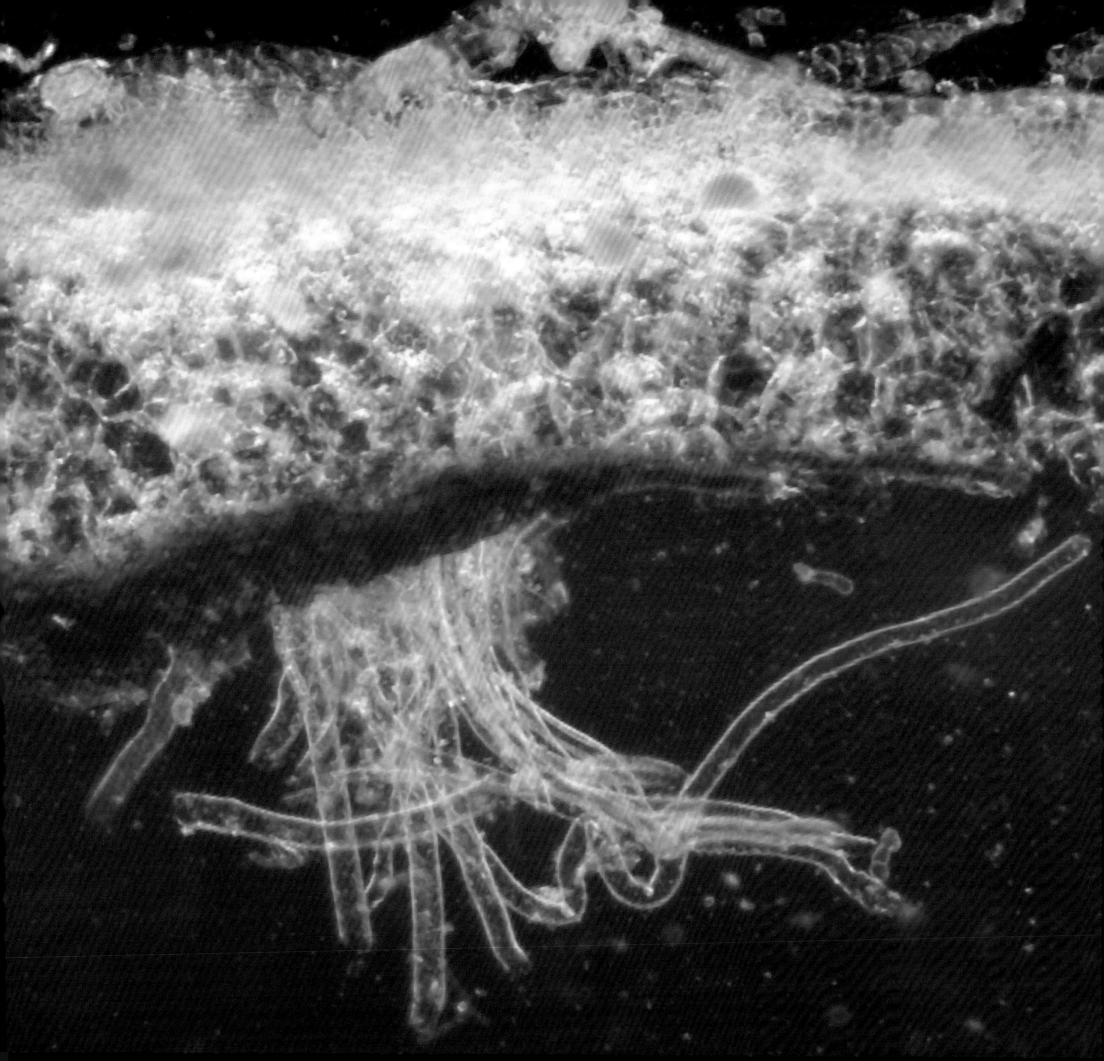

없다. 식물의 방수 능력은 물과 같은 액체뿐 아니라 기체의 흐름도 제한한다. 다행히 기체는 물속보다는 공기 중에서 더 자유롭게 이용할 수 있다. 육상 식물은 외부 표면을 통해 기체를 일정하게 확산하기보다는 특수한 구멍을 통해 기체를 안으로 받아들이거나 밖으로 내보낸다. 이 구멍은 최초의 육상 식물 화석에서도 발견되는데, 가장 놀라운 것은 구멍이 열리고 닫힐 수 있어서 식물이 기체와 수증기의 흐름을 미세하게 제어하고 균형을 맞출 수 있다는 점이다. 각 구멍은 그리스 어로 '입'을 의미하는 'stoma(기공, 복수형 stomata)'라고 한다. 두 가지의 주요 진화적 혁신인 큐티클과 기공은 함께 작용하여 보호 표피층을 형성함으로써 식물이 육상에서 건조해지지 않고 살아갈 수 있게 해 주었다.

최초의 육상 식물은 땅에 단단하게 고정하고 물을 흡수하기 위해 헛뿌리(가근, rhizoids)라고 하는, 흙 아래를 향해 자라는 특별히 신장된 세포를 진화시켰다. 'rhizoid'라는 단어는 그리스 어로 '뿌리'를 의미하는 '*rhiza*'와 '~와 유사하지만, 똑같지는 않은'을 의미하는 접미사 '*-oid*'에서 유래되었다. 기본적인 유조직 세포가 살짝 변형된 헛뿌리는 기능면에서는 뿌리와 유사하다. 그러나 뿌리와는 달리 이들은 털같이 긴 하나의 세포만으로 구성된 미세한 구조이다. 헛뿌리는 특수한 종류의 모용(trichome, 그리스 어로 '털'을 의미하는 '*trikh*'에서 유래)으로도 간주되며, 신장된 식물 세포인 모용에는 여러 종류가 있다. 식물 세포가 새로운 기능을 수행하도록 변형되고 적응하는 방법은 무한하지 않으며, 앞으로 식물 구조를 알아 가는 여정을 통해 지극히 단순하며 효과적인 해결책이 최근에 진화한 가장 정교한 식물에까지 연속적으로 적용된다는 사실을 깨닫게 될 것이다. 예를 들어, 가장 기본적인 헛뿌리 – 하나의 길고 분지하지 않은 세포 형태 – 는 태류(苔類, liverworts)에서 발견된다. 선류(蘚類, mosses)는 다세포 헛뿌리를 가지며, 현화식물은 뿌리 끝에 근본적으로 단세포 헛뿌리와 비슷한 뿌리털이 있는 부분이 있다.

이러한 서로 다른 종류의 세포 – 유조직, 엽록 조직, 표피, 헛뿌리 – 는 영양생식, 즉 무성생식으로 자랄 수 있는 단순한 육상 식물을 구성하기에 충분하다. 가장 단순한 육상 식물인 태류는 이의 좋은 예를 보여 주는데, 납작한 엽상체인 이들은 땅 가까이 붙어서 자라며 헛뿌리로 고착한다. 생장점이 바닥을 따라 계속 신장되면서 반복적으로 분기하며 퍼지는 모양이 되는데, 이는 마치 더 큰 스케일로 보자면, 썰물 때 해초에서 관찰되는 양상과 비슷하다. 모든 영양생식의 경우처럼, 이들 개별적인 개체들은 유전적으로 동일하다. 영양생식은 미개척지를 새로 개척하기에 좋은 전략으로, 하나의 개체가 생존 가능한 집단을 형성할 수 있다.

초기의 육상 식물은 더욱 효율적인 형태의 영양생식을 하였는데, 바로 공기 중에 수없이 많은 미세 포자를 퍼뜨리는 것이었다. 이 포자들은 공기나 물을 이용하여 부모 개체로부터 멀리 이동할 수 있었다. 포자는 효과적이고 독특한 세포 유형으로, 생장에 적합한 습도를 가진 장소를 만날 때까지 건조한 환경이나 자외선에 의한 손상 등을 견뎌내며 열악한 조건에도 생존할 수 있게 해 준다. 이는 포자가 큐티클보다 더 단단한 보호 물질로 둘러싸여 있기 때문에 가능하다. 초기의

아래: 우산이끼(*Marchantia polymorpha*) 엽상체의 위 표면에는 손가락처럼 생긴, 광합성 세포를 감싸는 공기주머니가 있다. 광학현미경 × 940

98쪽: 우산이끼 엽상체의 횡단면. 보라색의 안토시아닌 색소로 염색된 얇은 큐티클층 아래에는 초록색의 광합성 세포와 헛뿌리가 있다. 관속 조직은 없다. 광학현미경, 암시야 조명 × 250

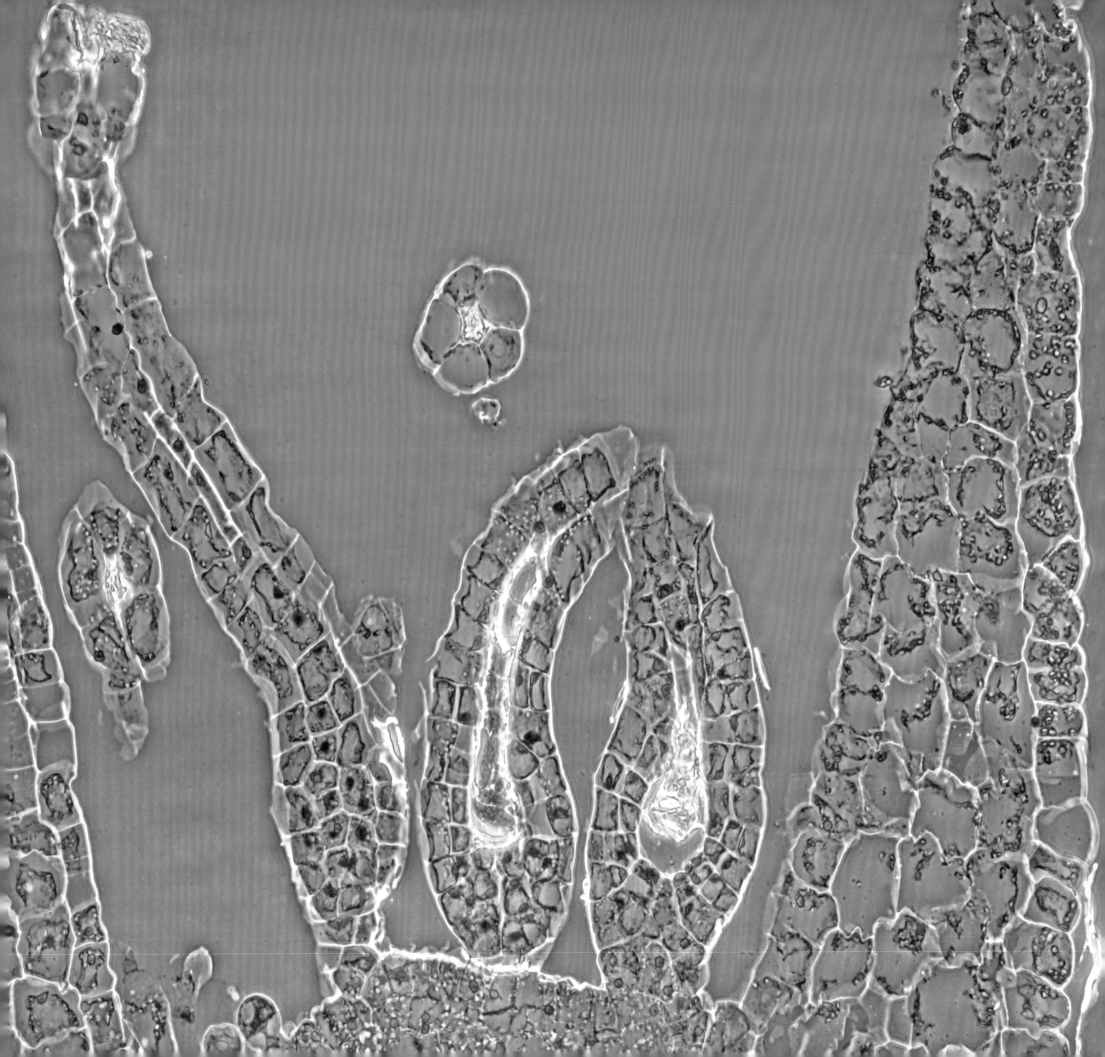

육상 식물 포자는 잘 분해되지 않을 정도로 단단한 벽을 가지고 있었기 때문에 다른 포자식물들 보다 많은 수의 화석을 남겼다. 그 결과, 이들은 일반적으로 가장 오래된 대형화석(macrofossils, 식물 전체 화석 크기까지)을 포함하고 있는 암석보다 더 오래된 암석에서 발견된다. 육상에 침투한 식물에 대해 우리가 가지고 있는 대부분의 초기 정보들은 이들의 다양하고도 독특한 형태의 포자를 연구하여 얻은 것이다. 지금은 우리의 지식이 더 완전해지면서 서로 다른 많은 종류의 포자들의 특성을 알게 되었고, 이를 생산하는 각각의 식물과 연결시킬 수 있게 되었다. 포자의 미화석(microfossils)을 식물 거화석과 올바르게 연결시키는 것은 매우 힘든 작업이며, 부서지기 쉬운 화석과 전자현미경을 다루는 기술이 뛰어나야 한다. 포자는 포자낭(sporangia, 단수형 sporangium)이라고 하는 특수한 구조에서 만들어지며, 포자낭은 조직의 복잡성 및 구성되어 있는 세포의 종류에 따라 다르다. 가장 간단한 것은 포자낭이 포자를 둘러싼 표피세포의 외부 층을 구성하는 형태로, 포자낭이 건조해지면 포자가 밖으로 튀어나오면서 방출되는 방법이다. 화석의 포자낭과 현생 육상 식물의 포자낭은 그 형태가 매우 다양하여, 종종 포자와 함께 분류 기준으로 사용되기도 한다.

유성생식은 두 부모 세대의 유전적 특성이 조합된 개체를 만들 수 있다는 큰 장점이 있으며, 자손들이 서로 다른 환경에서 살아남을 수 있도록 미묘하게 각기 다른 능력을 부여해 줄 수 있다. 유성생식은 진화의 핵심으로서, 자연 선택이 작용할 수 있는 개체 간 차이를 만든다. 식물이 유성생식을 하려면 특수한 자성세포와 웅성세포, 즉 배우자가 필요하다. 단순한 육상 식물에서 난자와 정자세포는 장란기(archegonia)와 장정기(antheridia)라고 하는 구조에서 생성되며 근연 수생식물의 것과 닮았다. 그러나 수중 환경에서는 배우자가 물에서 직접 산포될 수 있는 반면, 건조한 육지에서 유성생식은 많은 문제를 야기한다. 최초의 육상 식물과 현생 근연종이 유성생식을 하기 위해서는 운동성이 있는 자성 배우자가 이동할 수 있는 최소한의 물이 필요하다. 이것은 식물이 살아가는 장소를 제한하는 요소가 된다. 하지만 식물은 그 뒤에 몇 가지 해결책을 만들어 생식할 때 물을 필요로 하지 않게 되었다.

세포의 다양성 측면에서 본다면, 초기 육상 식물은 유성생식과 영양생식에 필요한 세포들을 포함해서 10개 이하의 세포들만 발달시킬 수 있었다. 초기 육상 식물은 실제로 어떻게 생겼을까? 이를 알아낼 수 있는 한 가지 방법은 화석 기록의 증거를 직접 확인하는 것이다. 우리가 찾은 것은 이미 멸종되어 현재의 살아 있는 식물 그룹에는 없는 것일 수도 있다. 또 다른 방법은 현생 육상 식물 중 계통수의 가장 초기 분지인 선태류(태류, 선류, 각태류)를 조사하는 것이다. 하지만 화석 기록이 명확하지 않고 불완전하기 때문에 초기의 선태류가 현생종과 얼마만큼 차이가 있는지 자세히 알기는 어렵다. 이제 선태류로 돌아가서 현미경으로 관찰해 보자. 이에 앞서 가장 완벽하게 입증된 식물 화석 몇 가지를 살펴보도록 하자.

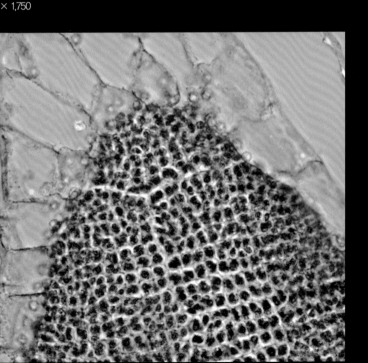

아래: 수천 개의 웅성 배우자가 들어 있는 레볼리아 헤미스페리카(*Reboulia hemisphaerica*)의 장정기. 광학현미경, 위상차 × 900

100쪽: 이끼 타르기오니아(*Targionia*)의 병 모양 장란기. 길쭉하게 신장된 목 부분은 운동성 웅성 배우자가 난세포와 수정하기 위해 통과해야 하는 부분이다. 광학현미경, 위상차 × 1,750

데본기 세계의 창

 전 세계에서 초기 식물 화석이 발견되었지만 가장 놀랍고 완벽한 것은 라이니 처트(Rhynie Chert)의 암석에서 나온 초기 단계의 육상 식물 화석이다. 라이니 처트는 모든 화석 광산 중 가장 유명한 지층 중 하나이며 약 4억년 전 데본기 초기에 형성되었다. 여기에 포함된 화석 식물은 로라시아(Laurussia) 또는 '오래된 붉은 대륙(Old Red Continent)'이라고 알려진 고대륙에서 번성했다. 로라시아는 적도 아래쪽, 곤드와나(두 번째로 큰 대륙) 북쪽에 위치하고 있었다. 이름에서 알 수 있듯이 로라시아는 붉은 사막의 사암이 특징이며, 이 때문에 화성과 외관상 비슷하게 보였다. 고대륙에는 광범위한 화산 활동이 있었고, 이로 인해 이들 화석 식물이 보존될 수 있었다. 오랜 시간 동안 대륙의 이동 과정을 통해 대륙이 충돌하고 분리되면서 지구의 모습이 변해 갔다. 로라시아는 결국 쪼개져서 북아메리카와 캐나다, 그리고 그린란드와 영국으로 분리되었다. 오늘날 로라시아의 암석들은 스코틀랜드의 베인 알리긴(Beinn Alligin), 리아타크(Liathach), 베인 아이게(Beinn Eighe) 등의 토리도니안 산(Torridonian mountain)에서 나타난다. 화석 식물로 유명한 퇴적지는 라이니 마을 근처의 애버딘셔에 위치해 있으며, 역사상 몇 가지 중요한 핵심을 쥐고 있는 곳이다. 이곳은 식물의 육상 침투뿐 아니라 또 다른 중요한 암각화인 라이니 인간(Rhynie Man)이 있는 곳으로, 이 그림은 약 AD 700년에 새겨진 것이다. 인간의 시간으로는 오래된 것 같지만, 그 지역이 처음으로 식물에 의해 점령당한 지 4억년이 된 것과 비교하면 눈 깜짝할 사이라고 할 수 있다.

 이들 화석이 만들어진 일련의 과정을 본 사람이 있었다면 아마도 많은 화산 활동이 일어나는 것

아래: 데이비드 토머스 권본(David Thomas Gwynne-Vaughan) 교수(좌)와 로버트 키드스턴(Robert Kidston) 박사(우)가 라이니 처트 화석을 현미경으로 조사하고 있다(1920년대).

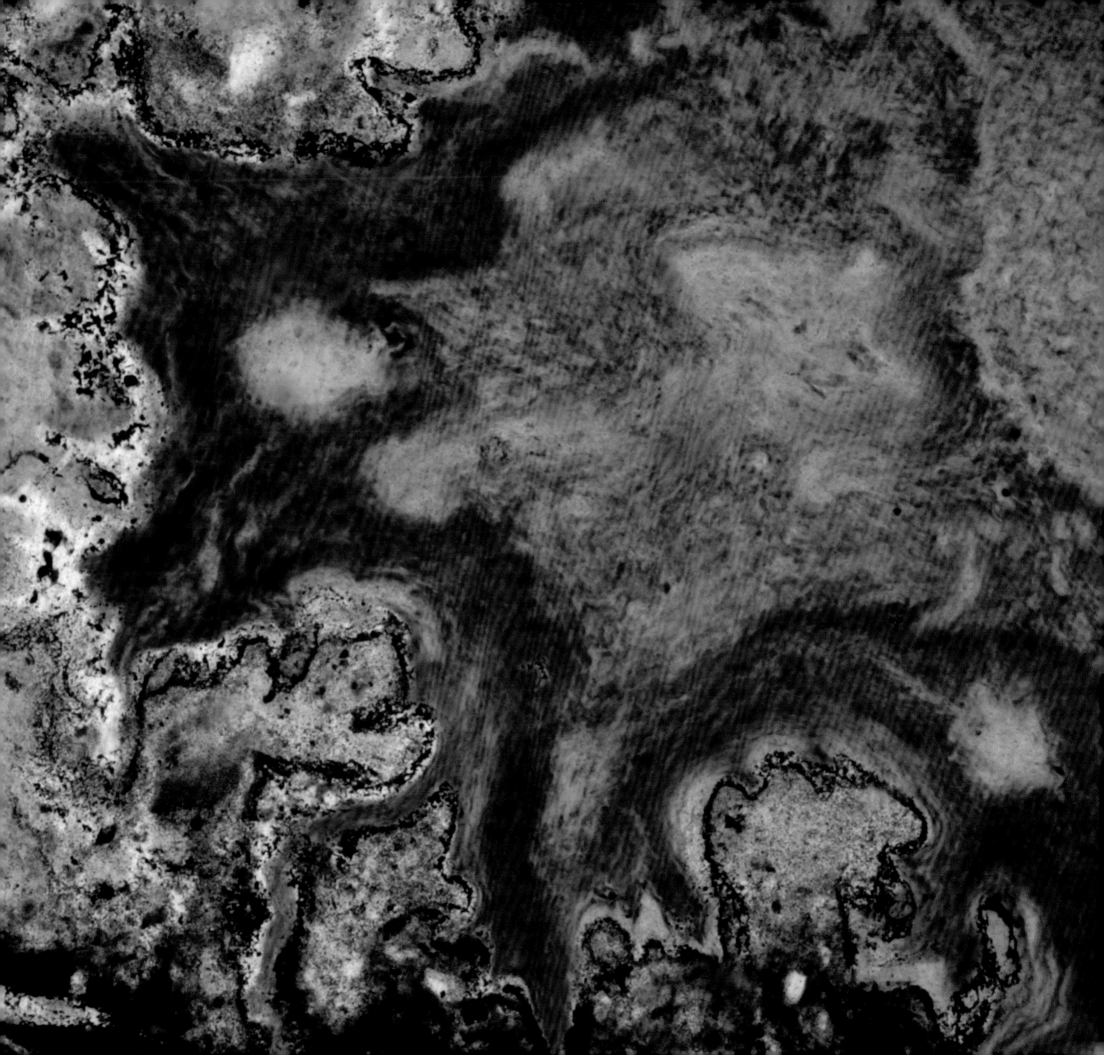

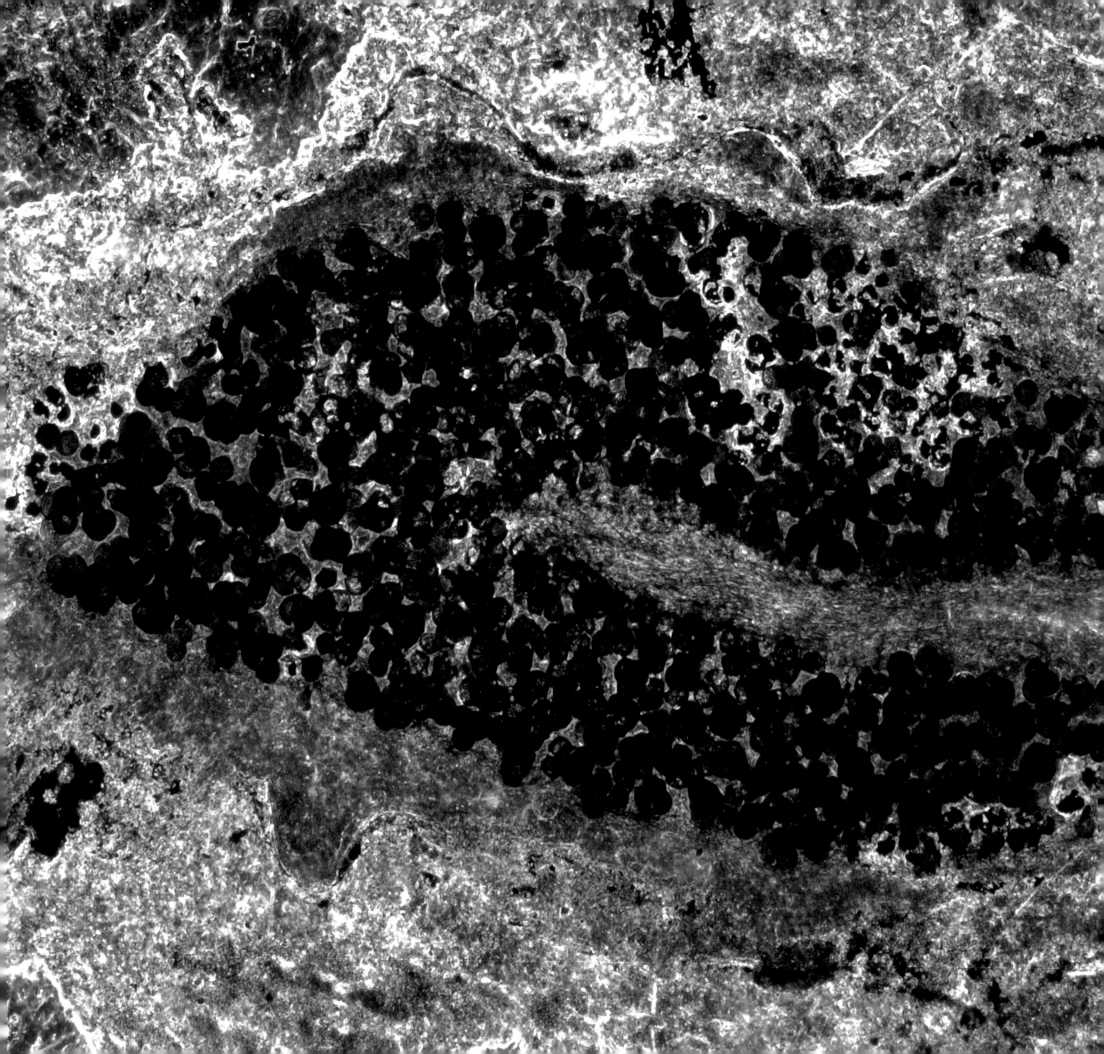

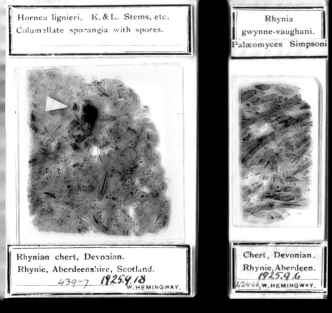

위: 1925년 헤밍웨이(W. Hemingway)가 만든 라이니 처트의 절단면 슬라이드. 헛뿌리와 줄기의 단면이 보인다. 왼쪽 슬라이드에서 화살표로 가리키는 것은 호르네오피톤 리그니에리(Horneophyton lignieri)의 포자낭이다.

아래: 높은 배율에서 호르네오피톤 리그니에리의 포자 표면은 그물 패턴을 가졌으며, 4개씩 그룹지어 있는 것으로 보인다. 광학현미경 × 450

104쪽: 약 3억 9천5백만 년 전 데본기의 화석임에도 불구하고 호르네오피톤 리그니에리의 포자낭은 중심에 '주축(columella)'이 있으며 어두운 색의 포자로 둘러싸여 있는데, 이는 살아 있는 이끼와 매우 닮았다. 광학현미경 × 180

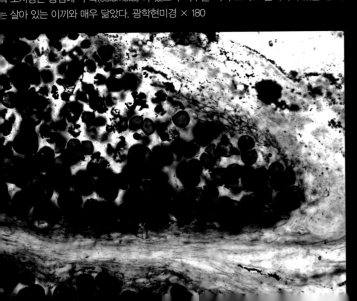

그의 발견은 놀라운 것이었는데, 특히 라이니 처트(Rhynie Chert)가 있는 총 면적이 매우 작다는 것을 감안하면 뜻밖의 발견이었다. 더욱이 땅 위에 노출되어 있는 암석이 없기 때문에 이를 알아차릴 수 있다는 것 자체가 놀라운 행운이었다. 연구를 위한 자료를 더 얻기 위해 그 다음 해에는 인근 지역들도 발굴하기 시작했다. 1917년, 로버트 키드스턴(Robert Kidston) 박사와 윌리엄 헨리 랭(William Henry Lang) 교수는 에든버러 왕립학회 논문집에 라이니 처트에 보존된 화석 군집에 대한 논문을 발표하기 시작하여 일련의 논문 5편을 발표하게 되었다. 첫 번째 논문은 두 종의 단순한 화석 식물에 대한 것이었다. 라이니아 귄네-보하니(Rhynia gwynne-vaughanii)에 대해서는 비교적 자세히 설명하였고, 아스테록실론 맥키(Asteroxylon mackiei)는 간단한 묘사만 하였다. 새로 소개된 속명 라이니아(Rhynia)는 발견된 장소의 이름을 따서 명명되었고, 종명은 저명한 고생물학자 데이비드 토머스 귄-본(David Thomas Gwynne-Vaughan) 교수를 추모하기 위해 지어진 이름으로, 그도 역시 새로운 화석들을 발견하였다. 키드스턴 박사와 랭 교수는 새로 발견된 화석 연구를 귄-본과 함께 하기를 원했으나 그의 죽음으로 실행하지 못하였다. 라이니 처트가 처음 발견되었을 때 정확한 연대를 명확히 알 수 없었다. 키드스턴과 랭은 라이니 처트가 구적사암과 같은 연대임을 알아냈고, 이는 데본기에 해당한다는 것을 의미한다. 그들이 쓴 설명문은 오늘날의 과학 문헌에서는 찾아볼 수 없는 편안하고 유연한 문체로 쓰여졌다. 그들은 "최소한 우리가 표본을 가져온 지역에서의 라이니 처트 지대 형성 역사는 쉽게 이해할 수 있을 것이다. 곳곳이 침수되어 있는 육지 표면에 라이니아 귄네 보하니가 성장하여 뒤덮여 있는 모습을 상상해 보라. 라이니아 지하 부분이 부패하고 시든 줄기들(이 식물은 잎이 없다)이 떨어지면서, 두께 1~12인치의 토탄층이 서서히 형성되었다."라고 하였으며, 그들은 계속해서 "지역의 물리적 조건이 변화되어 아마도 분화구와 간헐천에서 나온 이산화규소가 포함된 물이 토탄층을 완전히 덮어 전체가 규암 따로 변화했을 것이다."라고 설명했다. 그들은 간헐천이나 온천이 관여되었을 것이라는 맥키(Mackie) 박사의 의견을 지지했다.

화석 식물이 완전하게 잘 보존되어 있었으므로 자연스럽게 키드스턴과 랭은 살아 있는 식물과의 유사성에 대해 생각하게 되었다. 그들은 화석 식물이 현재의 솔잎란속(Psilotum)과 가장 닮았다는 결론을 내렸다. 솔잎란속은 잎이 없으며 녹색 가지에 단순한 포자낭을 가지고 있고 열대와 아열대에 넓게 분포하고 있다. 여러 해 동안 솔잎난속은 매우 간단한 형태를 띠고 있어, 살아 있는 모든 식물 중 가장 원시적이라고 여겨졌다. 그러나 다른 종과의 DNA 염기 서열을 쉽게 비교할 수 있는 지금, 솔잎난속은 양치류와 가장 가깝다는 것이 밝혀졌다. 솔잎난속의 간단한 구조는 라이니아속(Rhynia)과 상당히 유사하게 생겼지만 외형만 그럴 뿐 가까운 진화적 유연관계를 보여 주는 것은 아니다. 또, 키드스턴과 랭은 더 큰 두 번째 종인 라이니아 마요르(Rhynia major)와 호르네아 리그니에리(Hornea lignieri)라고 이름 붙인 식물에 대해서도 설명했다. 라이니 처트에 대한 첫 번째 논문은 대부분 화석을 분류하고 가까운 근연종을 알아내려는 노력에 집중하였다. 그들은 곧니아(*Rhynia*)와 오르네아(*Hornea*)를 같은 과인 라이니과(*Rhyniaceae*)에 포함시켰는데, 라이니과는 뿌리와 잎이 없고 옆으로 뻗는 줄기를 가지고 있으며 줄기 끝에 포자낭이 달린 특징이 있다. 식물은 2개의 특수한 종류의 세포인 물관부(xylem)와 체관부(phloem)로 구성된 관다발 또는 통도 조직을 가지고 있다. 물관부 세포는 물을 수송하는 데 반해, 체관부 세포는 광합성 산물인 당을 수송한다. '나무껍질'이라는 뜻의 그리스 어 '*phloos*'에서 유래된 체관부(phloem)는 나무의 경우 나무껍질 바로 아래에 위치하고 있다. 물관부와 체관부는 모두 식물이 크게 자랄 수 있도록 하는 길쭉한 세포로 구성되어 있다. 물관부는 물을 수송하는 것 이외에도 기계적 강도를 높여 주는 리그닌으로 구성된 세포벽이 있다. 물관부란 용어는 나무를 의미하는 그리스 어 '*xylon*'에서 유래하며, 실제로 나무는 수천 개의 물관부 세포로 구성되어 있다. 그러나 라이니과(*Rhyniaceae*)는 목본 식물이 아니었다. 그 식물의 물관부는 보다 단순한 가닥의 통도 조직이었으며, 헛뿌리와 적어도 식물 지상부 일부를(호르네아의 경우는 가지까지) 지나고 있었다. 호르네아속(*Hornea*)의 포자낭에는 주축(columella)이라는 한 가닥의 통도 조직이 있으며, 포자 덩어리의 중심까지 뻗어 있다. 이 구조는 매우 중요하여 자주 논의되고 있는데, 태류에는 없지만 선류와 각태류의 포자낭에는 주축이 있어 다른 식물과 호르네아의 관계를 확립하는 데 도움이 될 수 있기 때문이다.

키드스턴과 랭은 라이니 처트에 대한 마지막 논문에서 4개의 추가적인 관속식물과 함께 규암으로부터 얻은 화석화된 조류, 균류 그리고 지의류를 설명하였다. 그들의 논문 시리즈의 가장 뛰어난 면은 초기 화석 식물에 대해 뛰어난 수준의 세포 정보를 제공한 점이다. 오늘날까지 라이니 처트는 초기 육상 생태계에 대한 정보를 가장 완벽하게 보존하고 있으며, 애버딘(Aberdeen)과 뮌스터(Münster) 대학의 핵심 연구 과제가 되고 있다. 1920년대 이후의 이러한 지속적인 관심과 연구 덕분에 라이니 처트의 식물과 동물에 대한 목록이 늘어 갔으며, 현재는 남조류 6종, 균류 11종, 조류 3종과 관속식물 7종이 기술되어 있다. 종에 대한 새로운 정보가 나오면 항상 그렇듯이, 라이니 처트에서 나온 종들의 이름과 분류도 계속 업데이트되고 수정되어 왔다. 키드스턴과 랭이 원래 라이니아 마요르(*Rhynia major*)라고 불렀던 아갈로피톤 마요르(*Aglaophyton major*)는 고등 관속식물보다는 이끼류의 수송 조직과 유사하며, 현재 가장 단순한 구조를 가진 것으로 인식되고 있다. 호르네아 리그니에리(*Hornea lignieri*)는 이제 호르네오피톤 리그니에리(*Horneophyton lignieri*)로 알려져 있다. 라이니아 귄네-보하니(*Rhynia gwynne-vaughanii*)와 아스테록실론 맥키(*Asteroxylon mackiei*)는 둘 다 원래의 이름을 유지하고 있다. 후자는 석송류(lycophytes)에 속하는 식물로서 훨씬 크고 잘 발달된 근계를 가지고 있으며, 가지에는 비늘과 같은 잎이 많이 달려 있다.

오늘날의 단순한 육상 식물

라이니 처트(Rhynie chert)의 화석은 데본기 시대에 대한 특별한 통찰력을 제공하기도 하지만,

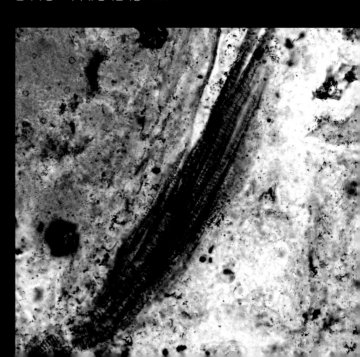

아래: 호르네오피톤 리그니에리(*Horneophyton lignieri*)의 수송 조직. 식물의 지상부를 지지하기 위해 세포벽을 견고하게 해 주는 물질로 된 띠. 광학현미경 × 500

107쪽: 라이니아 귄네-보하니(*Rhynia gwynne-vaughanii*) 줄기의 단면. 중심의 어두운 부분이 수송 조직이다. 광학현미경 × 220

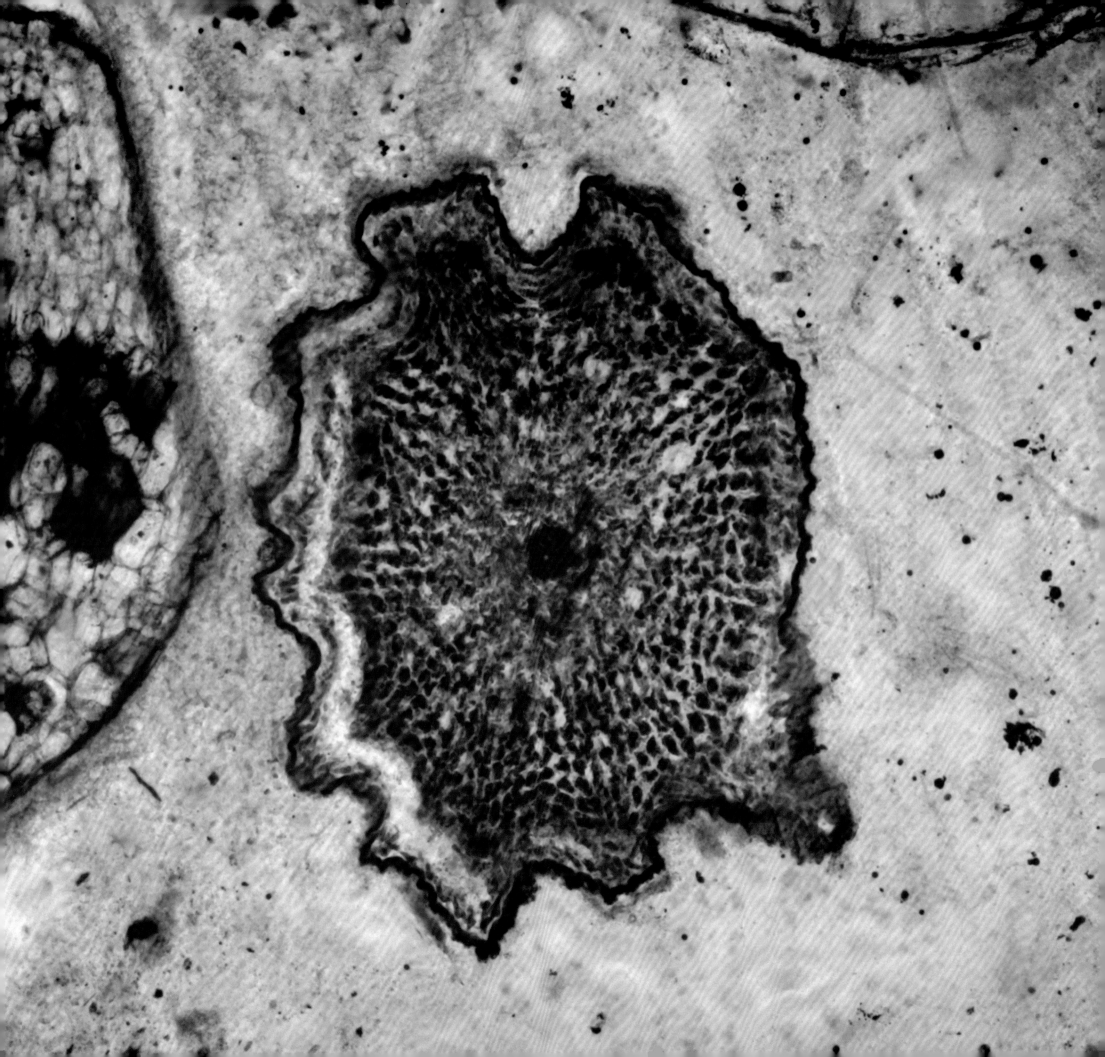

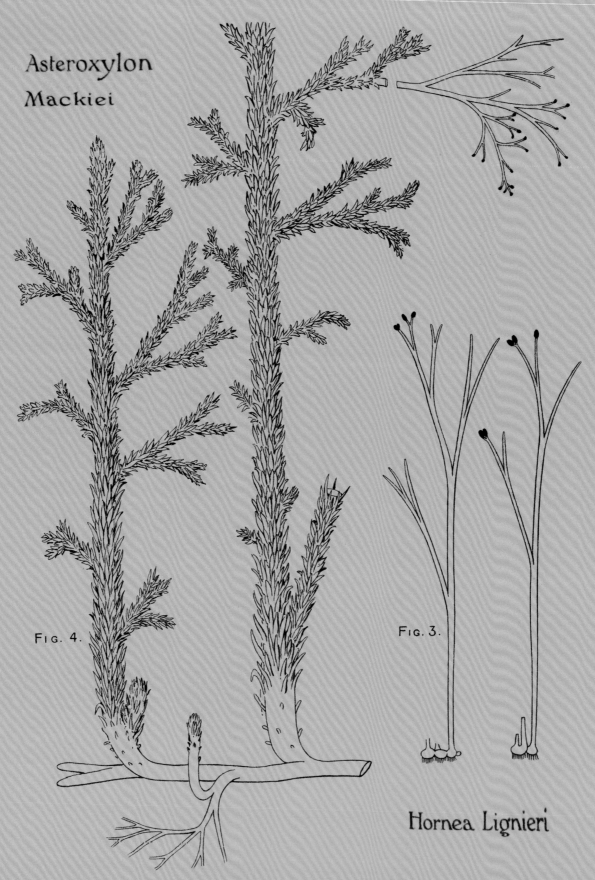

Asteroxylon
Mackiei

FIG. 4.

FIG. 3.

Hornea Lignieri

오늘날의 식물을 진화 역사적 측면에서 이해하는 데에도 유용하다. 찰스 다윈(Charles Darwin)이 자연선택설에 대한 그의 생각을 발전시킨 이래, 진화 계통수를 수립하는 것이 오늘날 생물학의 중요한 부분이 되었다. 과거에는 진화 유연관계를 추론하기 위해 외부 형태만 고려할 수 있었으나, 오늘날에는 많은 다양한 증거들을 접할 수 있다. 이 중 가장 강력한 증거는 의심할 여지없이 DNA 염기 서열을 비교하는 것이다. 이때 생기는 많은 양의 데이터는 특별한 컴퓨터 프로그램으로 분석되어 유연관계를 반영하는 분지 다이어그램들이 만들어진다. 이러한 분석을 통해 윤조목(Charales)과 콜레오키트목(Coleochaetales)에 속하는 녹조류 그룹이 육상 식물과 가장 가까운 관계에 있으며, 육상 식물 중 가장 아랫부분에 해당하는 분지는 선태류(태류, 선류, 각태류)라는 것이 밝혀졌다. 한때 단순한 형태와 생활사의 유사성 때문에 선태류가 단일 그룹이며, 모든 구성원들이 공통 조상으로부터 진화한 것으로 여겨졌다. 그러나 DNA 염기 서열로부터 얻은 최신 증거에 의하면 선태류는 세 개의 개별적인 그룹으로, 육상 식물 계통수의 아랫부분이 분지되어야 한다는 것을 보여 주고 있다. 지금은 우산이끼류 즉, 태류가 육상 식물 계통수의 가장 첫 번째 분지라는 강력한 증거가 있다.

선태류의 공통점이 무엇인지 이해하기 위해서는 이들의 생활사와 다른 육상 식물과의 차이점을 이해하는 것이 필수적이다. 빌헬름 호프마이스터(Wilhelm Hofmeister)가 확실하게 정립했듯이, 모든 유성생식 유기체의 생활사에는 염색체 세트의 수에 따라 두 개의 단계가 있다. 인간의 모든 세포에는 이배체(diploid)라고 하는 세포당 두 개 세트의 염색체가 있으나, 예외적으로 생식세포 또는 배우자(난자 또는 정자)에는 염색체가 한 세트만 있다. 배우자처럼 염색체 한 세트만 가지고 있는 경우를 반수체(haploid)라 한다. 난자와 정자가 결합하여 수정하게 되면 이배체 세포가 만들어지는데, 수정된 세포는 반복적인 유사분열을 통해 이배체인 배(embryo)로 발달하고 생식 단계가 되면 감수분열에 의해 다시 반수체 배우체가 만들어진다. 유성생식의 중요한 점은 부모 유전자가 섞여 새로운 유전자 조합을 갖는 자손이 생긴다는 것이다. 유전적 다양성은 적응력을 높여 주기 때문에 중요하다.

이배체 세포에서 감수분열이 일어나는데, 이배체 세포는 암배우체와 수배우체의 융합으로 만들어졌기 때문에 난세포의 염색체 한 세트와 정자의 염색체 한 세트를 포함하고 있다. 유사분열에서처럼 감수분열의 첫 단계는 염색체가 복제되는 것으로 시작하며, 각각 두 배가 되어 동원체에 부착된다. 그런 다음 부계 유전 염색체와 모계 유전 염색체가 하나씩 서로 나란히 짝을 짓는다. 그 후 양쪽 부모 염색체의 특정 부분은 교차(crossing over)라는 과정을 통해 서로 교환되고, 이 과정이 끝나면 새로운 유전자 조합을 가진 염색체가 형성된다. 교차와 재조합 과정의 이론적 기초는 미국의 진화생물학자 토머스 헌트 모건(Thomas Hunt Morgan, 1866~1945)에 의해 처음 제안되었으며, 그는 이 연구 업적으로 1933년에 노벨상을 받았다. 이 이론은 다른 두 미국 생물학자 바버라 매클린톡(Barbara McClintock, 1902~1992)과 해리엇 볼드윈 크레이튼(Harriet Baldwin

아래: 호르네오피톤 리그니에리(*Horneophyton lignieri*) 포자낭병의 수송 조직. 피질세포에 의해 둘러싸여 있다. 광학현미경 × 150

108쪽: 키드스턴과 랭이 재구성한 라이니 처트의 두 식물 아스테록실론 맥키(*Asteroxylon mackiei*)와 호르네아 리그니에리(*Hornea lignieri*, 지금은 호르네오피톤 리그니에리). 그들은 포자낭에서 뻗어 나온 줄기가 어떻게 아스테록실론(*Asteroxylon*)의 주가지에 부착되는지에 대해서는 확실히 모르고 있었다.

고 동원체의 구조와 유전자 동작을 조절하는 메커니즘을 포함한 유전학과 감수분열에 대해 자세히 설명하였으며, 1981년 유전학 분야에서 토머스 헌트 모건 메달(Thomas Hunt Morgan Medal)을 받았고, 1983년에는 노벨상을 수상했다. 교차 과정 후 방추체(spindle)의 미세 섬유는 동원체에 결합하여 두 세트의 염색체를 양끝으로 잡아당기는데, 이것이 감수분열의 최초 핵분열의 마지막이다. 그리고 곧바로 두 번째 핵분열이 일어나서 4개의 딸세포가 생기는데, 여기에는 각각 한 세트의 염색체가 들어 있다. 식물에서 딸세포의 세포벽이 형성되는 시기는 매우 다르다. 흔히 4개의 새로운 벽이 동시에 생기지만, 어떤 경우에는 감수분열의 첫 번째 핵분열 후 얇은 벽이 만들어지기도 한다. 이는 고등한 육상 식물과는 큰 차이가 있다. 선태류와 같은 단순한 육상 식물을 이해하는 데 감수분열을 아는 것이 왜 중요할까? 이에 대한 해답은 대부분의 육상 식물과는 달리 선태류에서는 생활사의 대부분을 차지하는 녹색 식물이 암배우자와 수배우자를 생산하는 반수체 배우체(배우자를 생산하는 식물)라는 것이다. 선태류 생활사의 이배체 부분은 상대적으로 크기도 작고 생존 기간도 짧다.

따라서 우리가 보는 일반적인 우산이끼(*Marchantia polymorpha*)는 엽상체이며, 수시로 생장점에서 분기하면서 수평적으로 자란다. 이는 배우체로서 충분히 가까이 관찰하면 암배우자와 수배우자를 생산하는 특수한 구조를 찾을 수 있을 것이다. 수배우자는 수막을 통해 유영하여 암배우자에게로 이동하여 수정을 한다. 각 암배우자 또는 난세포는 장란기에 들어 있는데, 수정이 일어나면 두 세트의 염색체를 가진 이배체 세포가 만들어지며 장란기 내에서 어린 배로 자란다. 이러한 방식으로 배우체 조직 내에 배를 보관하는 것은 모든 육상 식물의 공통적인 형질로서, 이는 모든 육상 식물에 적용할 수 있는 과학적 이름인 유배식물(embryophyte)이라는 용어를 탄생시켰다. 식물에서 배(胚)부터 전개되는 생활사의 이배체 상태를 포자체(sporophyte)라고 한다. 선태류의 세 그룹 모두 포자체가 작고 상대적으로 짧은 시기를 산다. 포자체는 배우체에 기생하며, 이들의 역할은 수많은 포자를 만들어 멀리 퍼지게 하여 새로운 개체를 만드는 것이다. 선태류의 포자체는 짧은 자루에 동그란 포자낭이 달린 간단한 구조이다. 포자는 감수분열에 의해 생산되며, 따라서 각각은 반수체이며 발아하면 새로운 배우체가 된다. 육상 식물 생활사에서 반수체의 배우체 세대와 이배체의 포자체 세대가 교대하며 나타나는 것을 세대교번(alternation of generations)이라고 한다. 세대교번을 이해하는 것은 식물의 일생을 보다 완전하게 이해하기 위한 기초이고, 따라서 19세기 이래 생물학자에게는 필수적인 연구 주제였다. 그렇다면 세대교번이 왜 중요할까? 다음 장에서 살펴보겠지만, 대부분의 크고 눈에 띄는 식물은 우세한 포자체 세대를 가지고 있고 배우체는 매우 축소되어 있다. 이러한 전환은 빌헬름 호프마이스터(Wilhelm Hofmeister) 덕분에 식물 진화에 있어 핵심 주제 중 하나가 되어 왔다.

아래: 각태류(*Anthoceros*)의 길쭉한 포자낭 내에서 성장하는 포자. 라이니 처트(Rhynie Chert)의 식물 호르네오피톤(*Horneophyton*)처럼 포자들이 4개로 그룹지어 있다. 광학현미경, 간섭대비 × 1,200

111쪽: 태류(*Reboulia hemisphaerica*)의 포자체는 동그란 포자낭으로 구성되어 있다. 포자낭은 배우체인 엽상체 조직에 부착되어 있으며, 내부에는 포자와 탄사(彈絲)가 들어 있다. 광학현미경, 간섭대비 × 180

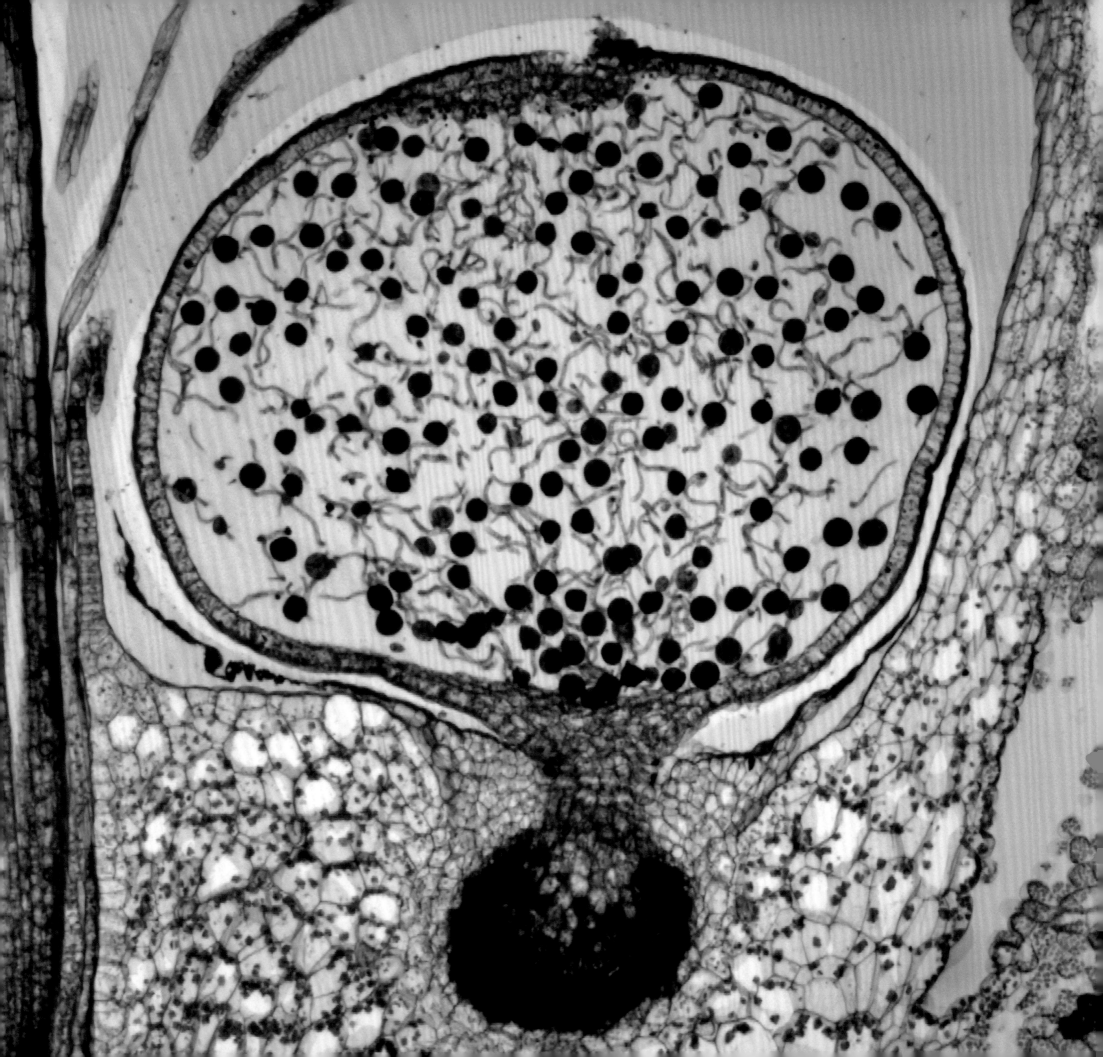

아래: 잎우산이끼류는 세포 한 층 두께이며, 잎에 수송 조직의 중심인 잎맥이 없다는 점에서 선류(mosses)와 다르다. 에든버러 왕립식물원 소장품 중 플라기오킬라 비파리아(*Plagiochila bifaria*)의 현미경 슬라이드. 광학현미경, 간섭대비 × 120

112쪽: 잎우산이끼류는 단순한 잎을 가졌는데, 일반적으로 크기는 두 종류이며 3열로 납작하다. 에든버러 왕립식물원 소장품 중 프룰라니아 팔시로바(*Frullania falciloba*)의 현미경 슬라이드. 광학현미경, 간섭대비 × 280

으로 추정된다. 태류의 단순한 구조는 이들을 구별하는 단서를 거의 제공해 주지 못한다. 분자적 도구로 태류를 분류하기 시작하면서 한 종처럼 보였던 종들이, 가깝지만 유전적으로는 서로 다른 종으로 구성된 것으로 밝혀지는 경우가 점차 증가하고 있다. 태류는 매우 찾기 쉬우며 자세히 살펴볼 가치가 있다. 흔하고 많이 분포하는 종은 마르칸티아 폴리모르파(*Marchantia polymorpha*)로, 우산이끼라고 부른다. 흔히 화분에 잡초로 자라거나 습한 장소의 보도블록 틈새에서도 자라지만 전 세계의 자연적인 서식지에서도 볼 수 있다. 납작한 엽상체는 보통 가로 1~2cm, 높이 10cm 정도이다. 우산이끼라는 일반명은 배우자를 만드는 장정기와 장란기를 가지고 있는 배우체(gametophyte)가 우산같이 생긴 데 기인한다. 각 식물 개체는 암그루이거나 수그루 둘 중 하나이며, 따라서 한 종류의 배우자만 만든다. 엽상체의 위쪽 면은 다른 독특한 특징을 가지고 있다. 작은 컵 모양의 구조에는 수많은 동그란 무성아(gemmae, 無性芽)가 들어 있는데, 각각은 얇은 자루에 부착되어 있지만, 빗방울에 흘러나와 개별적인 새로운 배우체 식물로 자랄 수 있다. 무성아를 보려면 확대경이나 현미경이 필요하다. 무성아는 동그란 원반처럼 생겼으며, 헛뿌리는 없고 원반의 양 끝에 두 개의 깊게 파진 홈이 있어 각각 새로운 분열 조직을 형성할 수 있다. 원반의 가장자리는 표피세포로 구성되어 있고, 대부분의 원반들은 광합성 엽록 조직이다. 붉은색 오일 방울을 함유하고 있는 세포가 고르게, 특히 원반 가장자리에 분포하고 있다. 태류에는 무성아가 매우 흔하지만 다른 선태류에서는 그렇지 않은데, 이 오일의 기능에 대해서는 자외선에 대한 보호, 극한의 추위에 대한 저항 또는 저장된 형태의 에너지로 사용된다는 등 여러 가지가 가능성이 제시되었다. 또 다른 가까운 태류 종인 초승달컵우산이끼(*Lunularia cruciata*)는 무성아컵이 초승달처럼 생긴 데에서 유래된 이름이다. 두 종류의 우산이끼를 포함하는 우산이끼목(Marchantiales)은 윗면에 육각형 패턴이 있다. 각 육각형 중심에는 기실공(pore)이 있는데, 그 아래에는 광합성 세포로 된 직립성 필라멘트를 가지고 있는 작은 공기주머니가 있다.

모든 태류가 납작한 형태의 엽상체를 갖는 것은 아니다. 대부분의 태류는 직립으로 자라는 엽상 우산이끼류(leafy liverworts)라는 그룹에 포함되며, 이름에서 알 수 있듯이, 작은 잎과 같은 구조를 하고 있다. 잎은 보통 3열로 배열되어 있어 선류(mosses)와 구별하기가 쉽지 않다. 물론 잎은 햇빛에 노출되는 표면적을 넓히기 위해 이와 같은 모양을 띤다. 이것은 광합성을 통해 식물이 에너지를 더 효율적으로 포획할 수 있도록 해 주는 중요한 진화적 혁신 중 하나였고, 잎은 점차 커지게 되었다.

잎우산이끼류의 잎은 매우 단순하며 주로 한 층의 엽록 조직으로 구성되어 있으며, 가끔 잎에 미세한 무성아가 생기기도 한다. 잎 끝은 일반적으로 깊게 갈라지는데, 이는 선류에서 보기 힘든 형태이다. 또 다른 큰 특징은 선류와 달리 줄기에 완전히 분화된 수송 조직이 없다는 것인데, 이는 그들이 자라는 토양으로부터 물을 효율저으로 끌어올릴 수 없음을 의미하며, 따라서 습한 환경에서만 자랄 수 있다.

태류의 포자낭은 매우 단순하고 둥근 구조로서 바깥층의 표피세포(대량의 포자를 감싸는 벽)와 지지 역할을 하는 자루로 구성되어 있다. 포자는 자루기 자라기 전에 성숙하는데 반면, 선류에서는 포자가 성숙하는 동안에도 포자낭병이 계속 자란다. 일반적으로 태류의 포자낭은 밑에서 위에까지 세로로 나 있는 4개의 줄을 따라 갈라져서 열리며, 포자의 산포는 탄사(elater)라 불리는 세포의 도움을 받는다. 탄사는 공기 중의 습도에 따라 팽창 또는 수축하는 나선상의 두꺼운 세포로 되어 있으며, 공기가 건조하면 팽창하는데, 이는 포자가 바람에 의해 산포될 수 있는 최적의 기회이다. 일단 포자낭에서 포자가 방출되면 포자낭은 금방 시든다.

두 번째 선태류 그룹인 선류(mosses)는 약 12,000종이 있으며, 태류보다 구조적으로 복잡하다. 잎우산이끼류처럼 잎과 같은 구조를 가지고 있고, 비록 상대적으로 단순하기는 하지만 태류의 잎보다 복잡하고 더 큰 다양성을 보인다. 예를 들어 물이끼(bog mosses), 즉 물이끼속(Sphagnum) 종류는 변형된 잎을 가졌는데, 이 잎은 그물처럼 배열된 광합성 엽록 조직 주변의 큰 공세포 안에 물을 수용할 수 있도록 변형되었다. 공세포의 세포벽에는 기실공이 있어 스펀지처럼 물을 머금고 있을 수 있으며, 이는 식물에게 즉시 물을 공급해 줄 수 있다. 또 어딘가에 직접 부착되어 있지 않기 때문에 이들 물이끼(sphagnum mosses)에는 헛뿌리가 없다. 이 이끼의 잎을 현미경으로 살펴보면, 이 작은 물이끼가 지구 생태계에 매우 중요한 근본적인 이유를 알 수 있다. 물이끼의 세포벽에는 살균 특성이 있는 산성 유기 물질인 페놀 화합물이 풍부하여 이누이트족과 사미족처럼 토탄 습지가 풍부한 고지대에 사는 사람들은 전통적으로 물이끼를 약용으로 사용하였다. 흡수력이 뛰어나고 살균력이 있는 물이끼가 1차 세계대전 당시 상처를 치료하는 데 사용된 것은 유명한 일이다. 전쟁이 한창일 때에는 물이끼로 만든 상처 치료약이 한 달에 최소 백만 개 정도 생산되었다고 한다.

물이끼는 대부분 강우량이 높은 온대 지역에서 발견된다. 깨끗한 물이 풍부한 곳에서 물이끼가 급속히 성장하면 토탄 습지가 형성된다. 물이끼는 물에 잠긴 곳에서 자라고 산성인 페놀 성분이 있기 때문에 다른 식물의 잔해처럼 빠르게 분해되지 않고 대신 토탄으로 축적되는데, 토탄 퇴적물이 만들어지는 속도는 지역 조건에 따라 다르다. 대략 측정해 보면 북유럽에서 활발하게 커지는 습지의 경우 1m 두께의 토탄이 만들어지는 데 대략 천년이 걸리며, 어떤 토탄 습지는 수천 년에 걸쳐 만들어지기도 한다. 이러한 토탄은 화분립과 포자부터 더 큰 식물의 화석 파편까지 다양한 종류의 식물 잔해가 잘 보존되어 있는 원천 중 하나이다. 따라서 유럽 전역의 토탄 습지로부터 추출한 화분을 분석함으로써 마지막 빙하기 말에 얼음이 녹으면서 일어난 식물의 재군체 형성에 대한 상세한 지식을 재구성하는 것이 가능하였다. 그리고 토탄에 보존된 것은 식물 잔해만이 아니었다. 1,800개 이상의 보존된 인체가 토탄 습지에서 발견되었는데, 대부분 철기 시대에 제물로 희생된 사람들이었다. 토탄은 지표면의 2% 정도를 덮고 있기 때문에 광합성 산물 형태로 화석 에너지

엽상체 형태 및 잎 형태 등 다양한 태류를 그린 에른스트 헤켈(Ernst Haeckel)의 그림.
출처: 『자연에서의 예술 형태들(Art Forms in Nature)』, 1904년

115쪽: 물이끼속(Sphagnum)은 토탄 습지 생태계 발달의 주요 원인이 된다. 반수체 배우자가 우세하지만, 이 사진에는 5개의 구형 포자체도 보인다.

116~117쪽: 우산이끼(Marchantia polymorpha)의 포자낭에는 둥근 포자와 이중 나선 형태의 길쭉한 탄사가 들어 있다. 탄사는 습도의 변화에 따라 팽창하고 수축하는데, 이는 포자의 산포를 돕는다. 광학현미경, 강성대비 × 1,350.

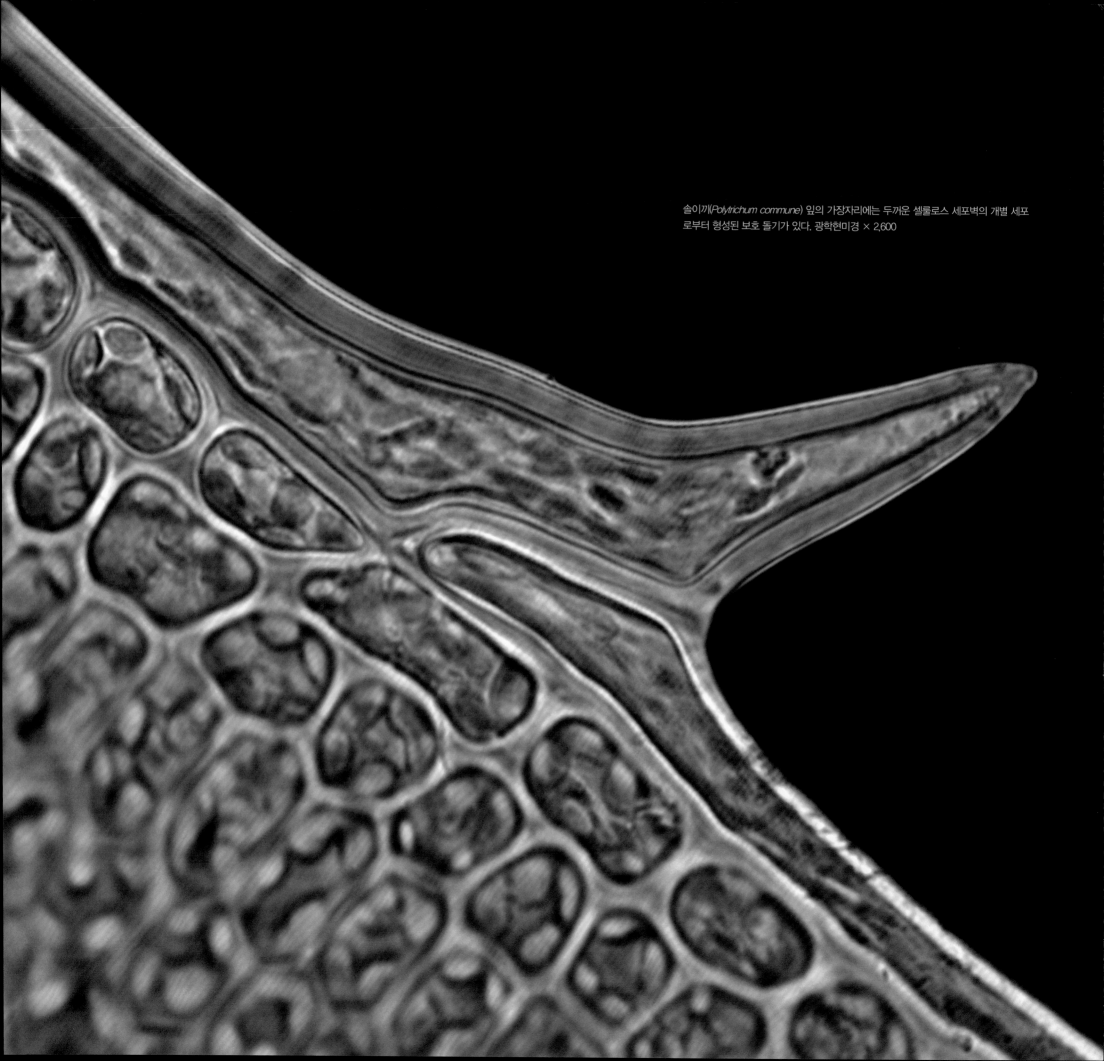

솔이끼(*Polytrichum commune*) 잎의 가장자리에는 두꺼운 셀룰로스 세포벽의 개별 세포로부터 형성된 보호 돌기가 있다. 광학현미경 × 2,600

저장고 역할을 하는데, 석유와 가스 다음의 세 번째 화석 연료이며 대기 중의 탄소를 붙잡아 고정하는 효율적인 수단이다. 한 측정 자료에 의하면, 전 세계의 토탄이 550GT(giga tone)의 이산화탄소와 맞먹는 유기물을 포함하는 것으로 추정된다. 이것은 토탄이 중요한 탄소 저장고라는 것을 의미하는데, 토탄의 배수나 지구 기후 변화로 인해 토탄 잔량에 변화가 생기면 이산화탄소가 다시 대기로 방출될 수 있음을 뜻한다. 이미 북극 툰드라 식생에서는 이와 같은 일이 발생하고 있다. 이용할 수 있는 토탄이 많이 매장되어 있는 곳에서는 종종 토탄을 잘라서 건조시킨 후 연소 가능한 화석 연료로 사용해 왔다. 토탄 퇴적물은 아주 오랫동안 열과 압력을 받으면 처음에는 갈탄으로 나중에는 석탄으로 변할 수 있다. 그러나 지구의 주요 석탄층은 대부분 훨씬 더 오래되었고, 나중에 보겠지만, 비슷한 보존 조건 하에서 만들어진다고 하여도 석탄을 만든 식물은 물이끼 습원(sphagnum bog)의 식물과 다른 경우가 많다.

선류(mosses)는 다양한 환경에서 살아남기 위해 진화하였다. 선류의 물을 수송하는 잘 구성된 조직 및 다양한 적응력은 태류보다 더 건조한 서식처에 살 수 있도록 무장되어 있다. 솔이끼(*Polytrichum commune*)와 같은 몇몇 종은 강수량이 높은 곳에서는 매우 크게 자랄 수 있는데 둥근 형태로 무더기를 이루며 50cm 높이로 자라기도 한다. 솔이끼속(*Polytrichum*)의 잎은 복잡한 구조를 가졌는데, 몇 줄의 나란한 층, 즉 라멜라(lamellae, 잔뜩 쌓인 광합성 세포로 구성되어 있으며 잎의 길이를 따라 배열된다)를 가지고 있다. 잎의 아래쪽 부분은 엽록체가 없는 유세포로 되어 있으며 이 특수한 잎 구조는 건조한 대기 조건을 극복하기 위한 메커니즘으로 해석되고 있다. 라멜라가 습한 공기를 사이사이에 머금고 있으면 건조할 때 잎을 둥글게 말 수 있으며, 이러한 잎 가장자리 쪽은 세포 한 개 정도의 두께밖에 되지 않으며 치아 같은 돌기를 가진 세포로 구성되어 있다.

선류는 많은 종류가 발견되고 있는데, 습기가 거의 없는 마른 돌담에서도 발견된다. 이러한 극한 조건의 서식지에서 성장하기 위해 일부 종은 다시 물기가 생겨 대사 활동을 할 수 있게 될 때까지 가사 상태로 오랜 기간을 생존할 수 있다. 선류에서 가장 큰 다양성을 보이는 구조는 포자낭으로서, 포자낭을 열개하여 포자를 방출하는 메커니즘은 매우 다양하다. 태류의 포자낭이 대체로 둥근 구조인 반면, 선류는 보통 길쭉한 모양이다. 포자낭은 대개 발달하는 동안 삭모(calyptra)로 둘러싸이게 되는데, 삭모는 수정 후 장란기 세포로부터 형성된 얇은 보호막으로서, 난세포가 어린 포자체로 자라도록 유도한다. 삭모의 모양은 선류를 분류하는 데 유용한 형질이 될 수 있으며, 포자가 방출되기 전에 삭모는 포자낭과 떨어져서 분리된다. 이로써 선개(operculum)라는 눈꺼풀 같은 구조가 노출되는데, 이는 포자낭벽의 특수한 일부분이다. 포자가 성숙하면 선개 또한 떨어지고 삭치라는 구조가 노출된다. 삭치는 가늘고 끝이 좁아지는 치아같이 생긴 구조로서 두꺼운 세포벽의 일부로 만들어지며 종종 특정한 형태를 띠기 때문에 선류를 동정하는 데 유용하다. 또한 이들의 기능은 포자를 한꺼번에 산포하는 것이 아니라 지속적으로 오래 산포하는 것이어서 습도에 따라 열리고 닫힌다.

선태류의 세 번째 그룹인 각태류(hornworts)에는 100여 종의 엽상체 식물만이 속해 있는데, 표면적으로는 태류처럼 보이지만 몇 가지 차이점이 있다. 우선, 태류의 광합성 세포에는 각각 많은 수의 엽록체가 들어 있지만, 각태류는 세포당 한 개의 커다란 광합성 세포가 들어 있다. 이것은 조류의 경우와 비슷하다. 두 번째로는 길고 뿔같이 생긴 포자낭을 가지고 있는데, 위쪽에는 오래된 포자가 들어 있고 아래쪽에는 새로 만들어지는 포자가 들어 있다. 포자낭에는 호르네오피톤(*Horneophyton*)과 같은 화석 식물에서 볼 수 있는 것과 비슷한 격막이 있어 호르네오피톤이 각태류와 관련이 있을 것이라 여겨지고 있다.

선태류 세 그룹은 모두 작은 식물이기 때문에 육상 식물 초기 화석에서 이들의 기록은 드물다. 선태류가 만들었을지도 모르는 포자 화석이 있기는 하지만 석탄기(3억 5천9백만 년 전~2억 9천9백만 년 전) 이전의 선태류 거화석은 매우 드물다. 하지만 태류는 후기 오르도비스기(4억 6천만 년 전~4억 5천만 년 전)까지 거슬러 올라가는 것으로 추정된다. 현대에 태류를 화석화하는 실험을 진행한 결과, 라이니 처트의 데본기 화석 중 네마투피테스(nematophytes)라 불리는 불가사의한 그룹과 매우 흡사한 구조가 만들어졌다. 뉴욕의 데본기 중기~후기의 셰일과 실트암에서 발견된 화석인 매츠제리오탈루스 샤로네(*Metzgeriothallus sharonae*)에는 엽상체와 포자낭이 매우 잘 보존되어 있어 태류로 동정이 가능하였다. 선류와 각태류는 비슷한 시기에 분화했을 가능성이 매우 높지만 아직은 확실한 화석이 발견되지 않았다. 데본기 후기 즈음에는 육상 식물이 매우 다양해져서 최초로 나무만한 식물이 나타났고 석송류, 쇠뜨기류 및 양치류를 비롯한 관속식물도 매우 다양해졌으며, 이 식물들의 관다발 조직이 기계적 강도를 매우 높여 주어 더 큰 가지들과 잎을 지탱할 수 있게 해 주었다. 다음 장에서는 육상 식물의 다양화에 대해 살펴보려고 한다. 이러한 다양화로 인해 현존하는 식물 그룹과 화석으로만 알려져 있는 식물들이 번성하게 되었음을 보게 될 것이다.

121쪽: 가장 큰 선류 중 하나인 솔이끼(*Polytrichum commune*)는 종종 둥근 형태로 무더기를 이루며, 철사 끈같이 생긴 지상부는 높이 40cm까지 자랄 수 있다.

태양을 향해서

REACHING FOR THE SUN

해서는 지지 작용뿐만 아니라 물과 양분을 흡수할 수 있는 근계가 필요했으며, 키가 커진 줄기는 물리적 힘과 바람을 극복할 수 있는 유연성도 필요했다. 더욱이 많은 태양 에너지를 이용하기 위해서 넓은 표면적을 가진 잎들이 필요했다. 더 넓고 더 건강한 식물로 진화하는 초기에는 이끼류와 동일한 유형의 세포들이 관여했지만, 크기를 극적으로 변화시킨 것은 새로운 특수한 종류의 세포들이었다. 또한, 진화 과정에서 별개의 조직을 형성하기 위해서 동일한 종류의 수많은 세포가 그룹화되거나 기관을 형성하기 위해 서로 다른 종류의 세포들이 조합되었다. 영양 기관 세포의 종류들은 상대적으로 빨리 확립된 데 반해, 생식세포와 그 체계는 백악기 이후까지 지속적으로 진화하였다. 그 내용을 살펴보도록 하자.

육지 생활에 적응하기 위해 진화한 새로운 세포들은 세 종류의 독특한 조직을 형성했다. 첫째, 직립 성장을 위해 큰 하중을 견딜 수 있는 새로운 기계적인 조직이 필요했다. 둘째, 더 큰 식물들은 관다발(통도) 조직이 제공해 주는 더 넓은 배관 시설이 필요했으며, 이 배관 시설로 점점 멀어지는 근계와 잎을 내부적으로 계속 연결해 주어야 했다. 세 번째 특수 조직은 건조한 대기로부터 보호해 줄 수 있는 표피층이었다.

재미있는 것은 이러한 새로운 조직들이 엽상체의 배우체 세대에서 나타난 것이 아니라 포자체 세대에서 나타났다는 것이다. 앞에서 보았듯이, 선태류에서는 생활사 중 더 크고 우세한 부분이 반수체 배우체이며, 포자체는 상대적으로 작고 직립성이며 잎이 없는 형태이다. 그러나 육상 식물이 진화하고 다양해짐에 따라 포자체 세대가 독립되면서 더 우세해져 갔다. 각 세대에서 서로 다른 세트의 유전자가 발현됨에도 불구하고, 포자체가 이러한 진화 잠재력을 가진 이유는 아직 밝혀지지 않았다. 아마도 포자체 세대의 유전자에 새로운 환경에 적응할 수 있는 더 큰 잠재력이 있었던 것으로 보인다. 이유가 무엇이든 간에, 현재 세계의 주위를 둘러보면 식물이 만들어 내는 녹색 배경은 거의 대부분 이배체성 포자체이다. 육상 식물이 진화하는 동안 배우체는 작고 눈에 띄지 않게 되어 자세히 보지 않으면 찾아보기 힘들다. 물이끼속(Sphagnum)에 둘러싸인 토탄 습지에 서 있는 모습을 상상해 보라. 여기에서는 배우체가 우세하고 포자체는 제철에도 찾아보기 힘들다. 그러나 현재에는 대부분의 식물에서 배우체는 생활사에서 포착하기 어려운 단계가 되었다.

식물이 거의 모든 서식처, 심지어 사막에까지도 진출한 마지막 육상 정복은 세포와 조직이 정교하고 다양했던 포자체 세대의 대성공 덕분이었다. 그렇다면 이 새로운 종류의 세포들은 무엇이었을까? 앞서 보았듯이, 가장 단순한 식물 세포는 유조직으로서, 형태는 다양하지만 유전적으로는 모두 동일하다. 각각의 유조직 세포는 스티로폼을 구성하는 알갱이와 비슷한데 다소 둥글고 다닥다닥 붙어 있으며, 세포질을 감싸는 얇은 셀룰로스성 세포벽이 있고, 일반적으로 커다란 액포(수액으로 차 있으며 막에 둘러싸인 공간)를 가지고 있다. 유조직(parenchyma)이란 단어는 신라틴어, 즉 과학을 설명하는 언어가 필요하여 만들어 낸 단어로서 3개의 그리스 어에 어원을 두고 있다. '옆에 붓다'라는 뜻의 'para, en' 그리고 'chein'은 이들이 공간을 채우는 모양을 나타낸다. 이 기본적인 식물 세포들은 성장해서 엽록 조직(chlorenchyma, 수많은 엽록체 세포를 가진 특수한 광합성 조직)처럼 여러 가지 변형된 형태로 분화될 수 있다. 우선 구조적 지지 작용을 하는 두 종류의 기계적 세포인 후각 조직(collenchyma)과 후벽 조직(sclerenchyma)을 살펴보자. 후각 조직 세포는 신장되어 있으며, 자라고 있는 식물의 장축을 따라 배열되어 있다. 셀룰로스와 펙틴이란 복잡한 당이 여러 패턴으로 축적된 추가적인 층이 있어 두꺼운 벽을 가지고 있다. 후각 조직 세포는 어린 식물체가 자라기 시작할 때 나타나는 최초의 기계 조직이며, 이들의 기능은 어린 싹과 잎이 활발하게 자라고 길어질 때에 필요한 유연성 있는 강도를 제공하는 것이다. 반대로 후벽 조직 세포는 훨씬 단단한데, 이는 세포벽이 셀룰로스뿐 아니라, 리그닌이란 물질이 두껍게 축적되어 강화되기 때문이다. 후벽세포는 형태가 다양하며, 사방으로 길이가 같은 형태에서부터 끝이 가늘고 긴 섬유로 되어 있는 형태도 있다. 후각 조직과 후벽 조직 둘 다에는 벽공(pit)이라고 하는 두꺼워지지 않은 부분이 있는데, 이곳은 물과 용해된 물질이 흐를 수 있는 통로가 된다. 후벽 조직 세포 내 세포질은 파괴되기 때문에 다 자라고 나면 세포는 비어 있고 죽어 있다. 순수한 기계적 세포(후각 조직과 후벽 조직) 이외에, 기계적 기능뿐 아니라 수송 능력도 있는 또 다른 특수한 세포가 식물의 배관 시스템인 관다발 조직을 형성한다. 통도 조직에는 크게 두 종류가 있다. 물과 미네랄을 이동시키는 물관부와 복잡한 광합성 산물 분자를 이동시키는 체관부이다. 이끼처럼 단순한 형태의 육상 식물에서는 이 둘의 차이가 거의 없다. 둘 다 몇 종류의 독특한 세포로 구성된 통도 조직이다. 진화 과정에서 물관부와 체관부는 점점 뚜렷이 달라졌고, 특히 물관부의 경우 세포벽이 두꺼워지는 패턴에 따라 형태가 매우 다양하게 변화되었다. 물관부 세포에는 두 가지 기본적인 종

아래: 기계적 강도를 높여 주는 양치류 프티사나 프락시네아(Ptisana fraxinea)의 후각 조직 세포. 두꺼운 세포벽을 가졌다. 오른쪽 위로 갈수록 크고 얇은 벽을 가진 유조직 세포이다. 광학현미경 × 600

127쪽: 양치류 텍타리아 트리폴리아타(Tectaria trifoliata) 엽병의 횡단면. 다양한 세포의 종류를 보여 주고 있다. 크고 버블같이 생긴 유조직 세포는 관다발을 감싸고 있으며, 관다발은 붉게 염색된 바깥 원통과 두 개의 둥근 모양의 체관부, 그리고 세포 중심에 위치한 분홍색으로 염색된 물관부로 이루어져 있다. 광학현미경, 간섭대비 × 1,300

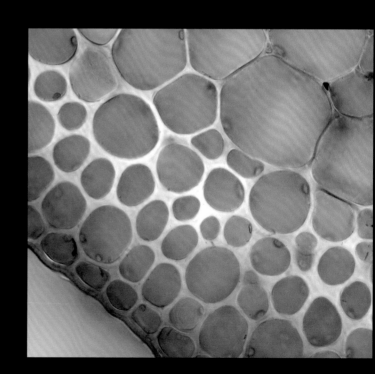

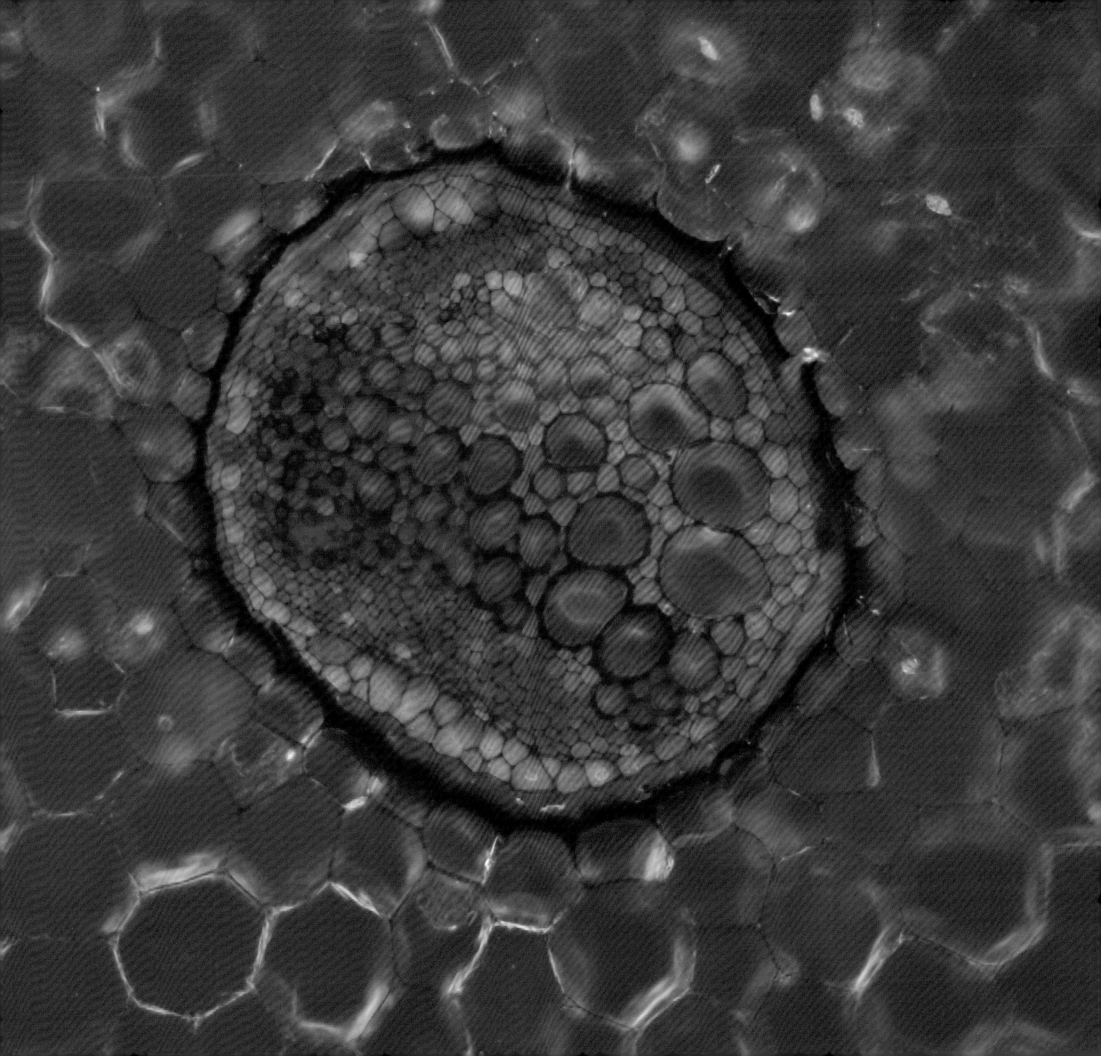

류가 있는데, 가도관과 도관이 그것이다. 화석에서 먼저 나타나는 것은 가도관으로서, 목질화된 세포벽을 가지고 있으며 가늘고 길며, 끝으로 갈수록 뾰족하고 벽공에 의해 서로 연결되어 있다. 물관부 도관 역시 길고 목질화되어 있으나 길이를 따라 좁아지지 않고 지름이 유지된다는 점과, 연속적인 원통 형태로 서로 연결되어 있어 중첩되지 않으며 끝과 끝이 연결되어 있다는 점이 다르다.

식물의 외부 보호층을 형성하는 표피 조직 세포도 매우 다양하다. 가장 단순한 형태의 표피세포는 납작한 판 모양이며 서로 빈틈없이 연결되어 있는 연속 시트 형태로 식물 표면을 덮을 수 있다. 식물체와 외부 공기 사이에 가스 교환이 이루어지는 작은 구멍인 기공세포, 엄밀히 말하면 모용이라고 하는 다양한 털과 분비세포 등에서도 변형이 일어난다. 공기에 노출되어 있는 표피세포의 바깥쪽은 보통 큐틴(cutin)이라 부르는 왁스 물질로 덮여 있어 큐티클(cuticle)이라는 방수층을 형성한다.

이러한 세포 다양성의 꾸준한 증가는 어떤 식물에서 처음 나타났을까? 일반적으로 고사리라고 알려져 있는 양치식물(pteridophyte)을 알아보자. 프테리도파이트(pteridophyte)란, 날개를 의미하는 그리스 어 'pteron'과 식물을 의미하는 그리스 어 'phyton'에서 유래되었으며, 크게 석송강(Lycopodiopsida)과 양치식물강(Polypodiopsida)으로 나뉜다. 이들은 복잡한 관속식물(발달된 통도 조직 때문에 이러한 이름이 붙었다)이며, 조직이 견고하여 잘 보존된 덕분에 화석 기록으로부터 상세한 부분까지 알 수 있다. 3억 5천9백만 년 전~2억 9천9백만 년 전의 석탄기 동안 이러한 식물들은 지구의 광대한 석탄 매장층을 형성하였다. 유럽 산업 혁명의 원동력은 바로 이 석탄기 때 만들어진 화석화된 광합성 에너지인 것이다. 또한, 지구가 키 작은 식물에서 큰 식물의 숲으로 덮이기 시작한 것도 이 시기이다. 높이가 10m까지 자라는 오늘날의 가장 큰 나무고사리도 높이 30m씩 자라던 석탄기의 열대우림에 비하면 난쟁이가 될 것이다. 일반적으로 현생 양치류는 훨씬 작고 생긴 것은 달라 보여도 석송강과 양치식물강은 둘 다 뚜렷한 뿌리, 잎, 줄기를 가진 포자체로 되어 있으며, 특수 구조 내에서 포자를 형성한다. 그리고 배우체는 작고 우산이끼처럼 생겼다. 이 두 그룹의 가장 큰 차이점은 잎인데, 하나는 줄기에 비해 작고, 다른 하나는 훨씬 크다. 생명계통수에서 더 먼저 분지한 것은 석송강으로, 각각 단일 맥을 가진 소엽(microphylls, 작은 잎)을 가지고 있으며 양치식물강보다 덜 알려져 있다. 데본기 라이니 처트의 매우 작은 아스테록실론(Asteroxylon)부터 높이 35m에 이르는 초기 석탄기의 레피도덴드론목(Lepidodendrales)까지 소엽의 화석 기록은 매우 풍부하다. 이 거대한 화석 나무는 엄청나게 큰 나무 몸통에 바로 잎이 나 있었으며, 잎이 지고 나면 독특한 패턴의 다이아몬드 모양의 엽흔이 남았다. 대규모 열대 습지 숲을 형성했던 이 커다란 석송강은 3억 년 전 펜실베이니아기 중기에 갑자기 멸종되었는데, 이는 기온이 급속히 냉각되는 기후 변화와 관련이 있을 것으로 추정된다. 비록 현생 석송강은 최대 높이 1m까지밖에 자라지 않는 작은 식물이지만 거대한 화석종과 똑같은 구조적 구성(특히 포자 생성

아래: 에퀴세툼 미리오차에툼(*Equisetum myriochaetum*)의 표피 표면은 실리카로 강화된 돌기가 있어 줄기를 만져 보면 거칠게 느껴진다. 기공은 벽공에 깊숙이 묻혀 있다. 천연 색소를 가진 신선한 시료이다. 광학현미경, 명시야 조명 × 300

128~129쪽: 나무고사리(*Cyathea gigantea*)의 잎 뒷면. 성숙한 포자낭퇴(128쪽)와 성숙 중인 포자낭퇴(129쪽)를 보여 준다. 다른 많은 고사리류에서 낭퇴는 작은 인편이나 포막에 덮여 있기 때문에 잘 보이지 않는다.

130쪽: 양치류의 배우체 세대는 작은 엽상체이다. 사진에 보이는 고사리(*Pteridium aquilinum*)의 장란기는 엽상체에서 튀어나와 있으며 내부는 난세포를 보호하고 있다. 주사전자현미경 × 220

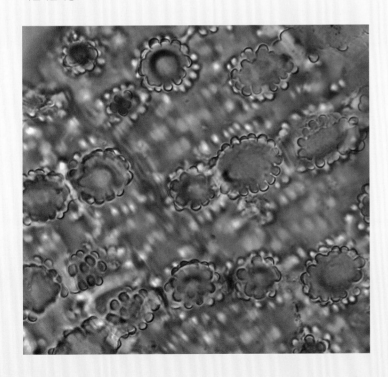

기관인 포자낭)을 보인다.

　3개 그룹의 석송강은 현대에까지 살아남았는데, 첫 번째 그룹은 클럽모스(석송류, clubmosses)라고 알려져 있다. 클럽모스는 한때 모두 석송속(*Lycopodium*)에 속했으나 지금은 종종 다른 과로 인식되기도 하는 두 개의 그룹으로 나뉜다. 후퍼지아괴(Huperziaceae)에는 10~20cm의 키를 가진 직립 식물이 포함되며, 포자낭이 잎 기저부에 있다. 가장 잘 알려진 종은 좀다람쥐꼬리(*Huperzia selago*)로서 유럽의 산악 지대와 같은 높은 지대에서 자란다. 석송과(Lycopodiaceae)에 속하는 종들은 수평으로 자라는 줄기에 의해 꽤 넓게 퍼지는데, 이 줄기 끝에는 독특한 곤봉 모양의 포자낭수(strobili) 또는 구과(cone)라고 하는 구조가 달려 있다. 포자낭수는 포자낭과 두껍게 뭉쳐 있는 잎의 변형인 인편으로 구성되어 있는데, 어떤 종은 높이가 1m까지 자라기도 하지만, 대부분의 경우 특히 열대에서는 나뭇가지 위에 자라는 착생 식물이다. 대부분의 석송류(clubmoss)는 한 종류의 포자를 생산하며, 이것이 석송강의 나머지 두 그룹과 다른 점이다. 나머지 두 그룹은 두 종류의 포자를 생산하는데, 이를 이형포자성(heterosporous)이라고 한다. 그 첫 번째 그룹은 약 700종이 속해 있는 부처손속(*Selaginella*, 때로는 세 개의 속으로 나뉘기도 한다)이다. 혼란스럽게도 일부 석송류로 알려진 종들은 사실 부처손류(spikemosses)에 속하는 경우가 있는데, 이들은 온대 지역에서는 다소 보기 힘든 습한 산악 목초지의 식물이다. 그러나 특별히 아프리카의 부처손류(*Selaginella kraussiana*)는 온실 식물 중 가장 흔한 풀이 되었다. 또 다른 종인 셀라기넬라 레피도필라(*Selaginella lepidophylla*)는 '부활초(resurrection plants)'라고 하는데, 극한 가뭄 때 거의 말라서 휴면 상태에 들어갔다가도 다시 활발히 생장할 수 있기 때문에 지어진 이름이다. 겉으로 보기에 초자연적인 것처럼 보이는 이 식물들은 '제리코의 장미(Rose of Jericho)'라는 이름으로 팔리고 있으며, 포복경을 따라 여러 줄의 작은 잎이 큰 잎과 교대로 나 있다. 부처손속은 양치식물 중 유일하게 도관요소를 가지고 있는데, 도관요소는 현화식물과 몇몇 꽃을 피우지 않는 종자식물 중 매마등목(Gnetales)에만 해당되는 형질이다. 줄기를 따라 사이사이에 아래를 향한 뿌리를 가진 구조와 위를 향한 포자낭수가 나타나는데, 구과같이 생긴 포자낭수 꼭대기에는 특수한 비늘잎인 포자엽(sporophyll)이 있으며, 그 중심에는 지름이 18~60μm인 수천 개의 소포자를 만드는 포자낭이 자란다. 좀 더 아래쪽의 포자낭수에는 더 적은 수의 대포자(지름 500μm 또는 0.5mm)를 만드는 포자낭이 있는데, 맨눈으로 볼 수 있을 정도로 크다. 이형포자성이라고 알려져 있는 이 같은 진화는 식물 생식의 진화에 있어 중요한 혁신이다.

　이형포자성은 석송강의 세 번째 그룹인 물부추류(quillworts)에서도 나타난다. 물부추류는 150종 모두 한 속인 물부추속(*Isoetes*)에 포함된다. 물부추는 대개 수생식물로, 연못과 강에서 자라고 전 세계에 넓게 분포하지만 흔하지는 않다. 물부추의 잎은 길이가 약 20cm밖에 안 되며, 깃 모양을 하고 있어서 사초처럼 다발로 자라는 식물과 구별하기 어렵다. 따라서 이들을 찾으려면 올바른 서식지에서 주의 깊게 찾아야 한다. 소포자낭과 대포자낭은 잎의 팽창된 기부에 위치하고 있고,

133쪽: 플레그마리아석송(common tassel fern, *Lycopodium phlegmaria*)은 양치류라기보다는 석송류이고, 크기가 다른 두 개의 포자엽이 있다. 불임성의 큰 포자엽은 주가지에 붙어 있고, 작은 것은 분지하는 말단의 포자낭수에 붙어 있다.

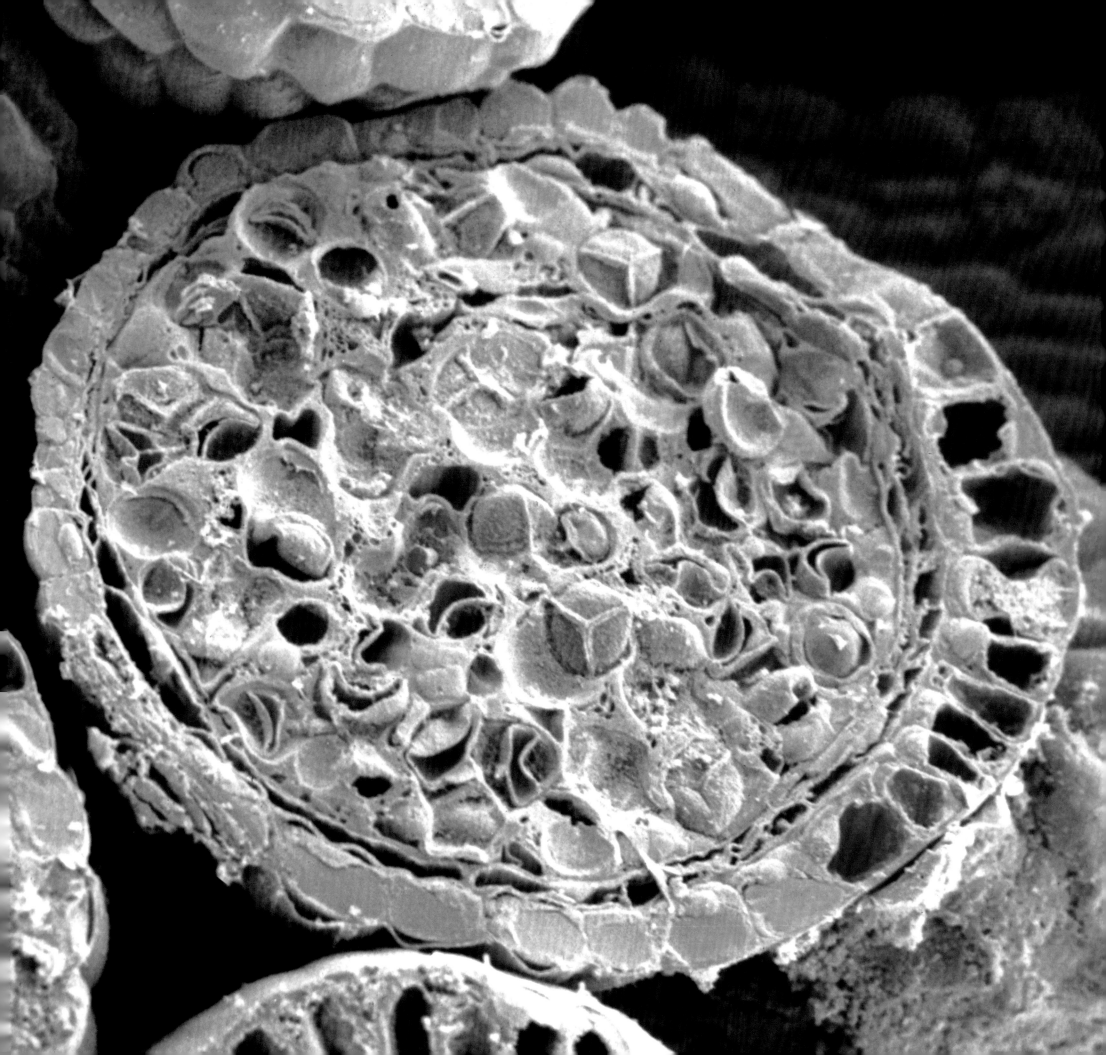

잎은 덩어리 모양의 지하 뿌리와 붙어 있다. 물부추속의 포자낭수는 몇 mm의 크기이고, 칸으로 공간이 나누어져 있으며 그 속에서 포자가 만들어진다. 포자모세포는 감수분열로 분열되어 4개의 반수체 포자, 4분립(tetrad)을 형성한다. 물부추속과 부처손속(*Selaginella*)의 포자는 가장 바깥 층에 주위 환경으로부터 취한 광물 실리카가 포함되어 있어 포자벽의 강도를 높여 준다. 이 덕분에 포자는 발아 조건이 좋아질 때까지 가뭄과 같은 극한 기간을 버텨낼 수 있다. 대포자는 상대적으로 커서 모식물체로부터 멀리 산포될 수 없을 것 같지만, 소포자는 지름이 $60 \mu m$ 이하로 아주 작아 공기의 흐름에 따라 충분히 분산될 수 있다.

동형포자성 식물은 새로운 장소를 개척하는 데 놀라운 능력을 보인다. 원칙적으로는 하나의 포자라도 모식물체로부터 멀리 운반할 수 있고, 적당한 조건에서 발아하여 암배우체와 수배우체를 모두 생산할 수 있는 새로운 배우체를 형성함으로써 전혀 새로운 개척지에 효율적으로 정착할 수 있다. 이 능력 덕분에 포자는 널리 퍼질 수 있으며 소포자가 대량으로 생산된다는 사실로 미루어 볼 때, 화산 폭발 이후와 같이 육상 표면이 서식하기 적절한 상태가 되면 양치식물이 그곳에 가장 먼저 정착한다는 것을 의미한다. 그러나 진화적 측면에서 보면 하나의 포자가 새로운 군집을 형성한다는 것은 매우 불리하다. 왜냐하면 같은 종의 식물이 없으면 자가수정을 하게 되며, 이는 유전적 다양성 수준을 떨어뜨리기 때문이다. 이를 피하기 위해 대부분의 양치류는 자가수정을 방지하는 전략을 가지고 있다. 일반적으로 암배우자와 수배우자가 성숙하는 시기를 다르게 하는데, 보통은 장정기가 장란기보다 먼저 성숙한다. 이러한 방법으로 이형포자성 식물에서는 자가수정의 문제를 완전히 피할 수 있다.

서로 다른 소포자와 대포자를 생산하는 이형포자 현상(heterospory)은 육상 식물의 진화에서 매우 중요한 주제 중 하나이며, 생명계통수의 여러 분지에서 반복적으로 수없이 많이 나타났다. 주도적인 세대가 반수체의 배우체에서 이배체의 포자체로 전환된 것과 같이, 이러한 미묘하지만 중요한 변화로 인해 식물은 완전히 새로운 생활 방식을 가지게 될 수 있었다. 식물학자들은 식물이 이형포자성으로 인하여 더 복잡하고 정교한 생활사를 진화시켜 더욱 도전적인 환경에서도 널리 퍼질 수 있었다고 생각하고 있다. 소포자는 발아하여 항상 수배우체가 되고, 대포자는 암배우체가 된다.

소포자와 대포자는 단순히 적당한 조건, 특히 주변 환경에 물이 있으면 발아가 시작된다. 소포자 발아는 포자벽 내부의 세포 분열로 시작되며 매우 감소된 수배우자가 만들어지는데, 세포가 분열함에 따라 두 개의 서로 다른 조직[바깥쪽의 불임성 재킷세포(jacket cells)와 안쪽의 운동성 정자 세포로 발달할 부분]이 만들어진다. 내부 세포의 증식은 배우체를 커지게 만들면서 포자벽을 파열시키며, 이로써 수배우자가 방출되며, 발아하는 대포자의 난세포와 수정하기 위해 두 개의 편모로 수막을 헤엄쳐 간다. 대포자가 발아할 때에는 더 많은 세포 분열이 일어나서 더 복잡한 암배우체가 형성되는데, 물을 흡수하기 위한 헛뿌리가 있으며, 작은 '전엽체(prothallus)'가 있어 그 안에

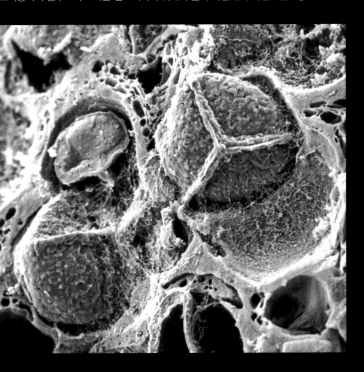

아래: 고비의 일종인 로열 펀(royal fern, *Osmunda regalis*) 포자낭에서 성장하고 있는 동결 건조된 포자. 삼지형 발아구를 보이고 있다. 고비는 모든 포자가 같은 크기인 동형포자성이다. 주사전자현미경 × 2,100

134쪽: 고비의 포자낭. 안에 성장하고 있는 포자가 있는 상태에서 동결 건조되었다. 오른쪽 가장자리에 있는 비어 있는 세포는 환대(annulus)이다. 환대는 미리 만들어지는 포자낭벽의 일부로서 포자를 산포시키기 위해 부풀어 터진다. 주사전자현미경 × 900

다수의 장란기가 형성된다. 따라서 완전히 발달한 암배우체는 작은 식물체이고, 독립생활을 하는 매우 작게 축소된 선태류의 엽상체와 다소 비슷하다. 장란기에서 일단 수정이 일어나면 접합자는 즉시 자라기 시작하여 새로운 이배체성 포자체를 형성하며 새로운 세대가 시작된다. 이러한 이형 포자 현상의 진화는 이후의 더 중요한 혁신, 즉 종자 기원의 전조가 된다.

양치류

  양치식물의 두 번째 주요 그룹인 양치식물강(Polypodiopsida)으로 돌아가 보자. 이 그룹에는 친숙한 양치류를 비롯하여 속새(Equisetum)처럼 독특한 것도 포함되어 있다. 이들 모두 대엽(megaphyll)이라고 하는 다른 종류의 잎을 가졌는데, 대엽은 곁가지부터 진화했거나 진짜 잎(true leaf)을 형성하기 위해 납작해진 가지로부터 진화한 것으로 여겨지고 있다. 소엽과는 다른 이 구조적 기원은 두 종류의 잎 크기 차이보다 더 중요하다고 할 수 있다. 소엽과 대엽이 잎 크기에 중점을 둔 이름이기는 하나, 이 둘을 구별하는 방법으로 잎 크기를 사용할 수는 없다. 예를 들면, 멸종된 거대 석송류는 소엽이 수 cm 길이인 반면, 대엽은 몇 cm밖에 되지 않는다. 계통수에서 석송강(Lycopodiopsida)보다 더 최근의 분지들은 모두 진짜 잎을 가지고 있고, 때로는 이 모두를 합쳐서 진정엽 식물(Euphyllophyta, '진짜 잎을 가진 식물'이란 뜻의 그리스 어에서 기원)이라 부르기도 한다. 소엽과 대엽 차이의 중요성을 이해하려면 이들의 기원에 관한 진화 가설들을 살펴보아야 한다. 가장 유력한 견해는 독일의 고생물학자 월터 치머만(Walter Zimmermann, 1892~1980)에 의해 시작되었는데, 그는 찰스 다윈(Charles Darwin)의 생각에 영향을 받아 식물 형태의 다양성을 해석하는 데 진화적 시각을 적용시켰다. 1930년에 출판된 치머만의 고전적인 저서『식물의 계통(Die Phylogenie der Pflanzen)』에서 그는 라이니 처트(Rhynie Chert)의 가장 단순한 형태의 식물부터 가장 복잡한 현생 식물까지 식물의 진화를 추적했다. 치머만은 요한 볼프강 괴테(Johann Wolfgang von Goethe, 1749~1832)의 초기 철학적 기초를 이용하면서도 이와는 다른 견해를 보였는데, 괴테는 식물의 기관(뿌리, 줄기, 잎과 꽃 등)을 인식하여 이론적으로 전형적인 식물체를 구성한 바 있다. 치머만은 식물 형태가 텔롬(telome)이라는 단순한 구조가 정교화되면서 진화했다고 제안했다. 그가 이름 붙인 텔롬은 말단 가지로서 단면이 원통형이며 라이니아(Rhynia)에서처럼 차상 분지를 할 수 있었다. 치머만은 텔롬이 납작해지면서 잎과 같은 기관으로 진화되었고, 불임성 조직과 생식 조직의 분화로 포자낭이 진화하였다고 주장하였다. 또한, 소엽을 원통형의 텔롬 표면에 난 단순한 비늘 같은 돌기라고 생각했다. 반면, 대엽은 가지 끝에서 텔롬들이 전체적으로 평면화된 형태로서 줄기에서 떨어지면 '엽극(leaf gap)'이라고 불리는, 유관속 조직이 끊기는 곳을 남긴다고 하였다. 소엽과 대엽의 대비는 이제 치머만의 견해를 기반으로 하고 있지만, 잎과 같은 식물 기관의 특성을 해명하는 것이 이렇게 복잡했다는 것은 다소 놀라울 수 있다.

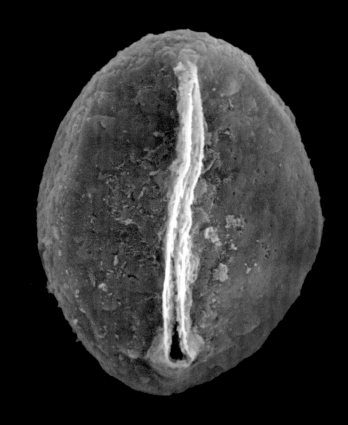

물부추(Isoetes japonica)의 소포자. 물부추는 이형포자성 식물로서 수많은 좌우대칭의 작은 수배우자와 보다 적은 수의 큰 삼방사상 암대포자를 생성한다. 주사전자현미경 × 3,500

137쪽: 물부추의 대포자. 포자막(perispore)이라고 하는 두꺼운 외부층을 가지고 있다. 이 종의 포자막에는 깊은 요철이 있는데, 종마다 포자막 모양이 달라 구별이 가능하다. 주사전자현미경 × 380

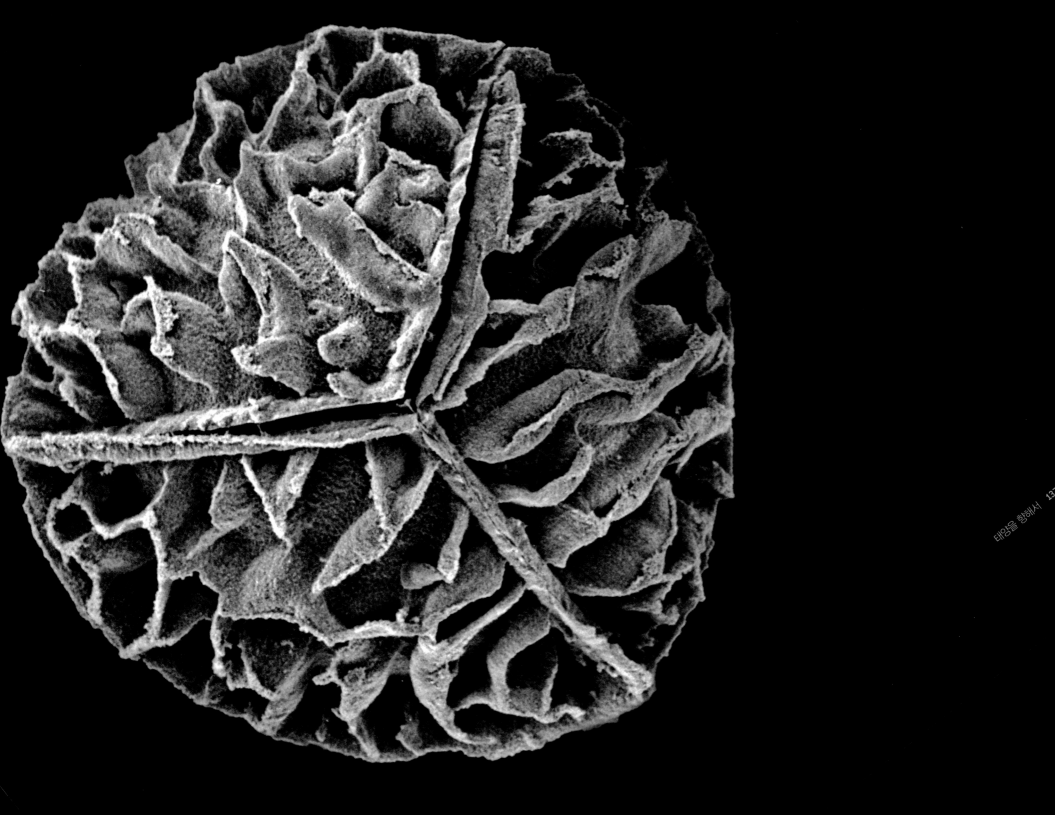

개쇠뜨기(*Equisetum palustre*)의 포자낭수. 포자낭수는 검은 다각형의
덮개 아래에 위치해 있고 포자낭수가 성숙하여 길어지면 공기에
노출된다. 쌍안현미경 × 25

139쪽: 몇 초 간격을 두고 연속으로 4개 프레임을 저속 촬영함으로써
물방울에 반응하여 펼쳐지는 속새속(*Equisetum*)의 포자 탄사를 보여
준다. 광학현미경, 암시야 조명 × 100

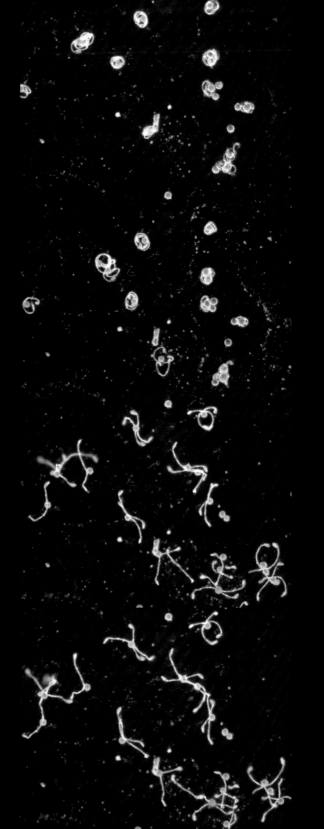

진정엽 식물(Euphyllophyta)의 주요 6개 그룹 중 첫 번째를 들여다보면 잎의 구조를 해석하는 것이 어려운 이유를 알게 된다. 속새류(horsetails)는 속새속(*Equisetum*)에 15종 정도가 포함되어 있는 그룹으로서 비늘과 같은 작은 소엽이 있어 석송강(Lycopodiopsida)과 연관이 있어 보인다. 하지만 이들의 멸종된 수많은 화석 종들은 대엽을 가지고 있었다. 마찬가지로 현생 속새류는 모두 동형포자성이지만 멸종된 종들은 높은 다양성을 보이면서 이형포자성인 것도 있었다. 이는 지구상에 살았던 식물의 전체적인 다양성을 이해하는 데에 화석이 왜 현재까지 생존하고 있는 식물보다 중요한지를 말해 주는 대목이다. 속새는 속이 빈 녹색 줄기에 마디가 있으며 표면에 능선이 있다. 표피세포는 실리카(silica, 이산화규소)로 강화되어 있어 만지면 날카롭게 느껴지는데, 줄기에 있는 실리카 덕분에 속새는 연마제로 이용되며, 이는 속새(*Equisetum hyemale*)의 일반명인 'scouring rush(수세미풀)'에도 나타나 있다. 포자는 녹색이고 광합성을 할 수 있으며 줄기 끝에 달린 독특한 포자낭수에서 대량으로 생산된다. 속새와 그 근연종들은 우산 같은 구조의 아래쪽에 4개의 포자낭들이 그룹을 지어 포자낭수를 이룬다. 포자는 끈같이 생긴 탄사에 의해 산포되며, 탄사는 포자 표면에 붙어 있는데, 대기가 습하면 꼬이고 건조하면 펼쳐지게 되어 있어 포자가 비에 의해 씻겨 나가지 않도록 하면서 건조한 날의 공기 흐름에 따라 산포되도록 도와준다. 일부 속새류 종은 정원 잡초로 잘 알려져 있는데, 확산성 지하경 때문에 일단 뿌리가 내리면 제거하기 힘들다. 에퀴세툼 기간테움(*Equisetum giganteum*)과 같은 종은 거의 높이 5m까지 자랄 수 있으며 관상용 식물로 키운다. 현생하는 가장 큰 속새류는 에퀴세툼 미리오차에툼(*Equisetum myriochaetum*)으로서 높이 8m까지 자랄 수 있다. 그러나 멸종된 물부추류가 현생 물부추류보다 3배 더 크게 자랐던 것처럼 속새류도 마찬가지이다. 이들 중 가장 오래된 것은 칼라미테스(*Calamites*)로서 높이 30m까지 자랐으며 석탄기 열대 우림 지역에서 화석 석송류와 함께 자랐다. 다시 말하면, 화석은 살아 있는 근연종에서는 볼 수 없는 다양한 형태를 보여 주고 있다는 것이다. 현대의 속새와는 달리 칼라미테스의 잎은 큰 대엽이었으며, 윤생으로 달렸다.

진정엽 식물의 두 번째 그룹은 속새만큼 불가사의하다. 솔잎란목(Psilotales)에 속하는 현생종에는 솔잎란류(whisk fern, 솔잎란속) 2종과 몇 종의 포크편(fork fern, 메시프테리스속)만이 있다. 솔잎란속(*Psilotum*)은 이분지 줄기에 뿌리는 없고 단순한 말단 포자낭을 가지고 있어 외관상 라이니 처트의 식물과 닮았으므로 여러 해 동안 살아 있는 식물 중 가장 원시적으로 여겨졌었다. 배우체 세대 또한 독특한데, 토양 균류와 공생 관계를 형성하는 관속 조직을 가졌으며 지표 아래에서 성장한다. 최근에는 DNA 염기 서열로 계통수를 재구성하는 것이 가능해진 덕분에 이에 대한 이해가 달라져서 솔잎란속은 비교적 특수화되고 크기가 작은 양치류로 알려져 있는데, 고사리삼과(Ophioglossaceae)와 가장 가까우며, 균류와 연관된 지하 배우체를 가진다는 공통점이 있다.

나도고사리삼목(Ophioglossales)은 진정엽 식물의 세 번째 그룹으로서 한 번에 하나의 잎만 만든다는 점에서 다르다. 이 잎으로부터 두 줄로 늘어서 있는 수많은 포자낭을 달고 있는 생식 구조를 보이는데, 이 구조가 마치 뱀의 혀를 닮아 이 식물의 학명은 '뱀'을 의미하는 그리스어 'ophis'와 '혀'를 의미하는 'glossum'에서 유래한다. 이 식물은 전 세계에 광범위하게 분포하지만 흔하지는 않다. 이는 이 식물 자체가 작고 눈에 띄지 않기 때문이기도 하지만 고사리삼[고사리삼속 (Botrychium)종]과 같은 어떤 종의 경우 토양균류와의 공생으로 광합성 없이 수년간 땅속에서 지낼 수 있기 때문이기도 하다. 과거에 마력이 있는 것으로 간주되기도 했던 이유는 아마도 고사리삼의 신비로운 생활사 때문일 것이다. 니콜라스 컬페퍼(Nicholas Culpeper, 1616~1654)는 1653년에 출판한 그의 저서 『완전한 본초서(Complete Herbal)』에서 "고사리삼은 잠긴 자물쇠를 열 수 있고, 말굽을 말의 발에서 떨어지게 만들 수도 있다"고 적었다. 이들에 대한 더 현대적인 견해는 이 과에 속하는 모든 식물은 초기 육상 식물을 연상시키는 진정포자낭(eusporangia)을 가지고 있다는 것이다. 진정포자낭은 하나의 시원세포가 아니라 작은 그룹의 세포들로부터 발달하는데, 여러 층의 세포로 구성된 두꺼운 벽을 가지고 있으며 부정확한 수의 매우 큰 포자를 생산한다.

진정포자낭은 진정엽 식물의 네 번째 그룹인 열대성 고사리류 마라티아목(Marattiales)에도 나타난다. 마라티아목에는 200종의 현생종이 있으며 석탄기로 거슬러 올라가는 긴 화석 기록을 가지고 있다. 가장 큰 속인 마라티아속(Marattia)과 앙기옵테리스속(Angiopteris)에 속하는 많은 종들은 수 m 길이의 대엽성 잎을 가진다. 자바(Javan)에 서식하는 앙기옵테리스 테이스만니아나 (Angiopteris teysmanniana)의 경우에는 잎의 길이가 9m에 이른다. 잎 아랫면에는 포자낭이 모여 취낭(synangia)이라는 구조를 형성한다. 이들의 잎은 나무고사리보다 더 크고 인상적일 수 있지만 마라티아목은 드물게 아랫부분에 한 개 이상의 작은 나무줄기(trunk)를 형성한다.

종자식물을 제외하고 진정엽식물의 마지막 그룹은 양치식물목(Polypodiales)에 9,000종 이상의 종이 포함되어 있다. 이들은 작은 그룹의 세포들이 아닌 하나의 시원세포로부터 발달하는 박벽 포자낭(leptosporangium)이라 불리는 매우 다른 종류의 포자낭을 가지고 있다. 포자낭 수는 정확히 64개로, 감수분열에 의해 항상 4의 배수로 만들어진다. 포자낭에는 환대라고 부르는 특수한 구조가 있는데, 건조해지면 이 부분이 열리면서 포자가 방출된다. 이러한 포자낭의 구조 때문에 양치식물목(Polypodiales)은 박벽 포자낭 고사리류로 알려져 있다. 양치식물목에는 잘 알려진 대부분의 고사리류가 포함되기 때문에 이들의 해부학적 구조와 다양한 세포를 자세히 살펴볼 것이다. 전형적인 고사리는 옆으로 뻗는 지하경이 있으며 거기서 수많은 실뿌리가 돋는다. 뿌리의 횡단면은 다소 간단한 구조를 가지고 있는데, 가운데에 중심주[stele, 내피층 안쪽에 있는 수(髓)와 통도 조직을 부르는 이름]가 있고 내피 바깥쪽에 피층이 있다. 내피 세포벽은 목전소(suberin)라고 하는 방수성 물질을 함유하고 있어서 중심주의 관속 부분 내 물의 흐름을 유지시켜 주고, 밖으로 물이 새어나가지 않도록 해 준다. 피층 안쪽 부분, 즉 내피 바로 바깥 부분은 일반적으로 세포벽이 두꺼운 기계적 세포(mechanical cell)로 구성되어 있는데, 뿌리 표면 근처에서 이 세포들은 유세포로 대치되어 에너지 저장고로서 녹말을 저장한다. 뿌리의 표피 바깥쪽에는 수많은 뿌리털이

아래: 고사리삼속류(moonwort, *Botrychium lanuginosum*) 잎의 생식력이 있는 부분. 중앙맥에서 갈라져 나온다. × 5

141쪽: 관중류의 스켈리 메일 펀(scaly male fern, *Dryopteris affinis*) 잎에서 자루를 제거한 포자낭퇴. 잘린 자루의 세포를 보여 주고 있다. 이 세포들은 포자낭수 아래 꽉 들어찬 포자낭들에 의해 둘러싸여 있다. 주사전자현미경 × 280

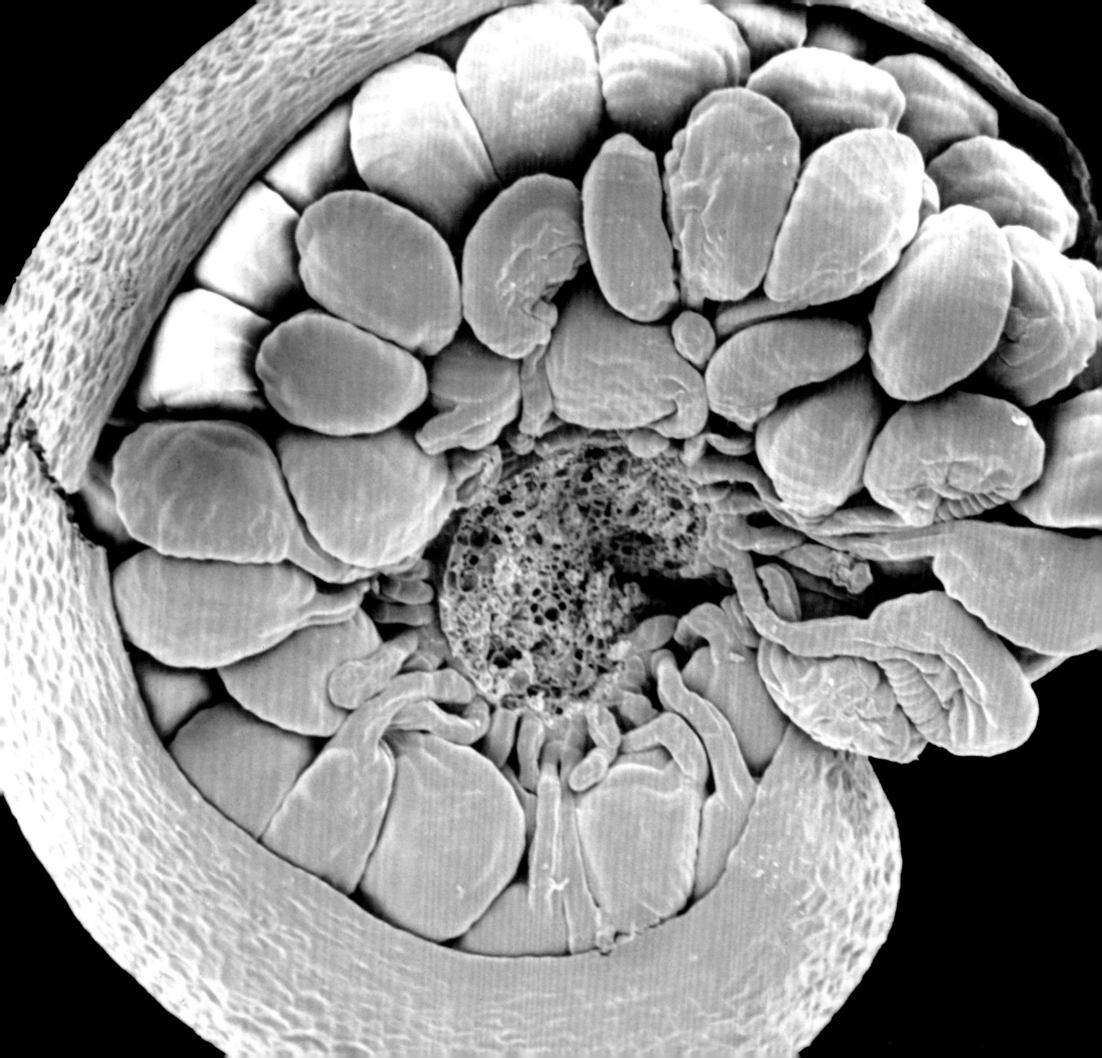

있는데, 이 뿌리털은 세부가 긴게 신장하여 토양에 침투해서 물과 용해된 양분을 흡수한다. 성숙한 지하경은 뿌리보다 훨씬 더 복잡한 구조를 가지고 있다. 이는 지하경의 중심주가 망상중심주(dictyostele)라 불리는 복잡한 구조로 되어 있기 때문인데, 망상중심주의 관속 가닥은 일정한 간격으로 위치한 엽극 아래 잎까지 뻗어 있다. 각각의 관속 조직 가닥 한가운데는 물관부의 가도관이 위치하며 그 주위를 체관부 세포가 둘러싸고 있다. 체관부 세포는 유세포층에, 그리고 다시 내피에 둘러싸여 있다. 물관부 세포는 모두 도관이 아닌 가도관으로 되어 있으며, 그 사이사이에 작은 유조직 세포들이 삽입되어 있다. 체관부 역시 길다란 체관 요소들 사이에 유세포가 있으며, 지하경 바깥 표면은 보통 단일 세포 두께의 죽은 비늘로 덮여 있다.

잎의 내부 구조는 간단하다. 윗면 표피와 아랫면 표피에는 일반적으로 엽록체가 있고 큐티클로 보호되어 있다. 아랫면 표피에는 기공이 있어 가스 교환을 하고, 잎의 안쪽 부분인 엽육 조직은 불규칙한 모양의 유세포와 커다란 빈 공간으로 구성되어 있다. 관속 조직의 가닥이 잎 내부에 반복적으로 갈라져서 형성된 잎맥은 점차 미세해지지만 서로 연결되지 않아 피자식물의 잎처럼 망상 패턴을 보이지는 않는다. 자라나는 양치류의 잎은 주교의 홀장(笏杖)처럼 독특하게 구부러진 패턴으로 펴지는데, 이것은 보통 봄에 새로 성장할 때의 온대성 양치류에서 가장 뚜렷하게 나타난다. 많은 양치류가 잎이 많이 갈라진 우상엽을 가지지만 어떤 종류는 단순하고 갈라지지 않은 잎을 가지기도 한다. 매우 습한 환경에만 서식하는 처녀이끼과(Hymenophyllaceae) 잎은 중앙맥을 제외하고 단세포층의 얇은 잎을 가진다. 모든 양치류에서 포자낭은 생식엽 아랫면에 분포해 있고, 포자낭퇴(sorus, 복수형 sori)라는 무리로 보호 덮개 아래에 모여 있다. 포자낭퇴의 모양과 배열 상태는 양치류를 구분하는 형질로 사용된다. 각 포자낭퇴 아래에는 다수의 유병 포자낭이 존재하는데, 각기 다른 성장 단계에 있기 때문에 오랫동안 성숙한 포자를 지속적으로 생산할 수 있다. 하나의 세포에서 시작하여 일련의 체세포 분열을 거쳐 포자낭이 발달하고, 이 포자낭을 지지할 수 있는 짧은 자루가 만들어진다. 포자낭 세포는 계속 분열하여 단세포층의 독특한 벽을 형성하는데, 포자낭이 성숙함에 따라 벽 내부 쪽이 비후해지면서 벽의 일부 세포들이 변형된다. 이러한 특수한 세포들은 환대(annulus)를 구성하며, 환대는 포자가 성숙해지면 건조 상태에 따라 포자낭이 열리게 만든다. 이러한 포자낭은 계속 분열해서 12~16개의 포자 모세포 그룹을 둘러싸고 있는 융단 조직(tapetum)이라는 세포층을 만드는데, 대부분의 경우 양치류의 포자는 모두 소포자로서 각각이 보호벽에 둘러싸인 단세포로 구성되어 있다.

대부분의 양치류가 동형포자성인 것에 비하면 웅성 소포자와 자성 대포자를 생산하는 이형포자성 양치류의 수는 많지 않다. 이형포자성 양치류는 모두 수생식물이기 때문에 수생 서식지의 안정성이 이형포자성 진화를 촉진시키는 것으로 추측되기도 한다. 정확한 방법은 불명확하지만 아마도 큰 대포자를 산포시키는 데 물이 유용한 수단인 것으로 보인다. 더욱이 이형포자성 수생 양치류는 가뭄 기간 동안 생존하는 적응력을 보여 주며, 포자낭과(sporocarp)라는 구조로 발달 중인 포자낭

아래: 히메노필룸 폴리안토스(Hymenophyllum polyanthos)와 같은 처녀이끼과(Hymenophyllaceae) 식물은 건조하기 쉬운 민감한 잎을 가지고 있어 동굴이나 폭포 및 젖은 바위와 같은 습한 환경에서만 서식한다.

143쪽: 처녀이끼류에 속하는 아시아 종 크레피도모네스 비푼크타툼(Crepidomanes bipunctatum, 처녀이끼과)의 생식엽. 잎은 단세포의 두께이고 기공이 없기 때문에 기체는 섬세한 조직 안팎으로 직접 확산된다.

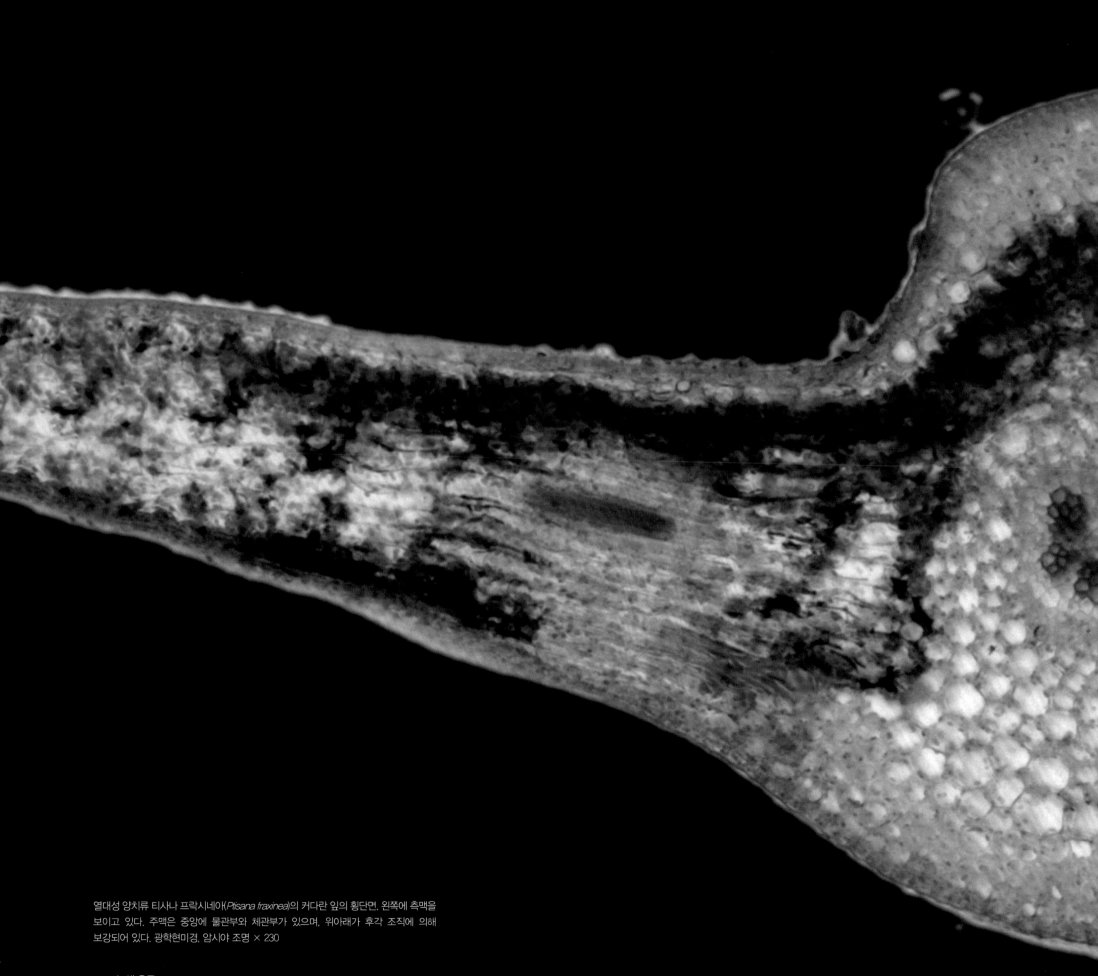

열대성 양치류 티사나 프락시네아(*Ptisana fraxinea*)의 커다란 잎의 횡단면. 왼쪽에 측맥을
보이고 있다. 주맥은 중앙에 물관부와 체관부가 있으며, 위아래가 후각 조직에 의해
보강되어 있다. 광학현미경, 암시야 조명 × 230

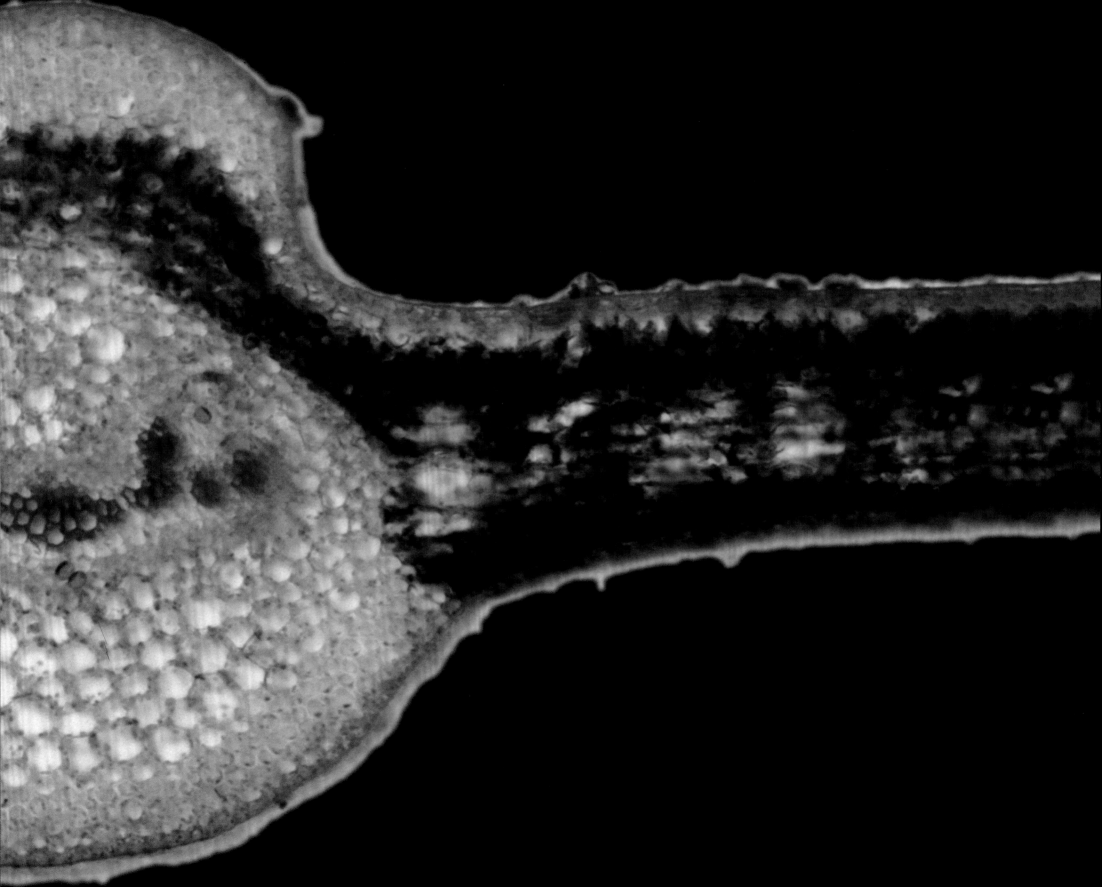

을 감싸서 보호한다. 수역이 말라 버린 긴 기간 동안에도 포자는 포자낭과 안에서 생존 가능한 경우도 있다. 현생 양치식물 중 석송류의 구실사리속(*Selaginella*)과 물솔속(*Isoetes*) 이외에 이형포자성은 세 그룹의 수생 양치류에서 나타난다. 이들 중 첫 번째 그룹인 물개구리밥속(*Azolla*, duckweed fern or mosquito fern)은 남조류 아나바이나 아졸라이(*Anabaena azollae*)와 공생하여 물과 공기 중의 질소를 추출하고 고정시켜 질산염으로 통합시키는 중요한 식물이다. 예로부터 쌀을 재배할 때 물개구리밥속 식물을 비료로 이용해 왔는데, 물개구리밥속 식물을 논에 넣으면 질소의 영양원으로 작용하게 되어 인공 비료의 사용을 줄일 수 있다. 반면, 두 번째 그룹인 생이가래속(*Salvinia*) 식물은 유해 식물로 알려져 있다. 남아메리카의 침입종 샐비니아 몰레스타(*Salvinia molesta*)는 1961년 잠베지 강에 댐을 만든 이후 카리바 호수 표면의 1/4을 뒤덮었으며, 호수의 영양 상태가 나빠져서 더 이상 자랄 수 없는 시기가 될 때까지 한동안 골치 아픈 수생 잡초였다. 세 번째 그룹인 이형포자성 수생 양치류인 네가래속(*Marsilea*)은 네잎 클로버처럼 생겼으며, 이는 때때로 수생 클로버라고 불린다. 이 속의 식물들은 전 세계에 광범위하게 분포하는데 오스트레일리아의 나르두(*nardoo*)라는 종의 경우 콩알처럼 생긴 포자낭과는 예로부터 식용되었다. 하지만 여기에는 세심한 주의가 필요했다. 가루로 분쇄하여 밀가루 반죽으로 사용하는 등의 적절한 준비가 없으면 포자낭과는 독성이 있어 치명적일 수 있기 때문이다. 포자낭과에 포함되어 있는 독소는 비타민 B도 파괴하기 때문에 과다 섭취할 경우에는 각기병을 유발할 수 있다. 현미경적 크기 수준의 수생 양치류는 매우 흥미로운데, 이는 세포 표면의 특성이 생체 모방 분야(자연계를 모방하는 새로운 인공 구조물의 개발 분야)의 확대와 관련하여 주목을 받고 있기 때문이다. 생이가래속의 잎 표면에 있는 미세한 털은 그 끝을 제외하고 물이 스며들지 못하며 식물 주변의 공기를 가둔다. 본 대학(University of Bonn)의 연구자들은 이 구조를 보트와 선박의 선체 표면 코팅에 적용하여 마찰을 감소시킴으로써 연료 소비를 줄일 수 있는 방법을 연구하였다. 자연에서 털과 털이 가둔 공기는 식물을 수면에 뜨게 하여 광합성에 필요한 밝은 햇빛을 받을 수 있도록 한다.

오늘날의 함탄층이 형성된 고대 늪의 숲에서부터 강과 호수의 개방 구역까지 양치류는 삶의 방식을 다양화하여 새로운 서식처로 퍼져 나갔고, 숲을 만들면서 지구를 변화시켜 갔다. 지구 행성의 생물권(biosphere)은 이제 열대부터 극지방까지, 해안부터 산꼭대기까지 매우 다양한 생명체를 위한 장소가 되었다. 심지어 생명체는 기후 조건이 극단적인 차이를 보이는 장소에서도 발견된다. 식생은 가장 살기 힘든 장소만을 제외하고 지구 어디든 형성되어 있어 가장 건조한 사막, 가장 높은 산 그리고 극지방에만 육상 식물이 존재하지 않는다. 극지방에서조차도 물이 있는 곳에서는 남조류가 발견된다. 앞 장에서 보았듯이, 최초의 육상 식물은 수정을 위해 수배우자가 헤엄칠 수 있는 물이 있는 곳에 한정되어 살았다. 양치류의 소포자가 어떻게 바람에 날려 새로운 군집을 형성하는지도 보았지만, 이러한 전략은 선구적 군집의 유전적 다양성을 떨어뜨리기 때문에 환경이 변화하게 되면 불리할 수도 있고 식물이 적응하지 못할 수도 있다. 소포자와 대포자 모두를 생산

아래: 히말라야, 미얀마, 남중국, 타이, 필리핀, 자바 동쪽에 분포하는 드리옵테리스 코클레아타(*Dryopteris cochleata*)의 포자낭. 포자낭이 갈라지기 시작하여 포자를 방출하려 하고 있다. 드리옵테리스 코클레아타는 전통적으로 약용하고 가축의 깔짚으로 이용되어 왔다.

146쪽: 블래크넘 오리엔탈레(*Blechnum orientale*)의 고사리손 모양으로 감겨 있는 어린 엽상체 잎(crosier). 이 잎은 두 개의 소엽으로 이루어진 단엽이다. 표면에는 미세한 모용과 좀 더 큰 가느다란 갈색 인편으로 덮여 있다.

타이의 코창(Ko Chang) 국립공원에 있는 오스문다 자바니카(*Osmunda javanica*)의 생식엽. 펼쳐진 소엽은 주로 광합성에 관여하며, 황갈색의 소엽은 포자낭을 달고 있다. × 40

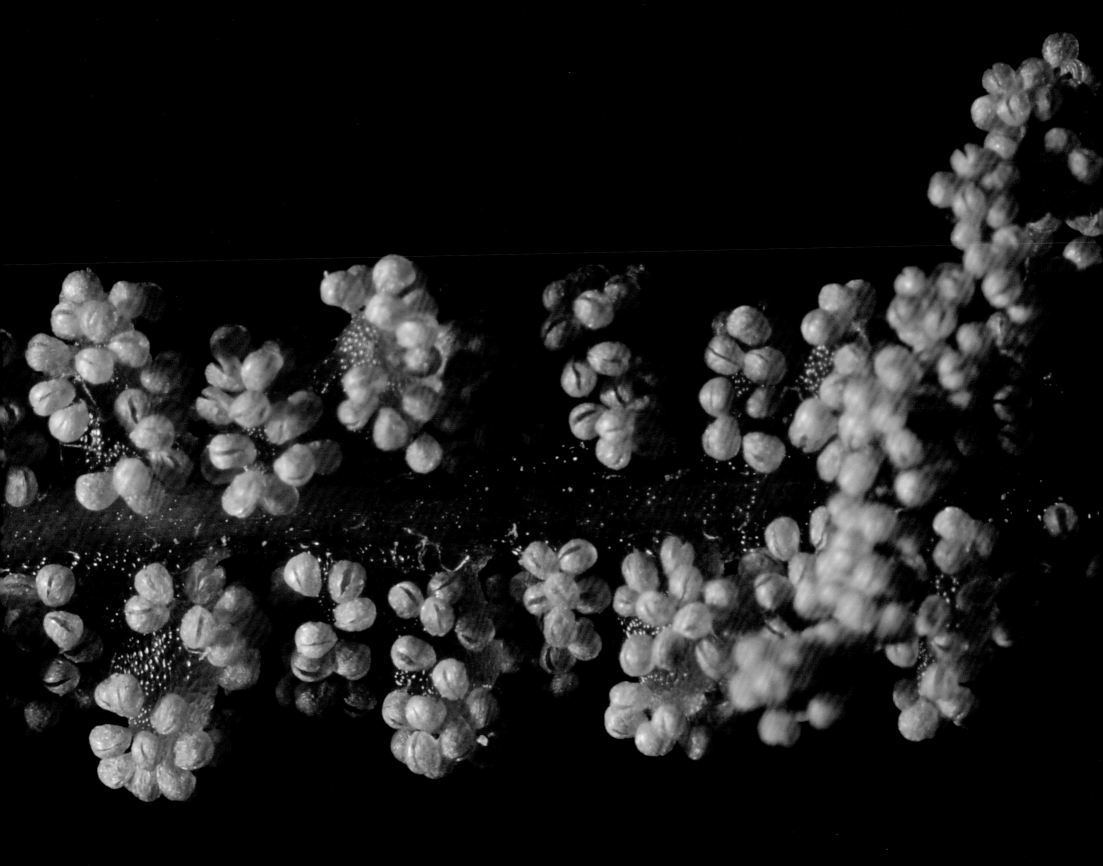

하는 이형포자성 식물의 진화는 유전적 다양성을 증가시키고 더 복잡한 형태의 생명이 더 잘 적응할 수 있도록 발전시키는 중요한 단계였다. 이는 육상식물학에 있어서 또 다른 중요한 혁신을 촉진시켰다. 바로 '종자(seed)'이다. 종자는 식물이 육상을 개척하는 두 번째 단계를 진행할 수 있게 하였다. 물이 있는 곳으로부터 탈출하여 보다 넓은 범위의 장소와 조건으로 진출할 수 있게 된 것이다.

최초의 종자

  종자는 어떻게, 그리고 왜 진화하였을까? 그 답을 찾기 위해서는 지금은 멸종된 일부 양치식물의 화석 기록을 탐구해야 한다. 일반적으로 진화는 이미 어느 정도 확립되어 있는 식물 구조와 과정을 알맞게 변화시킴으로써 식물의 생장과 발달에 영향을 미치게 된다. 종자의 기원을 가져온 진화적 도약은 대포자가 모식물 주위의 환경에 방출되는 것이 아니라, 포자낭에서 파생된 새로운 구조에 보관되고 보호됨으로써 이루어졌다. 이는 종자가 완전히 새로운 식물 기관이라는 것을 의미하며, 부분적으로는 이배체의 포자낭 조직으로부터, 또 일부는 수정된 암배우체로부터 구성되어 있다. 이렇게 만들어진 종자는 불리한 생장 조건이 장기간 이어질 때 식물체가 살아남을 수 있도록 해 주는 엄청난 이점을 제공해 준다. 변형된 포자낭으로부터 유래된 외부 구조는 내부의 배를 보호하는 딱딱한 종자 껍질을 형성한다. 더욱이 종자에는 저장된 에너지원이 있어 어린 식물체가 발아하여 생장하기 시작할 때 에너지를 공급해 줄 수 있다.

  누구나 일생에 한 번쯤은 종자를 발아시켜 보았을 것이다. 학교에서 콩의 성장을 관찰하기 위해서일 수도 있고, 주방에서 콩나물을 키우거나 정원에서 여러 가지 식물을 키우면서일 수도 있다. 우리는 이러한 익숙함으로 인해 작은 종자에서 새로운 식물이 나오는 놀라운 일을 종종 대수롭지 않게 생각하기도 한다. 발아는 휴면 중인 배아 식물이 성장을 재개하도록 촉진하는 일이며, 종에 따라 서로 다른 일련의 환경 조건을 필요로 하는 복잡한 과정이다. 종자가 생존할 수 있는 기간은 식물에 따라 매우 다르다. 어떤 종류는 휴면 기간이 전혀 없는 반면, 어떤 종류는 수 세기 동안 휴면 상태로 존재할 수도 있다. 배의 세포는 종자가 성숙해지고 산포되기에 앞서 정상적인 대사 속도가 낮아지고 마지막에는 중단되는 가사 상태가 된다. 이것은 세포가 건조해지면서 세포 소기관 수준에서 겪는 구조적 변화와 연관이 있다. 세포벽 바로 안쪽에 있는 세포막은 활성세포에서는 연속적인 상태이지만 건조된 휴면세포에서는 불연속적인 부분으로 나누어진다. 건조된 종자 내에서 세포는 동면 상태로 들어가, 휴면에서 벗어나 발아를 자극해 줄 환경적인 조건을 기다리게 된다.

  종자는 생장 조건이 나쁠 때 장기간 생존할 수 있도록 하는 것 이외에도 다른 기능이 있다. 종자는 모식물로부터 멀리 이동할 수 있도록 구조적으로 적응을 하였고 넓은 지역으로 퍼져 나갈 수 있게 되었다. 그러나 산포되고 나면 모든 식물이 모두 한 번에 발아하는 것은 아니다. 어떤 것은 계절이 끝날 때까지, 심지어 다음 해까지 토양에서 휴면 상태가 될 수도 있다. 이러한 방법으로 모식

양치류의 어린잎은 크로우저(crosier)라고 불리는 독특한 형태로 펼쳐진다. 양치기 지팡이 모양을 한 주교의 홀장 디자인과 비슷하여 크로우저라고 부른다.
왼쪽에서 오른쪽 순으로 타이에 서식하는 칼리스톱테리스 아피폴리아(*Callistopteris apiifolia*), 마이크로레피아 플래티필라(*Microlepia platyphylla*)와 사이클로소루스 폴리카르푸스(*Cyclosorus polycarpus*) 3종이다.

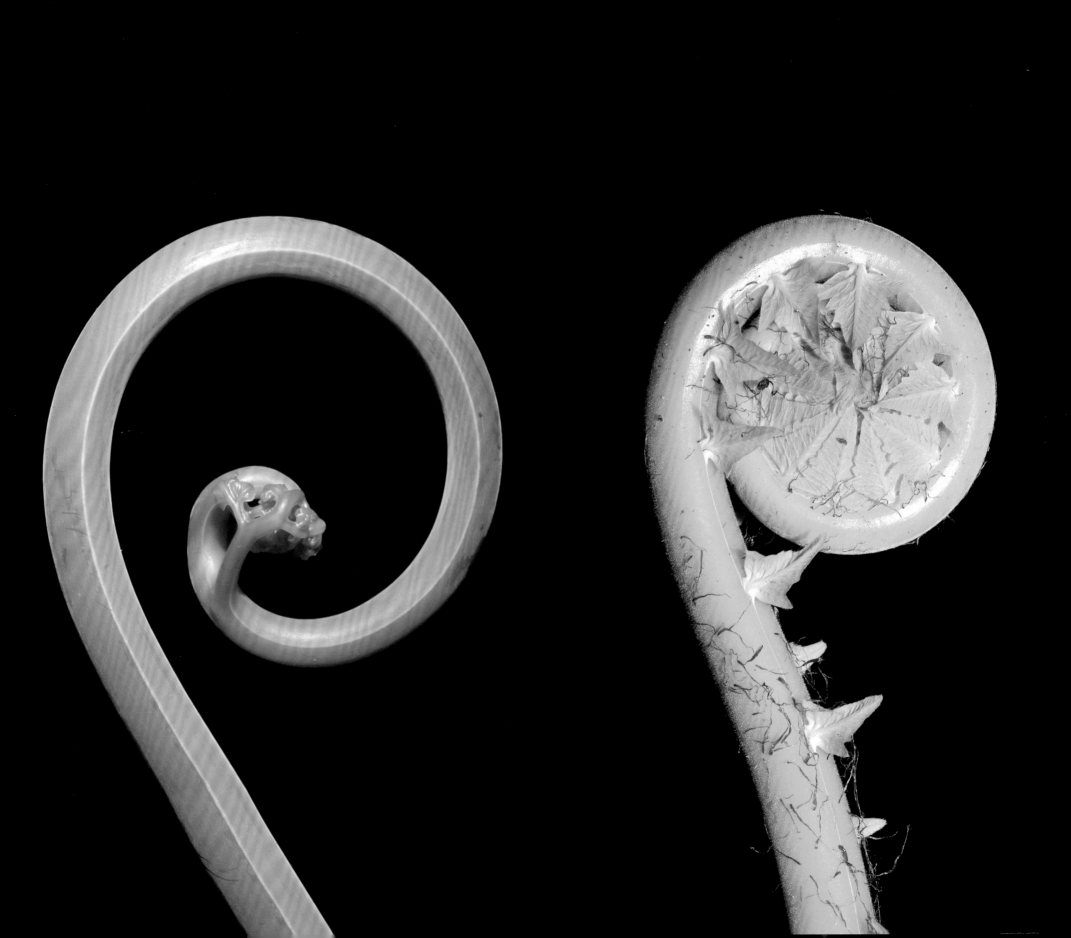

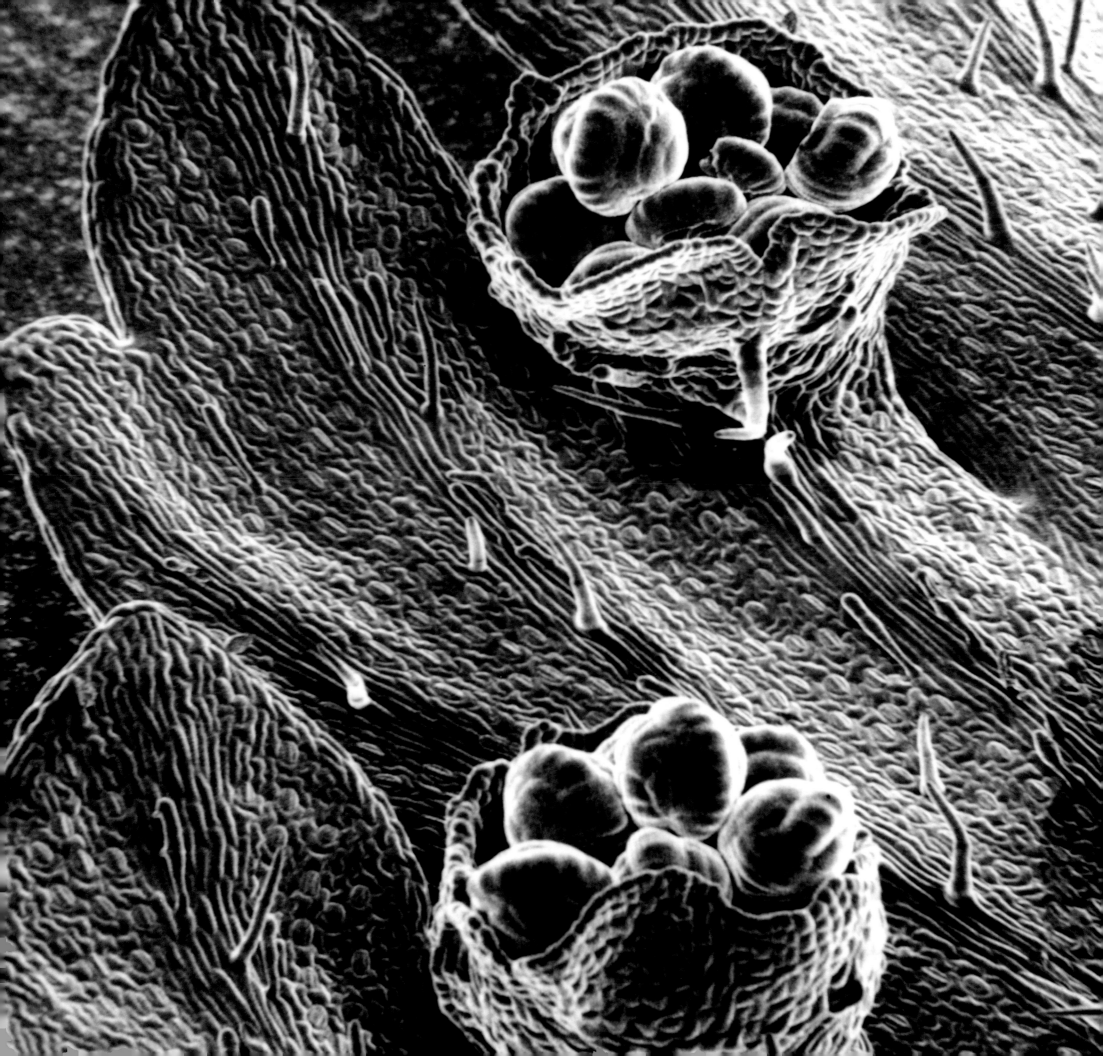

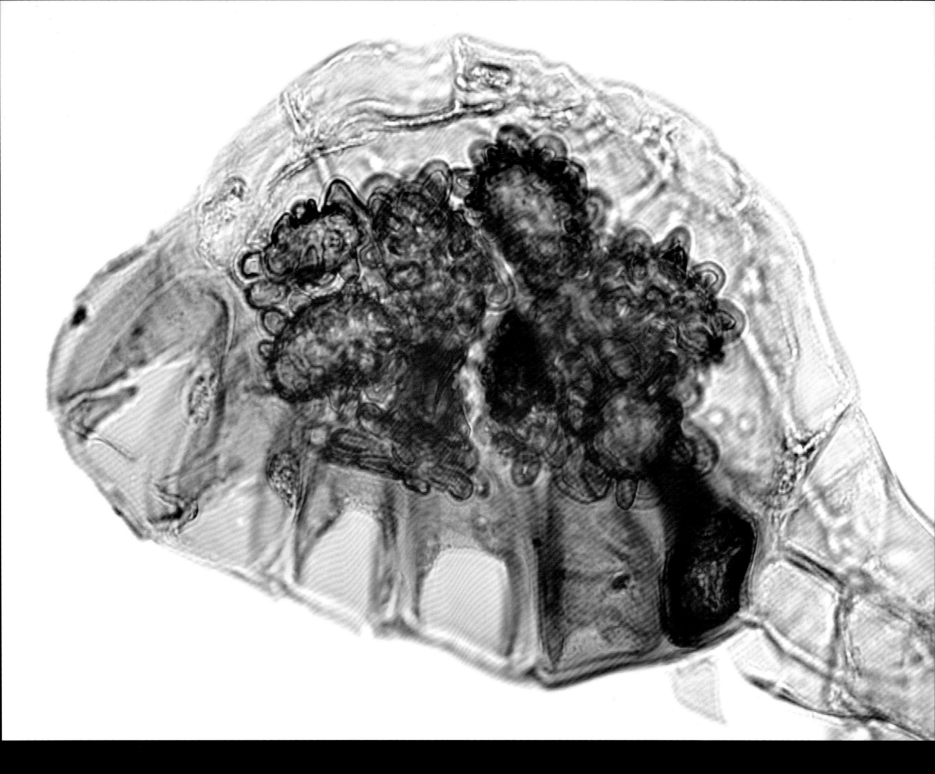

양치류 페라네마 아스피디오이데스(*Peranema aspidioides*)의 포자낭 슬라이드. 성숙한
포자와 밝은 오렌지색의 환대 세포벽을 보여 주고 있다. 광학현미경, 간섭대비 × 1,900

152쪽: 양치류 덴스테드티아 시쿠타리아(*Dennstaedtia cicutaria*)의 잎 아래쪽 포자낭퇴에서
돌출되어 있는 포자낭 그룹. 각각은 환대가 있으며, 포자가 성숙하면 포자낭이 열리게
만든다. 주사전자현미경 × 360

종자고사리의 화석 역사

　최초의 종자고사리 화석 기록은 3억 7천만 년 전 데본기 후기의 것으로 추정된다. 이들 화석 역사를 재구성하는 데 힘든 일 중 하나는 서로 다른 식물 부위들인 잎, 줄기, 뿌리, 생식 기관 등이 종종 따로 발견된다는 것이다. 이는 넓은 잎을 가졌던 많은 커다란 식물들이 전체로 보존되는 일이 거의 없다는 사실을 반영한다. 따라서 올바른 부분들을 서로 연결하여 전체 식물의 정확한 그림을 맞추는 것은 힘든 과정이며, 이는 서로 다른 부위들이 같이 보존된 희귀한 발견에 의존해야 하거나 기공 및 모용처럼 미세한 형질을 자세히 관찰해야 하는 일이다. 19세기 동안 화석이 많이 쌓임에 따라, 오늘날의 양치식물을 닮은 양치엽에 현생 양치류와는 달리 생식 구조가 있으며, 이는 멸종된 나자식물 그룹인 소철의 구과와 닮았다는 것이 밝혀지기 시작했다(다음 장 '나자식물' 참조).

　최초로 이를 밝힌 사람 중 한 사람은 독일의 위대한 고생물학자 헨리 포토니(Henry Potonié, 1857~1913)이다. 그는 베를린 식물원, 프러시아의 지질조사국, 베를린의 광산전문학교와 베를린 대학에서 재직하였으며, 화석 식물에 대한 몇 가지 중요한 교재를 발간했다. 포토니는 화석으로만 알려져 있는 식물에 사이카도필리칼레스(Cycadofilicales)라는 명명을 제안하였으며, 이를 양치류와 소철 사이의 새로운 식물 그룹으로 인식하였다. 그 후 영국의 두 고생물학자에 의한 작업으로 일부 석탄기 화석이 서로 연결되게 되었다. 리기노프테리스(*Lyginopteris*)라고 알려진 잎과 리기노덴드론(*Lyginodendron*)이라고 알려진 목재가 라게스토마(*Lagenostoma*)라는 열매 화석으로 연결된 것이다. 프란시스 월 올리버(Francis Wall Oliver, 1864~1951)와 두킨필드 헨리 스콧(Dukinfield Henry Scott, 1854~1934)은 열매와 잎자루 모두에 짧은 자루와 구형의 머리를 갖는 독특한 털이 존재한다는 것을 발견함으로써 이 두 화석을 연결시킬 수 있었다. 올리버와 스콧은 이 작업에 많은 공을 들여 이 독특한 털이 분비 기능이 있다는 것까지 알아냈는데, 이는 어떤

아래: 천연 염색한 양치류 티사나 프락시에나(*Ptisana fraxinea*)의 엽병 절편. 물관부와 체관부 통도 조직을 보여 주고 있다. 물관부 가도관은 두꺼운 갈색 벽을 가지고 있다. 바로 오른쪽에는 무색의 얇고 작은 체관세포가 있다. 광학현미경 × 630

155쪽: 수생 양치류 아졸라 필리쿨로이데스(*Azolla filiculoides*)는 아시아, 아메리카의 호수와 연못 표면에 융단처럼 형성된다. 세포에는 질소를 고정하는 남조류가 있어 물개구리밥속(*Azolla*)은 논농사의 유용한 비료로 사용되었다.

한 표본에서 털의 구형 머리가 비어 있는 것을 발견했기 때문이다. 그들은 1902년에 쓴 논문에서 '함탄층의 식물 중에는 기재된 바와 유사하게 선모를 가진 식물이 없으며, 알려지지 않은 나자식물 중에도 리기노덴드론(*Lyginodendron*)과 흡사한 선모를 가진 식물은 없을 것이다'라고 결론 내렸다. 선모의 구조로 본다면 라게스토마 라막시(*Lagenostoma lamaxi*)의 종자가 리기노덴드론 올드하미눔(*Lyginodendron oldhamium*) 말고는 다른 식물에 속할 수 없다는 결론을 내릴 수밖에 없다. 올리버와 스콧의 연구를 돕고 있던 마리 카마이클 스톱스(Marie Carmichael Stopes, 1880~1958)는 여성 운동가로서 산아 제한의 선구자이며 우생학을 지지했는데, 그 당시에는 올리버의 제자로 런던 대학에 재학 중이었다. 함탄층의 종자고사리에 대한 그녀의 연구는 대륙이동설과 남부의 거대한 대륙 곤드와나설과 접목되었다. 그녀는 남극 대륙으로 여행하기를 원했는데, 남극 대륙에는 고대의 숲에 대한 화석 증거가 담긴 암석이 있었기 때문이다. 그녀는 불운의 극지방 탐험가 로버트 팔콘 스콧(Robert Falcon Scott, 1868~1912) 탐험대와 같이 화석을 수집하고자 하였다. 스콧을 설득하여 같이 남극으로 가는 것은 불가능했지만, 스콧과 그의 탐험 대원들이 스톱스를 위해 수집한 화석들은 그들이 죽은 후에 발견되었다. 실제로 남반구는 종자고사리의 보고였으며, 흥미롭게도 태즈메이니아의 화석은 상당수의 종들이 에오세에까지 살아남았음을 보여 주었다. 이는 백악기 말경에 대부분의 생물이 멸종하고 오랜 시간이 지난 후의 일이었으며, 유카탄 반도를 강타한 치명적인 유성의 여파로 공룡이 멸종한 것처럼, 이들도 이때 대부분 멸종한 것으로 추정되고 있다.

화석 종자고사리에 대한 연구에 공들인 결과 이들의 상세한 생식 구조가 밝혀졌다. 그러나 종자고사리는 살아 있을 때 연구할 수 없기 때문에 이들의 상세한 생식 생물학은 다른 식물과 비교하여 추론할 수밖에 없다. 종자고사리의 배주는 하나의 암대포자를 포함하고 있는데, 부분적으로 각두(깍정이, 작은 컵을 의미함)라고 하는 융합된 포엽으로부터 형성된 구조에 싸여 보호되고 있다. 각두의 선단에는 바깥으로 열리는 공간이 있어 바람에 실려 온 소포자가 들어갈 수 있다. 잘 보존된 각두 화석에는 종종 이 공간 안에 소포자가 들어 있는데 아마도 바람에 날려 온 소포자는 각두에서 분비하는 액체 방울에 붙어서 각두 안으로 들어간 것으로 추정된다. 다음 장에서 살펴보겠지만, 이러한 '수분액(pollination droplets)'은 많은 현생 종자식물, 특히 송백류에서도 볼 수 있다. 양치식물의 포자처럼 종자고사리의 소포자는 하나의 모세포가 감수분열을 하여 사분립(tetrad, 4개 세포로 된 그룹)이 만들어지고 종종 산포되기 전에 분리된다. 이들은 기부면(proximal face, 4분립 중심을 향한 면)에 독특한 삼지형 자국이 있는데, 이러한 자국은 초기 육상 식물에 있었고 현생 양치식물에서는 포자의 발아구 역할을 한다. 따라서 종자고사리의 소포자 역시 기부면에서 발아했다고 여겨지고 있는데, 이는 다른 쪽 표면에서 나오는 화분관에 의해 발아하는 현생 종자식물과는 차이가 있다.

앞서 보았듯이, 양치식물의 소포자는 발아하여 작은 식물, 즉 배우체 전엽체를 형성하고 그 다음

아래: 물부추(*Isoetes japonica*)의 성숙한 소포자 단면. 어둡고 동그란 녹말 에너지원과 밝은 핵을 보여 주고 있다. 소포자의 세포벽은 접혀서 발아구에서 벼슬(crest) 형태의 구조를 형성한다. 투과전자현미경 × 3,850

157쪽 위: 알레토프테리스 세를리(*Alethopteris serlii*)의 잎 화석 일부. 3억 6천만 년 전~3억 년 전 석탄기에 살았던 종자고사리. 영국 래드스톡(Radstock)의 폐기된 석탄 광산에서 나왔다.

157쪽 아래: 물부추의 성숙한 대포자 단면. 톨루이딘 블루로 염색하여 세포질 내의 녹말 알갱이 및 여러 층의 세포벽이 벼슬 형태의 구조를 이루는 것을 보여 주고 있다. 광학현미경, 간섭대비 × 250

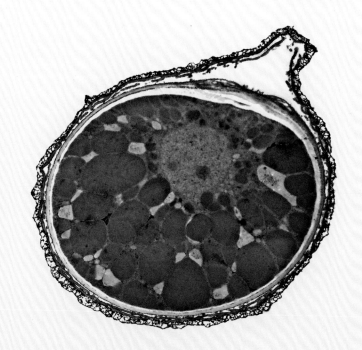

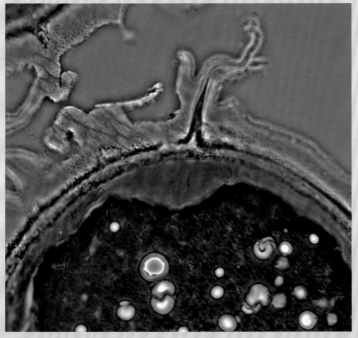

웅성의 성 기관과 운동성의 배우자를 형성한다. 멸종된 종자고사리에서도 같은 일이 일어났을 것으로 추정되는데, 소포자가 각두의 빈 공간에서 발아하여 운동성의 배우자를 방출했을 것으로 보인다. 19세기 후반까지는 모든 현생 종자식물이 '화분'이라고 하는 서로 다른 소포자를 가지고 있어 화분관을 만들면서 발아하여 화분관을 통해 수배우자를 배주에 직접 전달하는 것으로 여겨졌었다. 1896년 사쿠고로 히라세(Sakugoro Hirase, 1856~1925)는 도쿄 대학 식물원에서 자라는 은행나무(Ginkgo biloba)를 몇 년간 현미경으로 관찰하여 발견한 놀라운 사실을 발표했다. 히라세는 은행나무의 수배우자는 짧은 두 개의 편모로 움직일 수 있는 동그란 동적인 웅성 배우자(정자)라는 것을 발견했다. 각 화분은 이러한 다수의 편모를 가진 배우자를 쌍으로 만든다는 것이다. 이러한 발견이 알려진 후, 일본 생물학자 세이치로 이케노(Seiichiro Ikeno, 1866~1943)는 소철(Cycas revoluta)에도 나선형의 편모를 가진 비슷한 운동성의 배우자가 있다는 것을 발견하였다. 소철에서는 짧은 화분관이 파열된 후 배우자가 수분실(pollination chamber)로 방출되는데, 소철과 은행나무는 편모를 가진 정자가 있는 유일한 현생 종자식물로, 아마도 이 원시적 형질을 공유함으로써 종자고사리의 생식 생물학에 대한 이해를 도울 것으로 생각된다. 이러한 생각이 맞다면 종자고사리의 소포자 — 현생 종자식물의 진정한 화분과 구별하기 위해 때로는 '전화분(pre-pollen)'이라 부른다 — 는 발아하여 수분실의 조직에 부착된 전엽체로 자라서 운동성의 배우자를 방출하기 전에 물과 양분을 얻는다고 볼 수 있다.

비록 화석 기록이 완전하지는 않지만 종자고사리는 식물의 생식이 좀 더 정교하게 발전해 가고 있음을 보여 준 중요한 단계이다. 암배우자의 생활사를 좀 더 자세히 보면, 대포자의 배우체는 포자체의 불염성 조직(sterile tissue) 안에 새로운 기관인 배주를 보유하게 되며, 각두가 이 배주를 감싸면서 종자가 형성되는 것이다. 그러나 수배우자의 운동성은 양치식물의 경우처럼 사라지지 않고 그대로 유지된다. 이러한 사건들이 일어난 정확한 연대는 알 수 없지만, 가장 오래된 배주 화석은 3억 8천5백만 년 전 데본기 중기의 것으로서, 바람에 의해 수분되는 룬카리아 헤인젤리니(Runcaria heinzelinii)라는 종자고사리의 화석이다. 이의 생식 구조는 각기 하나의 대포자를 가진 배주 위에 밀폐된 수분실이 아닌 격자 모양 구조의 확장된 개방구를 가지고 있다. 즉, 이러한 구조는 공중에 날아다니는 화분을 잡을 수 있는 기류를 만들어 내는 데 도움이 되었을 것이다. 이는 공기의 흐름을 늦추어 화분을 붙잡을 수 있는 모양을 가진 현생 풍매화와도 비교해 볼 수 있다.

위와 같이 점진적으로 복잡해진 식물의 생식 방법은 관속식물이 계절적 기후의 차이가 크고 특히 물의 공급이 일정하지 않은 더 다양한 서식처로 퍼져나갈 수 있게 해 주었다. 관속식물의 크기가 점차 커지고 지구가 숲으로 덮이면서 식물은 그들만의 생물권(biosphere)을 계속해서 이어 나갔다. 식물이 육지를 정복하기 전부터 이미 형성된 (산소가 풍부한) 대기를 이용하여 숲은 탄소와 물을 순환시키기 시작했고, 그로 인해 대기는 오늘날과 같은 상태로 존재하게 되었다.

나자식물
NAKED SEEDS

몇 개의 종자고사리(seed ferns)라도 현재까지 살아남아서 생물 다양성을 더 풍부하게 만들었다면 얼마나 흥미 있을까? 나자식물은 많은 생식생물학에 있어서 많은 혁신을 이루었는데 그중에서도 종자의 기원이 가장 획기적이었다고 할 수 있다. 식물의 생장과 생활사를 자세히 연구하면 이들이 어떻게 살았는지에 대한 많은 해답을 얻을 수 있다. 현생 종자고사리가 다양화된 배경을 자세히 살펴보면 진화와 분화가 '생식에 있어서 더욱 정교해지는'이라는 주제로 이루어진다는 것을 알 수 있다. 획기적으로 새로운 세포의 종류가 생긴 것은 아니었지만 그 형태가 다양해지고 생활사가 고도화되었다는 사실을 종종 식물의 단순화된 구조에서 찾아볼 수 있다. 초기 종자식물의 소포자는 수분액(pollination droplet)이 밀원으로서 곤충을 유인했던 증거가 더러 있기는 하지만 거의 언제나 바람에 의해 이동되었다. 이는 흥미로운 사실이다. 왜냐하면 종자식물에서 생식 진화의 핵심 요소는 수분 매개체로서 그리고 종자 산포 매개체로서 다양한 동물의 개입이 증가된 것이기 때문이다. 종자식물의 다양화가 일어난 같은 지질학적 기간에 곤충, 조류, 포유류 등 수분 매개체로서 중요한 동물 그룹들의 분화가 일어났다는 것은 종종 언급되어 왔다.

　우선 두 개의 현생 종자식물 중 나자식물(gymnosperm)을 살펴보자. 나자식물의 생물학적 이름 은 '나출된 종자(naked seeds)'라는 뜻의 그리스 어 *gymno spermos*에서 유래되었다. 이 이름 은 주로 꽃 피는 식물, 즉 피자식물('그릇'을 의미하는 그리스 어 *angeion*와 '종자'를 의미하는 *spermos*에서 유래되었으며, '완전히 감싸여진 종자'를 의미한다)과 구분하는 역할을 한다. 현생 종자식물의 주요 그룹 간의 정확한 유연관계는 DNA 증거에도 불구하고 여러 해 동안 논쟁의 대상이 되어 왔다. 모든 증거들은 종자식물이 크게 다섯 개 그룹으로 나뉜다는 견해를 뒷받침해 주고 있다. 즉, 하나의 피자식물과 네 그룹의 나자식물 – 소철류(소철목 Cycadales), 은행나무속(은 행나무목 Ginkgoales), 송백류(송백목 Coniferales), 매마등목(Gnetales, 널리 사용하는 일반명 은 없다) – 이 다섯 개 그룹 간의 유연관계와 그들을 생명계통수에 어떻게 나타내야 하는지는 아 직 확실하지 않다. 특히, 나자식물이 하나의 조상으로부터 분기한 '단계통', 즉 생물계통수에서 하 나의 포괄적인 가지로 구성되어 있는지에 대해서는 아직 이견이 남아 있다. 이는 찰스 다윈 (Charles Darwin)조차도 이해할 수 없었던 식물 진화 양상의 핵심을 파악하는 일면이기 때문에 최근 몇 년 동안 식물학 논쟁의 가장 흥미로운 분야 중 하나가 되었다.

　전통적인 외부 형태적 연구에서는 현생 나자식물이 단계통(monophyletic)이 아니며 종자식물 다섯 개 그룹 간의 계통학적 유연관계가 다양하게 나타날 수 있음을 암시하고 있다. 이러한 연구 에서 종종 매마등목이 피자식물과 가장 가까운 근연군으로 간주되고 있으며, 실제로 이들 간에 몇 가지 놀라운 유사점이 있다. 분석을 할 때 어떤 화석 식물이 포함되어 있느냐에 따라 종자식물 다 섯 그룹 사이의 유연관계 패턴이 달라진다. 그러나 분자적 증거를 기반으로 하는 대부분의 연구에 서는 정확히 어떤 식물이 분석에 포함되어 있는지에 따라 달라지기는 하지만, 나자식물이 생물계 통수의 하나의 고유한 단계통 가지를 이루고 피자식물이 또 다른 하나의 단계통을 이룬다는 것을

160쪽: 요세미티 국립공원의 자이언트 레드우드(Giant Redwood, *Sequoiadendron giganteum*)는 캘리포니아의 시에라네바다 산에만 서식한다. 이들은 목재의 부피 면에서 세계에서 가장 큰 나무이며 3천5백년 이상 살 수 있다.

158쪽: 뉴칼레도니아에는 19종의 현생 칠레삼나무(아라우카리아과 Araucariaceae) 중 13종이 서식한다. 뉴칼레도니아 중부 및 남부의 산에 서식하는 거대목 아라우카리아 수불라타(*Araucaria subulata*)의 암솔방울과 잎

송백류의 잎은 보통 상록성 바늘잎이다. 갓 자른 주목(*Taxus baccata*) 잎의 단면. 중앙에
주맥이 있고, 윗면에는 조밀한 엽록체 세포층이 있다. 안쪽에는 해면 조직이 보인다.
광학현미경, 암시야 조명 × 290

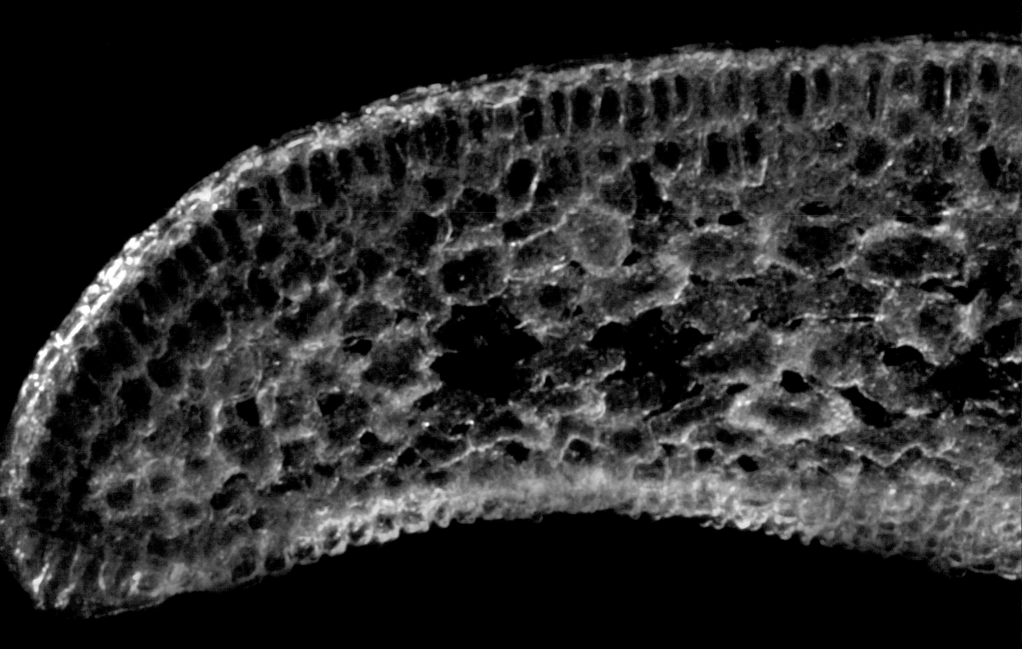

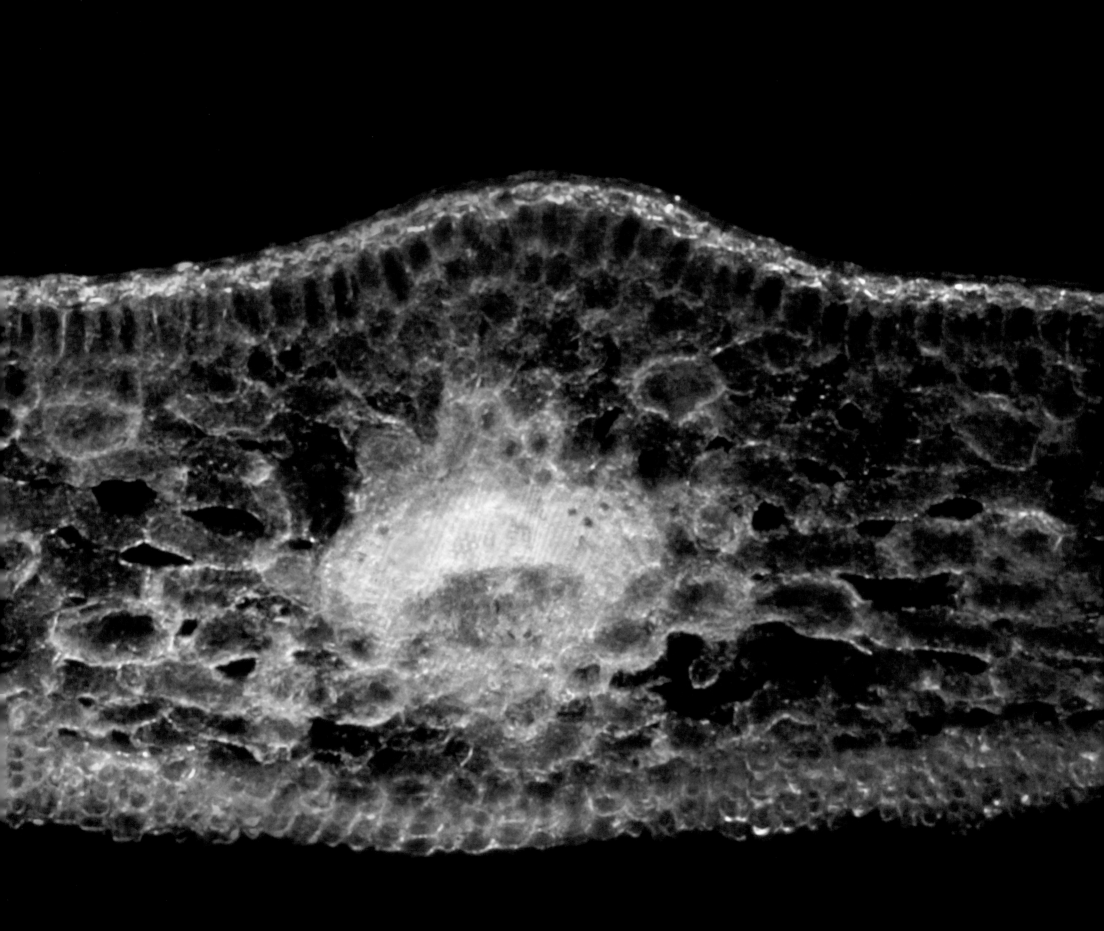

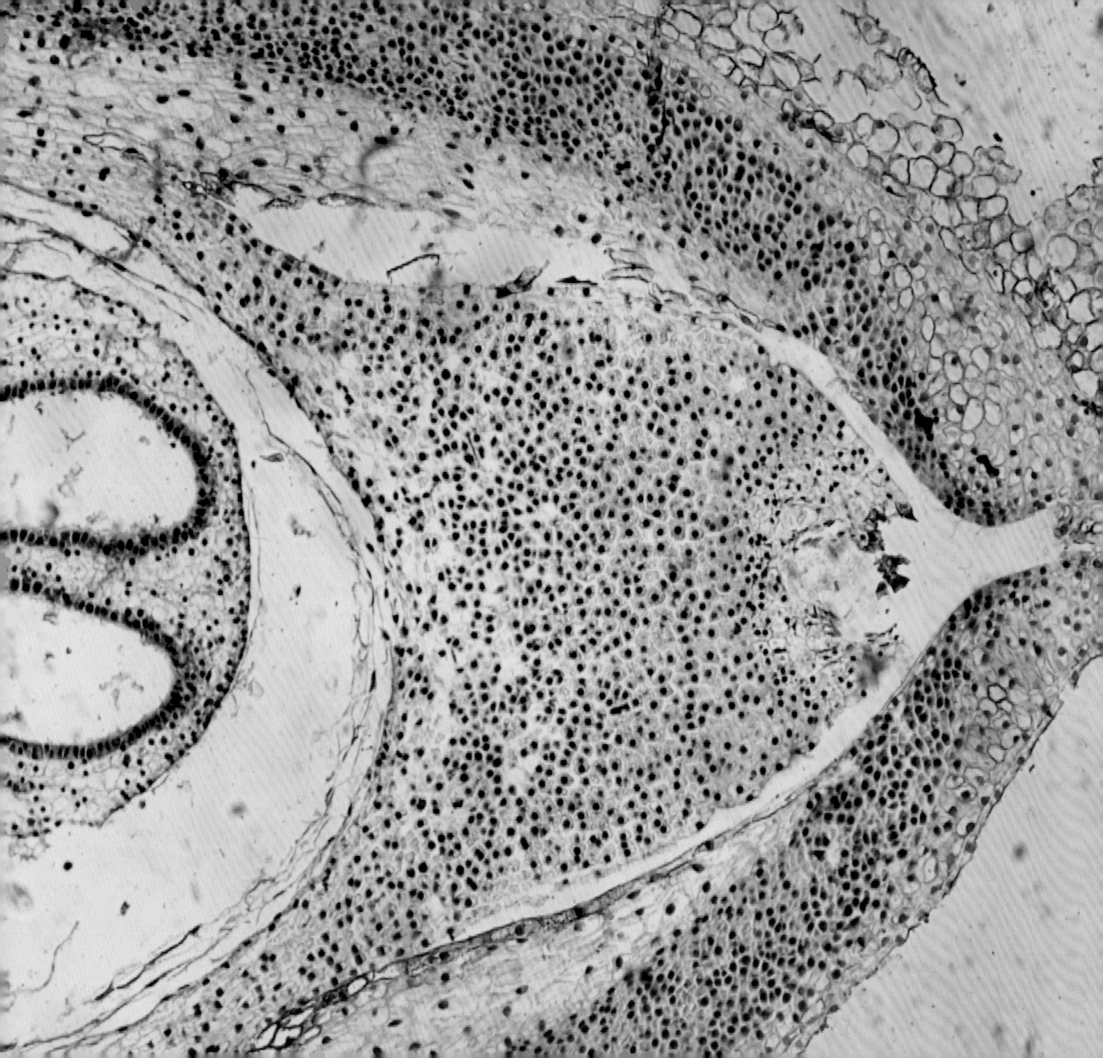

암시한다. 여기서는 이 관점을 채택하기로 했다.

화석 기록으로 피자식물과 나자식물의 계통이 언제 시작되었는지 알 수 있을까? 정확히는 알 수 없지만 나자식물에 대한 화석 기록은 최소한 3억 2천만 년 전인 석탄기(Carboniferous Period)로 거슬러 올라간다. 이 당시에 나자식물은 전 세계적으로 숲의 우점종이었다. 반면, 피자식물에 대한 화석 기록은 백악기(1억 4천6백만 년 전 ~ 6천6백만 년 전)로 거슬러 올라가는데, 어떤 화석은 쥐라기 시대(2억 년 전 ~ 1억 4천6백만 년 전)의 것이라고 주장되기도 한다. 백악기나 쥐라기보다 이전에 기원했을 수도 있지만 피자식물은 약 1억 년 전 극적인 종 분화, 즉 급속한 진화 방산(放散)을 겪은 것이 분명하다.

찰스 다윈(Charles Darwin)은 진화가 그렇게 빨리 일어날 수 있다고 생각하지 않았기 때문에 피자식물의 출현을 '도저히 풀 수 없는 불가사의(abominable mystery)'라고 언급했다. 다윈은 진화가 일반적으로 그러하듯이 항상 천천히, 그리고 점진적으로 일어난다고 생각했기 때문에 피자식물의 더 오래된 화석 증거가 있을 것이라고 예상했다. 물론 화석의 부재가 반드시 피자식물이 없었다는 것을 의미하지는 않는다. 실제로, 최근의 분자 연구로 피자식물이 화석 기록보다 훨씬 전에 나타났을지도 모른다는 흥미로운 가능성이 높아지고 있는데, 이 사실은 아마도 다윈을 만족시켰을 것으로 생각된다. 화석 기록과 대륙의 분리와 같은 다른 지질학적 사건들을 이용하여 DNA 염기 서열의 차이를 측정한 '분자 시계(molecular clock)'의 증거로 보면 피자식물과 나자식물은 2억 9천9백만 년 전 페름기 초기에 분화된 것으로 보인다. 피자식물에 대한 화석 역사는 다음 장에서 다시 살펴볼 것이다.

현생 나자식물 네 그룹 간의 차이를 살펴보기 전에 우리는 그들이 공통으로 가지는 중요한 특징들을 논의할 것이다. 이들의 생식 구조는 대부분 구과(cone)에, 또는 일부 경우에는 짧은 작은 가지인 단지(短枝)에 달리기도 한다. 이들의 배주와 수정 후에 만들어지는 종자는 피자식물의 경우처럼 보호 역할을 하는 불임성 조직에 완전히 감싸이지 않고 나출되어 있다. 나자식물의 웅성 구과는 대개 크기와 형태면에서 자성 구과와 매우 다르다. 자성 구과에서 배주의 발달은 하나의 대포자모세포가 4개의 딸 대포자를 만드는 수분 열에 의해 감수분열로 분열되면서 시작된다. 그러나 4개의 대포자들 중 3개의 대포자는 퇴화되고, 하나의 대포자만이 기능성 대포자가 되고, 체세포 분열로 계속 분열되어 전엽체(prothallus)를 형성한다. 그러나 처음에는 이 분열로 세포벽이 형성되지 않아서 다수의 핵이 세포질 연속체에 감싸이게 된다. 이러한 '유리핵(free nuclear)' 상태는 세포벽이 형성될 때까지 지속되며, 전엽체는 세포화된다. 이렇게 세포 분화가 진행되면서 하나 또는 그 이상의 장란기(archegonium)가 형성되는데, 각각의 장란기에는 난세포가 들어 있다. 장란기가 완전히 발달하게 되면 배주는 '주공(micropyle)'이라고 불리는 작은 구멍만을 남기고 불염성 주피에 의해 둘러싸이게 되며, 이때 주공은 수배우자를 가지고 있는 화분이 들어오는 곳이다. '화분(pollen)'이란 단어는 종자식물의 소포자와 비종자식물의 소포자를 구분하기 위한 단어로서, 먼

아래: 은행나무(*Ginkgo biloba*)는 유일한 현생종이지만 2억 7천만 년 전인 페름기로 거슬러 올라가는 화석 기록을 가지고 있다.

164쪽: 수정되기 전 유럽 적송(*Pinus sylvestris*)의 배주 단면. 왼쪽 2개의 타원형 조란기가 핵과 주피에 둘러싸여 있으며, 주피의 오른쪽 관은 화분이 들어올 수 있도록 열린다. 헤마톡실린과 에오신으로 염색한 슬라이드. 광학현미경. 명시야 조명 × 200

서 발아를 해야 배우체로 성장할 수 있다.

나자식물에서 화분은 감수분열 후 형성된 보호성 포자벽으로 둘러싸인 완전한 소형 배우체 식물에 해당된다. 사실상 화분은 종자식물의 수배우체로 정의될 수 있는데, 이는 수배우체의 소형화와 극단적인 압축을 나타내며, 또한 화분은 수분을 위해 습한 환경이 필요하지 않다. 이는 수배우체가 건조한 서식처에 산포되었을 때 살아남을 수 있는 새로운 가능성을 열어 놓게 하였다. 화분은 대개 다량으로 생산되고, 충분히 작거나 부력이 있으면 바람에 의해 먼 거리를 이동할 수 있다. 바람에 의해 산포되는 식물 종자의 크기는 주로 20~30㎛ 범주에 속하며, 예외적으로 60㎛ 정도로 큰 것도 있다. 많은 송백류의 화분은 이보다 훨씬 크지만 팽창된 공기주머니가 있기 때문에 공기의 흐름에 뜰 수 있을 정도로 부양성이 충분히 있다. 어떤 나자식물은 동물에 의해 화분이 운반되기도 하는데, 이것으로 나자식물의 웅성 구화수(male cone)에서 만들어진 화분이 자성 구화수(female cone)로 이동하는 방법이 다양해졌음을 알 수 있다. 피자식물에서의 수분은 훨씬 더 높은 수준의 다양성을 보인다. 나자식물은 수분 매개체도 바람 또는 동물 등으로 다양할 뿐만 아니라, 자성 구과에 닿은 화분의 수배우자가 난세포에 전달되어 수정되는 방법도 다양하다. 생식 과정에서의 미세한 변화가 모두 현미경적 수준에서 일어나기 때문에, 이를 발견하고 정확하게 해석하는 것은 1세기 이상 광학현미경을 이용한 면밀한 관찰에 기초한 것이었다. 심지어 더 넓은 범위의 식물도 현대의 전자현미경과 공초점현미경으로 관찰되고 있기 때문에 오늘날까지도 계속해서 새로운 내용이 밝혀지고 있다.

비록 나자식물을 특징짓는 특성이 주로 생식적 형질과 관련이 되어 있지만 나자식물의 분류는 그 식물의 잎과 목재의 해부학적 구조에도 기반을 두고 있다. 그리고 나자식물의 용어가 양치식물에서 사용하는 것과 똑같지 않기 때문에 다소 혼란스럽지만, 나자식물에서 나타나는 주요 두 종류의 잎도 대엽과 소엽이라 부른다. 나자식물의 소엽은 작고 1~2개의 평행맥을 갖거나, 또는 좀 더 크면서 그물을 형성하지 않는 평행맥을 갖는 잎을 말한다. 대엽은 훨씬 더 크고 분지하여 두 개의 뚜렷한 열편으로 나뉘는데, 이러한 측면에서는 양치식물의 엽상체 잎을 닮았다. 나자식물의 목재 해부학 구조도 두 종류로 나뉘는데, 하나는 부드럽고 섬유질이 많아 상업적 사용에 적합하지 않고, 다른 하나는 딱딱하고 조밀하여 매우 좋은 재목이 된다. 현미경적 크기의 수준에서의 주요 차이점은 연재(soft wood)를 가진 나자식물은 폭이 넓은 유조직 세포열이 나무 줄기를 관통하여 방사상으로 뻗어 있어 나무의 대부분을 차지한다는 것이다. 반면, 나자식물에도 경재(hard wood)를 가진 유조직 세포열이 존재하지만 나무의 적은 부분만을 차지하고 있으며 경재의 대부분은 물관부 가도관으로 되어 있다. 목재에서 유조직과 물관부의 이러한 상대적인 양의 차이는 중요한 기능상의 차이, 특히 나무가 자랄 수 있는 높이와도 상관관계가 있다. 혼동스럽게도 나자식물로부터 생산한 목재를 모두 상업적으로 '연재(soft wood)'라고 부르는데, 이는 많은 피자식물 나무의 조밀한 목재와 구별하기 위해서이다.

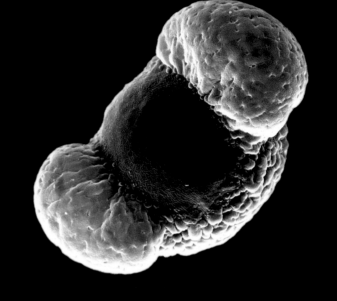

위: 많은 송백류의 화분에는 공기주머니가 있어 부양성을 증가시키며 공기 중에 산포되도록 한다. 아크모파일 판체리[Acmopyle pancheri, 나한송과(Podocarpaceae)]의 화분. 이 식물은 뉴칼레도니아의 고유종이자 아크모파일속(Acmopyle)의 2종 중 하나이다. 주사전자현미경 × 450

아래: 유럽 적송(Pinus sylvestris)의 화분을 강산으로 처리하여 살아 있는 내용물을 제거하면 화석화된 화분과 비슷한 상태에서 화분벽을 자세히 연구할 수 있다. 광학현미경, 명시야 조명 × 500

167쪽: 북오스트레일리아의 산림에서부터 필리핀, 인도네시아 및 뉴기니에 서식하는 선다카르푸스 아마루스(Sundacarpus amarus)의 잎 단면. 윗면에는 광합성 세포, 안쪽에는 해면 조직, 아랫면에는 기공이 보인다. 주사전자현미경 × 160

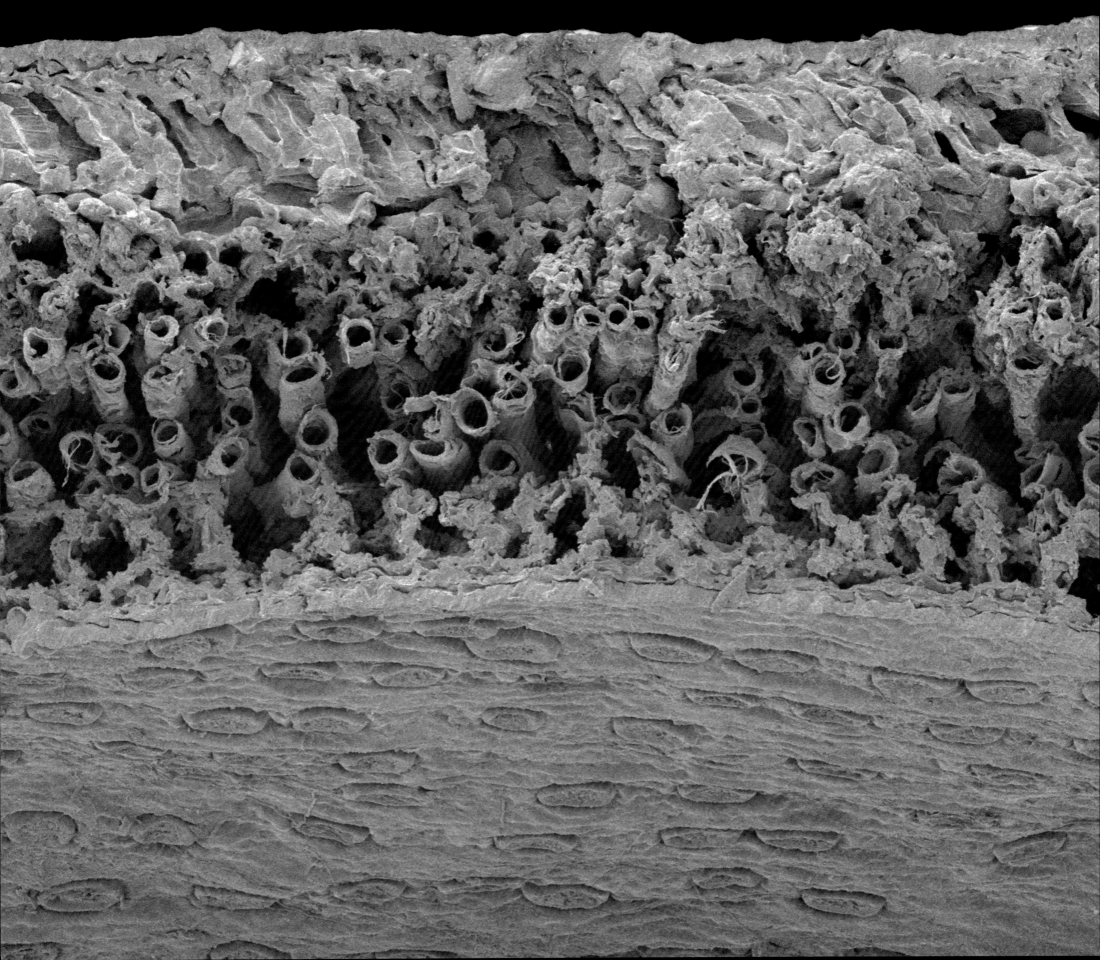

나자식물의 계통수에서 가장 첫 번째 가지는 소철류(cycads)이다. 소철류는 오래 살고 다소 야자같이 생겼으며, 주로 열대성 나무인데 소철은 생식생물학의 오래된 방식을 보유하고 있어서 소포자가 운동성 수배우자를 생산한다. 이러한 점에서 소철류의 생식은 멸종된 일부 종자고사리와 비슷하다. 소철류 계통은 최소한 2억 8천만 년 전 초대륙 판게아가 갈라지기 전인 페름기 초기로 거슬러 올라가는데, 어떤 것은 3억 년 전의 것으로 추정되기도 한다. 소철류는 성장할 때 야자나무를 닮았고, 줄기가 거의 없는 것에서부터 키가 가장 큰 종에서는 높이가 20m에 이르는 것까지 있다. 야자나무와 유사한 점은 잎 길이가 최대 3m 정도로 크고 중앙맥과 양측에 줄줄이 늘어선 좁은 소엽들이 달려 있고 잎이 많이 갈라져 있다는 것이다. 팔레오사이카스 인테거(*Palaeocycas integer*)와 같은 일부 화석 소철류의 경우 잎 화석은 뷰비아 심플렉스(*Bjuvia simplex*)라는 이름으로 알려져 있는데, 엽신은 갈라지지 않은 단엽이며, 바나나 잎을 닮았다. 각각의 소철은 암수딴그루로서 생식 기관인 포자낭수는 윤생한 잎의 한가운데에서 올라온다.

세계에서 가장 희귀한 소철류 중 하나인 엥케팔라르토스 우디(*Encephalartos woodii*)는 지금까지 단 한 번 야생에서 채집되었다. 엥케팔라르토스 우디 소철은 존 메들리 우드(John Medley Wood, 1827~1915)에 의해 발견되었는데, 그는 더반(Durban) 식물원의 큐레이터이자 1898~1912년에 발간된 6권짜리 『나탈의 식물(*Natal Plants*)』의 저자이기도 하다. 불행히도 우드가 발견한 것은 웅성 식물체 하나였지만, 그가 1898년 큐 식물원으로 보낸 가지는 아직도 번성하고 있다. 그 후 식물체는 영양 번식을 시켜 새로운 웅성 개체를 다시 남아프리카로 돌려보냈지만 자성 개체가 발견된 적은 없었다. 아마도 엥케팔라르토스 우디의 암그루는 수그루가 발견되기 수세기 전에 이미 멸종되었을 것으로 보인다.

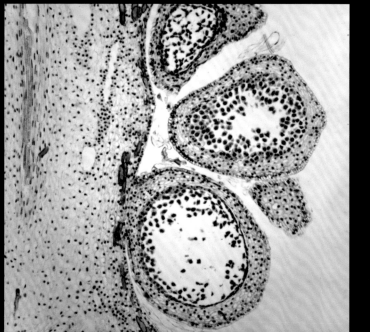

아래: 소철류인 자미아 멕시카나(*Zamia mexicana*)의 웅성 구화수 단면. 3개의 두꺼운 벽을 가진 3개의 포자낭 안에 발달하고 있는 수배우자가 들어 있다. 헤마톡실린과 에오신으로 염색한 슬라이드. 광학현미경. 명시야 조명 × 170

169쪽: 에든버러 왕립식물원에서 재배하고 있는 남아프리카의 줄룰란드 소철(Zululand cycad, *Encephalartos ferox*)의 자성 구화수. 구화수와 종자는 종자 산포를 위해 밝은 색을 띠고 있는데 이는 포유류와 새들을 유인하기 위한 것이다.

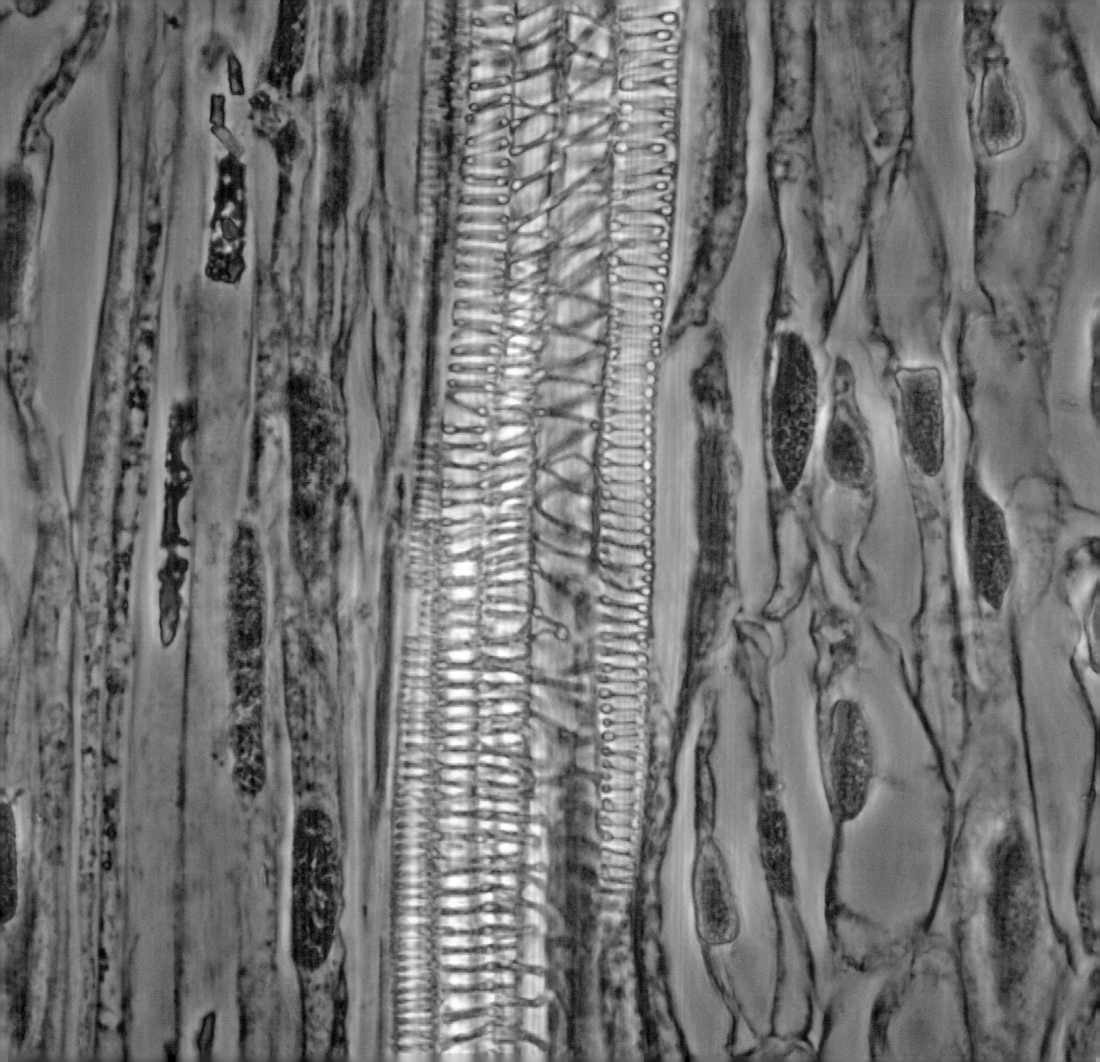

소철은 초식 공룡의 주요 먹이였겠지만 대부분의 소철은 인간이 섭취하면 거의 항상 해롭고, 식물의 모든 부분에 독이 있어 간과 신경 손상을 유발하여 사망에 이르게 할 수도 있다. 따라서 일부 소철을 인간이 먹는다는 것은 놀라운 일일 수도 있다. 엥케팔라르토스속(*Encephalartos*) 종은 빵야자나무 또는 캐피어 빵(kaffir bread)이라고 불리는데, 나무 줄기의 윗부분에서 수(pith)를 잘라 몇 달 동안 땅에 묻어 독을 제거하면 식용이 가능하다. 땅에 묻은 숙성한 수를 꺼낸 다음에는 주물러서 반죽한 후 빵으로 굽는데, 이렇게 소철의 수를 땅속에 묻어 숙성시켜서 빵을 만드는 방법은 독일 식물학자 요한 게오르크 크리스티안 레만(Johann Georg Christian Lehmann, 1792~1860)이 이 식물의 속명을 짓는 데 영향을 주었다. '*Encephalartos*'는 그리스 어 'en(~안에)', '*kephali*(머리)', '*artos*(빵)'가 합쳐진 단어로, 나무 꼭대기에 빵 또는 빵을 만들 수 있는 전분이 있다는 것을 뜻한다. 식용 전분은 소철(sago cycad, *Cycas revoluta* – 종종 혼동스럽게 '사고 팜(sago palm)'이라고 부름)에서도 얻어질 수 있는데, 소철을 거친 가루로 분쇄한 다음 깨끗한 물로 여러 번 씻어 독소를 제거한 후 건조시키면 녹말가루를 얻을 수 있다. 진짜 '사고 팜'인 메트록실론 사구(*Metroxylon sagu*)는 저지대 열대 습지와 숲에서 빨리 자라는 나무로, 꽃을 피우는 피자식물이다.

소철의 광범위한 분포는 이들의 아주 오래된 역사의 결과라고 할 수 있다. 현생 소철류는 12개의 속과 전체적으로 총 300종 이상이 있으며 중앙아메리카, 사하라 사막 이남의 아프리카, 동아시아에서 오스트레일리아 지역까지 분포해 있다. 약 64종이 있는 엥케팔라르토스속(*Encephalartos*)은 스탕게리아속(*Stangeria*)의 유일한 종과 마찬가지로 아프리카에만 제한적으로 서식한다. 스탕게리아속의 가장 가까운 분류군은 오스트레일리아의 보웨니아속(*Bowenia*)이며, 오스트레일리아에는 고유속 마크로자미아속(*Macrozamia*)과 레피도자미아속(*Lepidozamia*) 및 15종의 소철속(*Cycas*)이 서식한다. 소철속은 가장 광범위하게 분포하는데, 일본과 인도 그리고 마다가스카르에까지 뻗어 있다. 신대륙에 분포하는 속에는 케라토자미아속(*Ceratozamia*), 치과속(*Chigua*), 디오온속(*Dioon*), 마이크로사이커스속(*Microcycas*), 자미아속(*Zamia*)이 있다. 화석화된 소철 화분을 포함한 화석 기록을 보면 소철의 다양성이 오늘날보다 중생대(2억 5천백만 년 전 ~ 6000만 년 전)에 더 높았던 것을 알 수 있다. 현생 소철은 사막부터 열대우림까지 광범위한 서식처에서 발견되는데, 이들은 질소를 고정하는 시아노박테리아인 염주말속(*Nostoc*), 아나베나속(*Anabaena*)과 공생 관계를 이루며, 이 때문에 질소가 부족한 상황에서도 생존할 수 있다. 시아노박테리아는 전산호성 뿌리(precoralloid roots)로 알려진 특수한 근계에 서식하는데, 이 근계는 땅 아래로 자라지 않고 빛을 향해 위로 자란다. 시아노박테리아가 서식하게 되면 이 특수한 근계는 형태를 바꾸어 산호성 뿌리(coralloid roots)를 형성하는데, 색깔이나 가지 모양이 산호와 비슷하게 생겼기 때문에 산호성 근계로 알려져 있다. 시아노박테리아는 산호성 뿌리 내부에 원통형의 짙은 청록색 영역을 만들며, 공생하는 소철이 잎에서 생산한 광합성 산물을 이용할 뿐만 아니라 시아노박테리아

170쪽: 소철류(*Zamia mexicana*)의 웅성 구화수 수송 조직. 나선형 및 고리 모양으로 두꺼워진 서로 다른 종류의 벽을 가진 물관부 가도관을 보여 준다. 헤마톡실린과 에오신으로 염색한 슬라이드. 광학현미경, 간섭대비 × 2,800

자체도 직접 광합성을 한다.

암 소철과 수 소철의 구과, 즉 포자낭수는 구조상 암수가 서로 뚜렷하게 다르다. 소철의 계통분지에서 가장 초기의 현생 분지인 소철속(*Cycas*)의 경우 웅성 구화수는 포자엽 아래에 수천 개의 소포자를 가지고 있는데, 다른 분류군에서는 소포자 수가 더 적다. 개개의 웅성 포자낭은 여러 층의 세포로 된 세포벽을 가지고 있고 많은 수의 포자를 가지고 있다는 면에서 진정 포자낭(eusporangiate) 양치류와 매우 비슷하다. 자성 구화수의 크기는 속(genus)에 따라 다른데 2cm부터 70cm까지 매우 다양하다. 웅성 구화수에 든 포자낭 수의 변화처럼 배주의 수도 감소하는 방향으로 진화하는 경향이 있다. 소철속은 포자엽 양쪽을 따라 최대 8개의 배주가 있었으나, 대부분의 속에서는 점차 하나의 배주가 맨 꼭대기에 위치하는 쪽으로 진화해 갔다. 소철속의 자성 구화수는 각각의 포자엽이 느슨한 나선형으로 배열된 열린 구조이다. 반면, 대부분의 다른 소철류는 솔방울에 훨씬 더 가까운 것 같이 단단한 자성 구화수를 가지고 있으며, 나선형으로 배열된 포자엽은 끝으로 갈수록 도톰해지며 서로 바짝 맞닿아 있다. 배주는 달콤한 수분액을 분비하는데, 이 수분액은 화분을 달라붙게 만들며, 수분액이 배주 안으로 들어갈 때 수분실(pollination chamben) 안쪽으로 화분을 운반하는데, 이 수분실은 화석 종자고사리에서 알려진 수분실과 비슷하게 생겼다.

한때는 소철이 단순히 바람에 의해 수분된다고 여겨졌었지만 이는 나자식물이 바람에 의해 수분되어 넓게 분포한다는 사실과 생식 구조도 꽃처럼 화려하지 않다는 것을 기반으로 한 잘못된 가정이었다. 사실 소철의 수분은 고대부터 고도로 공동 작용하게 된 곤충(특히 딱정벌레류인 바구미)과의 공생(symbiosis) 관계에 의해서도 일어난다. 이러한 상호적 의존 관계는 수백만 년 동안 진화하면서 수분 매개체인 딱정벌레의 종 다양성과 소철의 종 다양성을 일치시키게 되었다. 각각의 소철에는 특정 수분 매개 곤충이 있다. 웅성 구화수가 성숙하면 독성이 덜해지면서 열을 발생시키고, 바구미를 유인하는 냄새를 풍기게 되고 바구미는 소철에 알을 낳는다. 그리고 애벌레는 웅성 구화수를 먹이로 하는데 주로 유조직 세포를 먹게 되며, 이 안에 함유되어 있는 독성도 같이 흡수한다. 이 딱정벌레 애벌레가 고치를 틀 때 고치에 포함되어 있는 독소는 다른 동물에게 먹히지 않도록 독성을 띠게 하는 역할을 하는데, 이러한 방법으로 바구미는 소철로부터 양분을 얻고 천적으로부터 보호를 받는다. 자성 구화수는 바구미가 먹기에는 독성이 매우 강하지만 여기서도 유인하는 향이 나기 때문에 바구미들이 먹이 장소와 번식 장소를 찾기 위해 찾아온다. 이 정교한 관계로 딱정벌레는 소철의 매우 효율적인 수분 매개체가 되었다.

바구미나 다른 딱정벌레의 몸에 묻어 있는 화분이 수분액에 잡혀 수분실로 끌려들어가게 되면 발아가 시작되고, 짧은 화분관이 생겨 주위 조직으로 성장을 하게 하고 자성 식물체로부터 물과 양분을 얻는다. 소철에서 화분의 발아는 매우 느린 과정이고 수정이 일어나기 전 몇 달이 걸릴 수도 있다. 이 기간 동안 화분이 발아하면서 세 번의 체세포 분열이 일어나는데, 마지막 분열에서 운동성의 정자가 만들어진다. 쿠바의 고유종인 마이크로사이커스 칼로코마(*Microcycas calocoma*)

아래: 그네툼 그네몬(*Gnetum gnemon*)의 자성 화서. 적갈색의 종자와 더 작은 미수정 배주가 보인다. 종자는 식용이 가능하다.

는 16개의 정자가 있기는 하지만 보통은 한 화분당 정자가 2개만 존재한다. 소철에서 각각의 정자는 최고 30μm(어떤 한 종에서는 500μm) 길이의 비정상적으로 큰 세포이다. 정자들은 길쭉한 나선형의 편모가 있어 자성의 장란기를 향해 헤엄쳐 갈 수 있는데, 대부분의 소철에서 편모의 나선 길이는 정자 주위를 5~7회 감을 정도이다. 마이크로사이커스에서 최초로 만들어진 화분은 이러한 방식으로 화분관을 따라 내려가지만, 그 뒤의 것은 1~2회만 감겨 있어 현저하게 수영 능력이 떨어진다.

소철의 운동성 정자를 헤엄칠 수 있게 해 주는 편모란 정확히 무엇인가? 이 편모는 광학현미경으로 관찰이 가능하지만 내부 구조를 분석하려면 전자현미경이 필요하다. 최근에는 편모를 구성하고 규칙적으로 움직이게 하는 다양한 단백질 분자의 구조가 밝혀졌을 뿐 아니라 인공적으로도 합성할 수 있게 되었다. 이제는 생물의 세 가지 도메인(domain)이 서로 편모 구조가 다르다는 것이 확실해졌다.

진핵생물의 편모는 플라겔린(flagellin)이라는 단백질로 구성되어 있는데, 이러한 플라겔린은 속이 빈 원통형으로 배열되어 기저부에 있는 '모터 단백질(motor protein)'에 의해 움직인다. 고세균의 편모 역시 플라겔린으로 구성되어 있지만 진핵생물 편모의 구조와 달리 아래에서부터 자란다. 진핵생물은 중심에 한 쌍의 미세소관('tubulin'이란 단백질 중합체로 만들어진 긴 원통형 구조)이 있고, 그 중앙에 있는 한 쌍의 미세소관은 다시 9개의 미세소관의 쌍으로 둘러싸여 있다. 투과전자현미경으로 단면을 관찰하면 이 '9+2' 단위는 독특한 모양을 띠고 있으며, 다양한 식물과 동물에 광범위하게 발견된다. 각 편모 아래에는 기저체(basal body)라 불리는 구조가 세포질 내에 자리하고 있고, 편모는 세포를 뚫고 나와서 주변 환경에 노출된다. 편모에 있는 것과 동일한 미세소관은 세포 내 소기관의 이동, 예를 들면 엽록체의 '유동(streaming)' 운동이나 감수분열 및 체세포 분열을 하는 동안 염색체의 이동에도 관여한다. 세포 분열과 관련된 미세소관은 작은 미세소관 다발로 구성되어 있다. 편모의 '9+2' 구조[비슷하지만 섬모(cilia)라고 불리는 더 짧은 구조]는 모든 진핵세포에서 동일하다. 이들의 기원에 대해서는 크게 2가지 설이 있는데, 가장 널리 받아들여지고 있는 설은 이들이 세포 내 소기관의 이동을 담당하는 미세소관에서 유래되었다는 것이다. 또 다른 설은 미국 생물학자 린 마굴리스(Lynn Margulis, 1938~2011)가 제안했는데, 그는 공생 이론과 가이아 가설의 주요 지지자였다. 마굴리스는 진핵세포의 편모가 이전에는 독립생활을 하다가, 이후에 내부 공생을 하게 된 스피로헤타(spirochaetes)로 알려진 박테리아 종류에서 기원하였다고 주장했다. 현재에는 미토콘드리아와 엽록체의 내부 공생 기원설이 널리 받아들여지고 있음을 감안하면, 이는 추가적인 연구가 필요하기는 하지만 흥미로운 가설이라고 할 수 있다. 이러한 연구는 현미경으로 해답을 찾기에는 한계가 있어 분자생물학의 영역에서 수행될 것으로 보인다.

소철에서는 난세포가 수정된 후 새로운 세포벽의 형성 없이 반복적인 핵분열이 일어나는데, 이때 후기에만 배아가 세포화된다. 그리고 소철 종자의 성장은 느려서 성숙하는 데 몇 달이 걸리며,

아래: 그네툼 그네몬(*Gnetum gnemon*)의 배주를 자른 모습. 하얀 대포자낭이 연한 색을 띠고 있는 3개의 주피에 의해 둘러싸여 있다. 주피는 신장되어 주공을 만들고, 이 속으로 수분액이 들어온다.

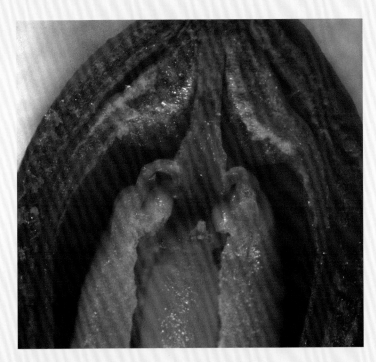

있었던 것은 아마도 중국에서 고대로부터 약용 및 식용으로 사용하기 위해 재배했기 때문일 것으로 짐작된다. 은행나무는 중국과 일본의 절과 수도원에 흔히 식재되는데, 높이 50m에 수령 2500년 이상까지 살 수 있는 크고 느리게 성장하는 나무로 신성시 되고 있다. 공해에 내성이 강하기 때문에 최근에는 전 세계에서 인기 있는 가로수로 애용되고 있다. 일반적으로는 수그루만을 가로수로 심는데, 이는 암그루가 생산하는 종자는 떨어지면서 불쾌하고 썩은 냄새를 풍기기 때문이다. 은행나무는 유럽과 미국에서까지 이용됨으로써 약용으로 널리 애용되고 있는데, 유럽과 미국은 순환기 장애 치료 및 기억 손실을 방지하는 데 사용되는 약초가 가장 많이 팔리는 곳이기도 하다.

소철과 마찬가지로 은행나무속(*Ginkgo*)은 암그루와 수그루가 따로 있다. 수그루는 화분이 있는 구과를 생산하고, 암그루는 구과보다는 단지(short stalk) 끝에 붙어 있는 한 쌍의 배주를 가지고 있다. 앞서 언급했듯이, 화분은 발아하여 소철처럼 운동성이 있는 정자를 생산한다. 은행나무속 정자의 지름은 소철 정자의 1/3 미만인 약 90μm로 소철보다 월등히 작다. 오히려 마이크로사이커스(*Microcycas*)의 특이한 정자와 비슷한데, 크기도 비슷하고 편모의 나선이 3바퀴 조금 못 되는 것도 비슷하다. 이렇게 은행나무속과 소철만이 운동성의 정자를 가졌다는 사실 때문에 이 두 부류의 식물은 진화적으로 가까운 관계일 것이라고 여겨지고 있다. 두 그룹 모두 '살아 있는 화석(living fossils)'으로 불리기도 하는데, '살아 있는 화석'이란 특정 유기체가 오래되고 풍부한 화석 기록을 가지고 있으며, 현대 식물상에서 상대적으로 희귀하거나 비교적 최근에 재발견된 경우를 일컫는 표현이다.

영국의 저명한 생물학자이자 지질학자인 알버트 찰스 수어드(Albert Charles Seward, 1863~

아래: 은행나무속(*Ginkgo*)의 운동성 정자. 정자를 헤엄치게 할 수 있는 빽빽이 채워진 나선형의 편모를 보여 준다. 임계점 건조법으로 만들어졌다. 주사전자현미경 × 780

175쪽: 은행나무(*Ginkgo biloba*)의 잎. 종소명은 둘로 갈라진 엽신을 의미한다. 맥은 잎자루에서 차상 분지하여 펼쳐지며 서로 이어지지 않는다.

무 먼 세계의 유산이며, 헤아릴 수 없는 과거의 비밀을 간직한 나무"라고 표현했다. 이 유명한 문구는 '살아 있는 화석'이란 표현보다 많은 것을 전달해 주고 있으며, 화석 기록이 있는 그 어떤 현생종(우리를 포함하여)에도 적용할 수 있을 것이다.

매마등목

 매마등목(Gnetales)은 형태적으로 공통점이 거의 없어 보이는 3개의 속(genus)으로 이루어진 약 70종의 현생 식물이 속해 있는 놀라운 그룹이다. 이들은 서식지가 매우 다르고 서로 멀리 떨어진 장소에서 살기 때문에 함께 묶는 것은 이상할 수도 있다. 그럼에도 불구하고 매마등목은 생물계통수에서 집합적으로 하나의 계통분지를 형성하며, 발견된 이후부터 생물학자들의 지대한 관심을 끌었다. 매마등목은 피자식물의 가장 가까운 분류군으로 인식되고 있는데, 이는 주로 이들의 생식 구조가 꽃과 다소 비슷하기 때문이다. 꽃과 유사하다는 것은 다른 나자식물(gymnosperm)처럼 포자엽과 포자낭이 하나의 축에 달린 구과를 형성하기보다 더 복잡하고 분지된 구조를 가졌다는 것을 의미한다. 매마등목에서 중심축은 X자형(가지가 서로 반대편으로 뻗어 있고 연속되는 가지가 90°로 배열되어 있다)으로 배열되고, 각 암꽃과 수꽃 아래에는 포(bract, 꽃의 일부가 변형된 잎)가 있다. 비록 이러한 조직이 피자식물의 꽃과 몇 가지 공통점(윤생하는 기관들이 있다는 점)이 있기는 하지만, 여러 개의 구과가 모여 구조를 이루는 것에 상응하는 복합 구조(복수의 반복된 부위가 있다는 것을 의미한다)로 해석하는 것이 더 정확하다. 또한 피자식물과 가까운 관계임을 지지하는 미세한 특징도 있는데, 매마등목과 피자식물 모두 2차 물관부에 도관(vessel)을 가지고 있는 반면, 다른 나자식물들은 가도관만 있다.

 이것이 처음 발견되었을 당시에는 상당한 이목을 끌었지만 이제는 수렴 진화의 경우로 해석되고 있다. – 도관이 비슷하게 생겼지만 서로 다른 방식으로 진화된 것이다. 매마등목에 존재하는 도관은 인접한 세포들의 말단 벽이 사라짐으로써 형성된 것이 아니라, 막공무늬가도관(pitted tracheid)으로부터 직접 형성된 것이다. 매마등목과 피자식물 사이의 유사점이 피상적이라는 것을 입증하는 다른 미세한 관속 조직 해부 구조도 있다. 따라서 매마등목이 다른 나자식물과 매우 다르다 해도 피자식물에 해당하기보다는 나자식물에 해당하는 그룹이며, 현재는 송백류가 가장 가까운 근연군으로 여겨지고 있다.

 매마등목 중 가장 주목할 만한 종은 웰위치아 미라빌리스(*Welwitschia mirabilis*)로서 나미비아부터 앙골라까지 아프리카의 해안을 따라 좁게 분포한다. 속명은 오스트리아의 생물학자이자 탐험가였던 프리드리히 마틴 요제프 웰위치(Friedrich Martin Josef Welwitsch, 1806~1872)를 기리기 위해 지어졌다. 웰위치는 1859년에 앙골라의 나미브 사막에서 웰위치아 미라빌리스를 발견했다. 그는 죽기 직전 그의 식물 표본들을 런던의 국립자연사박물관에 기증하겠다는 유언을 남

아래: 웰위치아 미라빌리스(*Welwitschia mirabilis*) 재배종의 웅성 구화수. 노란 수술이 돌출되어 있다. 웅성 구화수는 곤충 수분 매개체들에게 꿀과 화분을 제공한다.

176쪽: 웰위치아 미라빌리스 재배종의 자성 구화수. 돌출된 암술머리 끝에 있는 세포에서 분비된 수분액을 보여 주고 있다. 구화수의 적갈색이 수분 매개체를 유인한다.

으나, 웰위치의 아프리카 여행을 지원했던 포르투갈 정부와 법인 문제가 발생하여 법적 분쟁이 일어났다. 결국 웰위치의 일부 표본은 리스본으로 되돌아가고 일부만 런던에 남게 되었다. 종소명은 라틴 어로 '놀랍다, 경탄스럽다'를 의미하는데, 이것은 다른 식물과는 다르게 생긴 식물을 나타내기에 적절한 이름이었다. 성숙한 식물체는 일생 동안 아래에서부터 계속 자라는 두 개의 크고 뾰족한 잎을 가졌으며 길이가 2m 이상 자라기도 한다(햇수가 길면 계속 자랄 수도 있지만, 식물이 자라면서 끝은 마모된다). 습기가 많은 해안가의 공기에 스며 있는 이슬은 커다란 잎에 응축되어 뿌리로 떨어짐으로써 식물이 건조한 해안 사막에서도 살아남을 수 있게 해 준다. 또 지름이 약 50cm에 이르는 거대한 지하경은 깊이 30m까지 뚫고 들어갈 수 있으며 조직에 물을 저장한다. 전형적인 나자식물처럼 웰위치아 미라빌리스(*Welwitschia mirabilis*)는 천천히 자라며 수명이 길어 2000년까지 살 수 있다. 웅성 화서(화서란, 구과 또는 꽃을 달고 있는 가지 또는 가지계를 일컫는 용어이다.)는 단단히 겹쳐진 포(bract)를 가진 분지된 구과로서 각 소포자엽의 포로부터 개개의 수꽃이 나온다. 이 수꽃은 4개의 여린 포로 이루어져 있고, 4개의 포는 6개의 융합된 소포자엽으로 형성된 구조를 둘러싸고 있으며, 각각의 끝에는 3개의 융합된 포자낭이 달려 있다. 이러한 웅성 구화수는 화석 종 베네티탈레스(Bennettitales, 트라이아스기에 처음 나타나 후기 백악기에 멸종된 종자식물 그룹)의 구화수와 공통점이 많다. 화분(pollen)에는 극도로 축소된 웅성 배우체가 있는데, 이 웅성 배우체는 성숙하고 나면 3개의 세포로만 구성된다. 불염성 세포(sterile cell), 화분관핵(tube nucleus), 그리고 나중에 2개의 웅성 배우자로 분열하게 될 세포가 그것이다. 이 '수꽃'에 의해 만들어지는 꿀은 폭넓은 수분 매개체, 특히 파리류를 유인한다. 자성 구화수는 전체적으로 웅성 구화수와 비슷한 구조를 가졌지만, 자성 배우체가 감소되는 중요한 단계를 더 거치게 된다. 각 암꽃은 하나의 대포자 모세포를 가지고 있으며, 이 대포자 모세포는 감수분열을 통해 4개의 딸핵을 생산해 낸다. 하지만 3개의 딸핵이 퇴화하고 오직 한 개의 딸핵이 장란기를 형성하기보다는 감수분열 이후에 격벽이 형성되지 않고 곧바로 체세포 분열이 반복적으로 일어난 후 결국 세포벽이 형성되면서 다세포로 된 전엽체가 생성된다. 암꽃은 곤충을 유인하는 수분액을 만들어 화분을 웅성 식물체로부터 전달받는데, 수정 과정이 매우 특이하다. 발아하는 화분은 화분관(pollen tube)을 내고, 자성 전엽체의 위쪽 세포는 '전엽체관(prothallial tubes)'을 내어 이 둘은 서로 만나 융합하게 된다. 이렇게 수많은 수정이 일어난 후에 오직 하나의 배(embryo)만이 발달하여 종자로 성숙한다.

이와는 크게 달리 마황속(*Ephedra*)의 35종은 전환식물(switch-plants)이며, 가지가 많은 관목으로서 광합성을 하는 녹색의 가지에는 작은 인편 같은 잎이 달려 있다. 에페드라 트리안드라(*Ephedra triandra*)라는 한 종은 관목이지만 다수의 다른 종들은 덩굴성 식물이며, 마황속 식물들은 웰위치아(*Welwitschia*)처럼 사막 식물로서 흔히 모래흙에서 자라며 태양에 많이 노출되어 있다. 이러한 마황속 종들은 전 세계에 분포하고 있는데, 주로 구세계와 신세계 북반구에 분포하

아래: 에페드라 칠렌시스(*Ephedra chilensis*)의 수꽃. 양 끝에 쌍으로 달린 흰색 꽃밥이 보인다.

맨 아래: 에페드라 칠렌시스의 종자는 희고 다육성이다. 마황속에서 광합성은 녹색의 줄기에서 일어난다.

에페드라 칠렌시스(*Ephedra chilensis*) 줄기의 단면. 줄기를 따라 조금씩 올라와 있는 부분은 후벽세포들로 된 작은 삼각형에 의해 보강되어 있다. 광합성은 녹색 피층에서 일어난다. 광학현미경, 암시야 조명 × 330

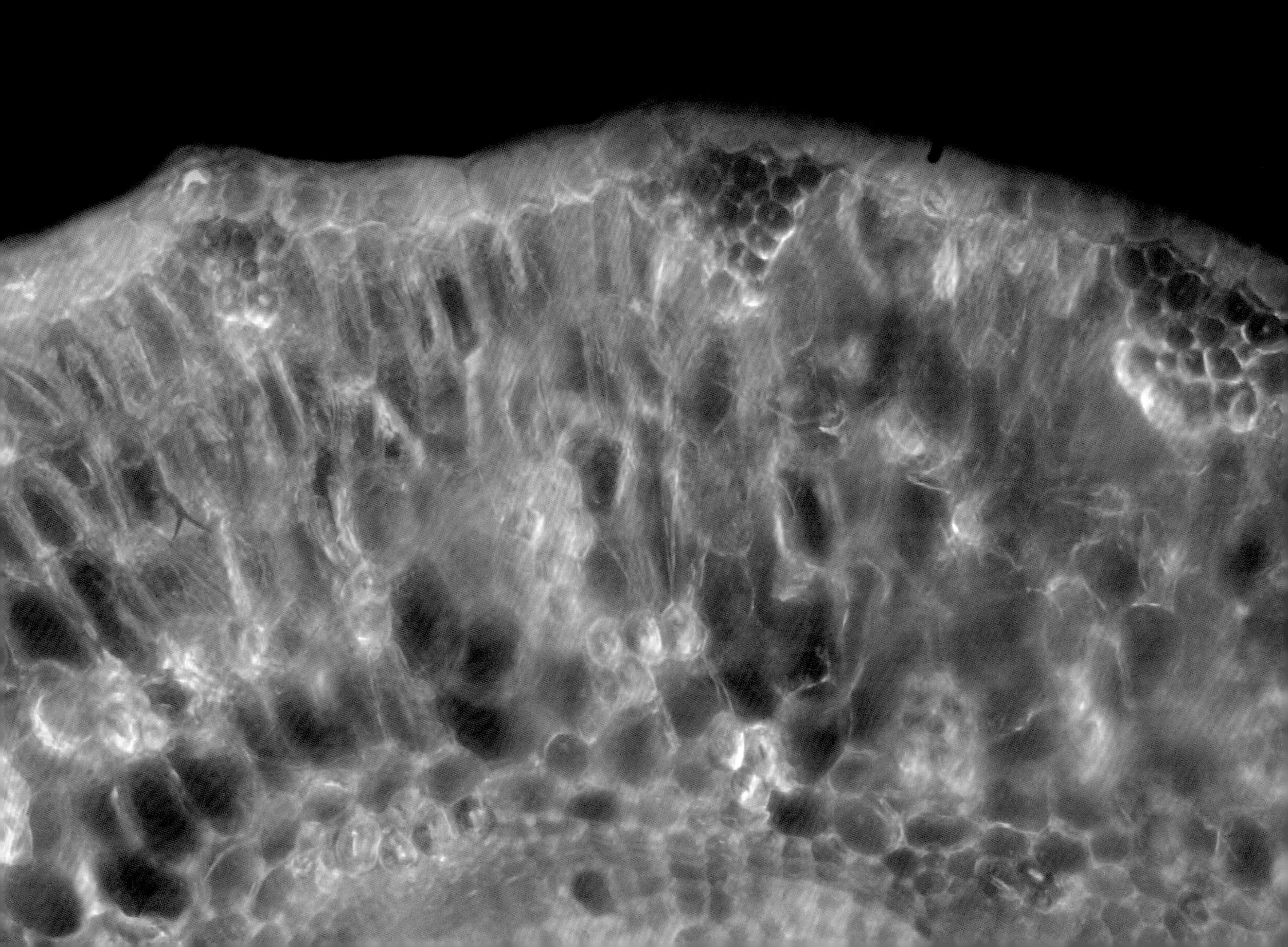

지만 남아메리카의 파타고니아와 같이 먼 남쪽까지 뻗어 분포하고 있다. 중국의 전통 의학에서는 5000년 이상 전부터 마황속 종을 천식, 감기와 같은 폐질환을 치료하는 데 이용해 왔다. 보다 최근에는 이 식물로부터 추출한 활성 화합물이 특성화되어 상업용으로 합성되기에 이르렀다. 슈도에페드린(pseudoephedrine)과 에페드린(ephedrine)은 현재 상업용 충혈 완화제로 널리 이용되고 있다. 또 마황속(*Ephedra*) 추출물은 체중 감량제로 사용되었으나, 몸에 해로운 것으로 간주되어 밝혀지면서 일부 국가에서는 불법으로 만들어져 오고 있다.

마황속의 생식 구조는 웰위치아의 생식 구조보다 작고 단순하지만 다소 비슷하다. 기능적으로 웅성이 드물게 출현하고 외견상으로는 양성 화서로 보인다고 보고되고 있지만, 대부분의 경우 수꽃과 암꽃은 각기 다른 식물체에 달린다. 웅성 꽃은 보통 하나의 포자낭을 달고 있는 구조를 가지며, 이 포자낭들은 작은 송이를 이루고, 자성 화서는 1~3개의 암꽃을 가진다. 화분은 바람에 의해 산포되며 수분액에 의해 붙잡힌다. 일부 종에서 자성 화서의 공기역학적 특징이 공기 흐름에 영향을 주어 마황 화분을 농축시키고 여과시킨다는 증거가 나왔는데, 이는 확실히 바람에 의한 수분 작용의 효율성을 높여 준다. 화분은 수분실에서 발아하여 각각의 화분립은 장란기 속으로 파고드는 화분관을 만드는 일종의 '중복 수정'이 일어나게 되는데, 2개의 정세포 중 하나는 난핵과 결합하여 배를 만들고, 다른 하나는 장란기 세포 중 하나인 복부세포핵(ventral canal nucleus)과 결합한다. 이러한 중복 수정은 관여하는 세포들이 다르고 결과도 다르기는 하지만, 오랫동안 피자식물에만 있는 특징으로 여겨 왔기 때문에 중요하다. 매마등목에 일종의 중복 수정이 있다는 것은 이들과 피자식물 사이에 밀접한 관계가 있음을 시사하며, 이는 매마등목과 피자식물의 공동 조상에 중복 수정이 있었을 가능성을 나타낸다. 그러나 여기서 중복 수정이란, 매마등목과 피자식물의 알려지지 않은 공동 조상에 있어서 화분립의 두 정자세포들이 자성 배우체 안의 세포들과 융합하는 것을 내포하는 것이다. 현생하는 매마등목의 세 번째 속은 매마등속(*Gnetum*)으로서 약 30종이 포함된다. 매마등속 종은 열대성 교목, 관목 또는 덩굴성으로서 넓은 잎을 가졌으며, 잎에는 피자식물의 잎맥과 매우 비슷한 망상맥이 있다. 웰위치아속이나 마황속과는 달리 매마등속 종들은 습한 열대에 서식하며, 또한 다육성의 열매는 완전히 익으면 빨간색을 띠고 속에 견과가 만들어지는데, 동남아시아 일부 나라에서는 그네툼 그네몬(*Gnetum gnemon*)의 열매를 수확하여 식용하기도 한다. 이 속의 일부 종은 암수딴그루이지만 어떤 종은 정단부에 수꽃이 달리고 그 아래에 불완전한 암꽃이 달리는 화서(inflorescence)를 가지고 있는데, 화서는 길쭉하고 길이를 따라 비후한 고리가 있어 윤생하는 꽃들을 서로 떨어뜨려 놓는다. 또 각각의 수꽃은 하나의 포자엽 끝에 1~2개의 포자낭이 달리고 꿀을 생산하여 나방을 포함한 다양한 수분 매개 곤충을 유인한다. 웅성 화서는 밤에 곰팡이 냄새와 같은 강한 악취를 풍기는데, 자성 화서도 악취를 풍기기 때문에 비슷한 범주의 곤충들이 찾아온다. 매마등속과 같은 식물이나 다른 나자식물의 수분액을 섭취하던 쥐라기 중기(1억 7천6백만 년 전 ~ 7천백만 년 전)의 것으로 추정되는 멸종된 여러 밑들이과(scorpion) 화

아래: 미송(*Pseudotsuga menziesii*) 목재 횡단면. 리그닌을 붉은색 염료인 사프라닌으로 염색한 슬라이드. 유연벽공(bordered pit)에 의해 물이 가도관 사이를 측면으로 이동하게 된다. 광학현미경, 명시야 조명 × 600

181쪽: 미송 목재 횡단면의 다른 면. 가도관은 끝으로 갈수록 좁아지는 긴 관처럼 보인다. 가도관 사이의 좁다란 묶음들은 사출수(medullary ray)로서 수액이 줄기를 통해 방사상으로 이동하게 한다. 광학현미경 × 800

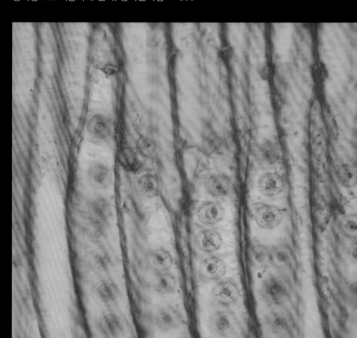

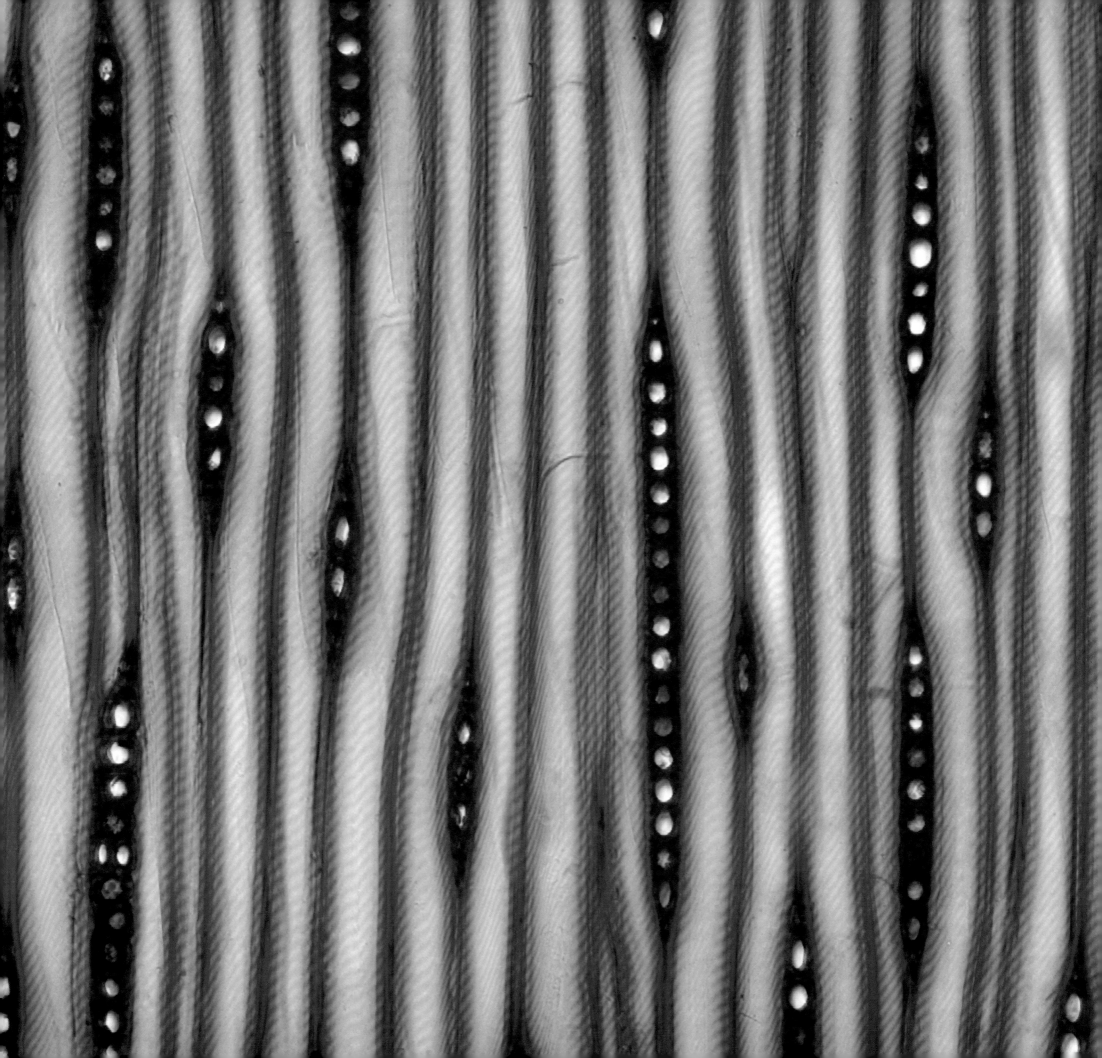

석 증거들이 이를 뒷받침해 주고 있다. 이렇게 수분액을 먹이로 이용하게 된 것이 식물과 곤충 매개체 간의 가까운 유대 관계에 대한 최초의 사례로 제시되고 있다. 다음 장에서 살펴보겠지만, 이러한 관계는 피자식물을 번성시키게 되었으며, 1990년대에 이르러서는 매마등속(*Gnetum*)의 중복 수정 형태가 밝혀지게 되었다. 자성 배우체의 특이한 특징은 수정이 유리핵(free nuclear) 단계, 즉 세포벽이 배우체를 분할하기 전 단계에 일어난다는 것이다. 화분의 2개의 정핵세포는 유리핵이 난세포로 분화되기 전에 각각 유리핵 둘 중 하나와 결합한다. 2개가 수정되어 2개의 배가 형성되는데, 매마등속의 또 다른 특이한 생식적 형질은 배(embryo) 자체가 여러 번 분열하여 복합 종자(multiple seeds)를 만들 수 있다는 것이다.

송백류

송백류는 현재까지 가장 잘 알려진 현생 나자식물로, 특히 고위도에서 대륙의 상당 부분을 덮고 있는 광대한 상록성 산림을 형성한다. 북쪽 수림대 또는 타이가(taiga)는 세계에서 가장 넓은 육상 생태계이다. 주요 생태계(또는 생물군계)를 분류하는 데에는 몇 가지 다른 시스템이 있지만 모두 지리적 특성과 기후 특성(특히 강수량과 습도)의 조합을 바탕으로 하고 있다. 타이가는 북아메리카, 북유럽, 러시아, 카자흐스탄, 몽골, 일본의 북부 지역에 해당하는 북위 50°~70°의 지역으로, 북쪽 경계는 다소 나무가 적은 툰드라에, 남쪽 경계는 온대림에 접해 있다. 타이가의 겨울은 5~7개월 지속되는데, 이 시기는 송백류 숲이 휴면에 들어가는 기간이다. 짧은 봄이 지나면 태양이 20시간 이상 수평선 위에 떠 있는 생장의 계절인 여름이 80~150일 정도 지속되는데, 이 시기에 성장과 번식이 이루어져야만 한다. 소나무(*Pinus*), 전나무(*Abies*), 가문비나무(*Picea*)와 같은 타이가의 지배적인 상록 침엽수는 새로운 잎, 목재 그리고 구과가 자라기 시작하기 전인 늦은 겨울과 이른 봄에도 계속 광합성을 할 수 있다.

낙엽성인 낙엽송(*Larix*)은 가을에 잎을 떨어뜨리기 때문에 다른 상록성 송백류보다 내한성이 강하며, 모두 천천히 성장하고 수령이 길고 바늘잎을 가지고 있다. 또 기공이 깊게 함몰되어 있어 증산에 의해 수분이 손실되는 것을 제한하는데, 이는 온도가 0℃ 이하여서 1년 내내 액체 상태의 물을 이용하기 힘든 곳에서 매우 중요한 작용이다. 또한 나뭇가지가 아래쪽으로 비스듬히 경사져 있는 원추형의 나무는 강한 바람에 대한 저항을 높여 주고 눈을 떨어뜨리는 데 도움이 된다.

온대 지역의 침엽수림은 북반구와 남반구 모두에서 나타나는데, 타이가보다 속과 종의 다양성이 훨씬 높으며, 활엽수림의 나무들과 함께 자란다. 온대 지역의 침엽수들은 생장하는 기간이 훨씬 더 길기 때문에 특히 강우량이 높은 해안 지역에서 크기가 매우 커질 수 있다. 북아메리카와 남아메리카의 태평양 연안, 유럽의 북서부 해안, 터키, 조지아 해안 지역, 일본 남부, 뉴질랜드, 태즈메이니아와 같이 습도가 높은 지역에서 발달하는 온대우림(temperate rainforest)은 이제까지 살았던 가장 큰 나무의 본거지이며, 지구에 서식했던 가장 큰 생물체의 본거지이기도 하다. 우점종은

182쪽: 송백류는 다른 나무보다 높은 위도와 고도에서 성장할 수 있다. 북부 캘리포니아에 있는 4,322m 높이의 섀스타 산(Mount Shasta) 약 2,500m 수목한계선 근처에 서식하는 로지폴 소나무(lodgepole pine, *Pinus contorta*), 섀스타 붉은 잣나무(Shasta red fir, *Abies magnifica*), 마운틴 햄록(mountain hemlock, *Tsuga mertensiana*)은 고도와 기후 조건에 의해 발육이 저해된다.

대개 소나무인 침엽수림은 중앙아메리카, 히말라야 지역, 인도네시아, 필리핀의 열대 및 아열대 지역에서도 나타나는데, 이러한 온대 침엽수림은 타이가 침엽수림과 함께 광대한 양의 연재 (softwood)를 생산하는 상업용 목재의 가장 중요한 원천이다. 이러한 연재는 건축과 가구 제작 산업을 위한 목재의 가장 중요한 공급원으로서 종종 목재는 제지 산업을 위한 하드보드나 펄프로 만들어지기 전에 우드칩으로 가공되기도 한다. 하지만 이렇게 침엽수림이 중요한 자원을 제공함으로써 남획으로 이어지게 되고, 전 세계의 많은 송백류의 종들이 멸종위기종으로 등재되게 되었다.

화석 기록에서 송백류의 역사는 3억 년 전 석탄기로 거슬러 올라간다. 이때는 멸종된 코르다이테스목(Cordaitales)에 속하는 나무들이 가지를 뻗어 높이 30m에 이르는 큰 나무들로 이루어진 광대한 숲을 형성했던 시기였다. 이들 나무들이 가지를 뻗는 특징은 칠레소나무(monkey puzzle trees, *Araucaria*)와 비슷하지만, 1m 길이에 이르는 크고 나선형으로 배열된 가죽끈과 같은 잎이 있었다는 점에서는 다르다. 코르다이테스(*Cordaites*)와 그 근연종들의 생식 구조는 길쭉하며 길이를 따라 수많은 화분낭이나 배주들이 달려 있는 개방된 구조였다.

현생 송백류는 약 630종이 68속 7과에 속해 있으며 대부분은 암수한그루이다. 웅성 구화수와 자성 구화수의 특징은 송백류를 분류하는 데 중요하다. 현생 식물과 화석 식물에서 구과의 구조를 비교하고 해석하는 데 필요했던 대부분의 지식은 스웨덴의 유명한 식물학자인 칼 루돌프 플로린 (Carl Rudolf Florin, 1894~1965)의 연구 결과로 얻어졌는데, 플로린은 후에 스톡홀름에 있는 스웨덴 왕립아카데미의 베르기우스 교수(Professor Bergius)가 되었다. 플로린은 스웨덴 국립자연사박물관에서 식물 화석들을 연구하였으며, 특히 송백류 화석에 집중하여 웰위치아속 (*Welwitschia*) 및 은행속(*Ginkgo*)과 같이 다양한 화석종과 현생종의 큐티클과 기공의 구조를 처음으로 조사하고 비교하였다.

플로린은 1938~1945년에 총 729쪽 분량의 『석탄기 후기와 페름기 초기의 송백류(*Die Koniferen des Oberkarbons und des unteren Perms*)』라는 위대한 저서를 발간하였다. 이 책의 연구 목적은 송백류의 구과가 하나의 개별적인 생식 구조인지, 많은 개별적인 생식 구조들로 구성된 화서인지를 알아보는 것이었다. 플로린은 구과를 구성하는 기관과 개별적인 분지의 진화 역사에 대해 해석했던 월터 치머만(Walter Zimmermann)의 영향을 받아 연구를 진행하였다. 플로린은 멸종된 화석 송백류인 레바키아(*Lebachia*)와 에르네스티오덴드론(*Ernestiodendron*)이 확실하게 자성 구화수이며, 이들이 반복적인 모듈 단위로 구성된 화서라는 것을 알아냈다. 구화수의 중심축에는 나선형으로 부착되어 있는 포(bract)가 있었으며, 포의 정단에는 방사대칭의 종자 인편(seed scales)이 있었다. 이들 각각의 종자 인편들은 포자낭수(strobilus)에 해당되는데, 포자낭수는 몇 개의 불임성 인편과 대포자엽으로 구성되어 있으며, 각각의 대포자엽 끝에는 배주가 있다. 따라서 구과는 수많은 축소된 포자낭수로 구성된 복합 구조(화서)라는 것을 알 수 있다. 플로린(Florin)은 종자 인편이 진화 과정에서 납작해지고 훨씬 축소된 구조가 되었음을 보여 주었다. 이는 소나무의

아래: 독일가문비나무(*Picea abies*)의 잎 횡단면 슬라이드. 향긋한 수지가 들어 있는 수지도(resin canal)를 보여 주고 있다. 많은 송백류가 곤충 천적에 대한 방어책으로 수지를 가지고 있다. 광학현미경, 간섭대비 × 440

맨 아래: 브루어 가문비나무(Brewer's spruce, *Picea breweriana*) 잎의 기공. 광학현미경. 간섭대비 × 800

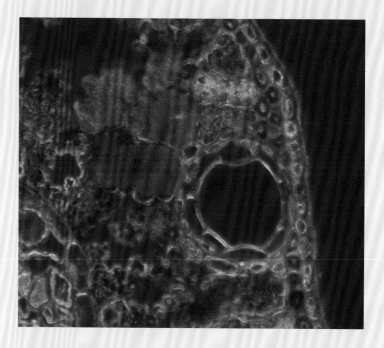

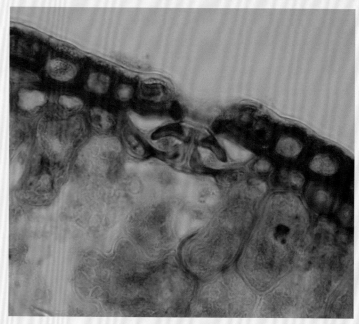

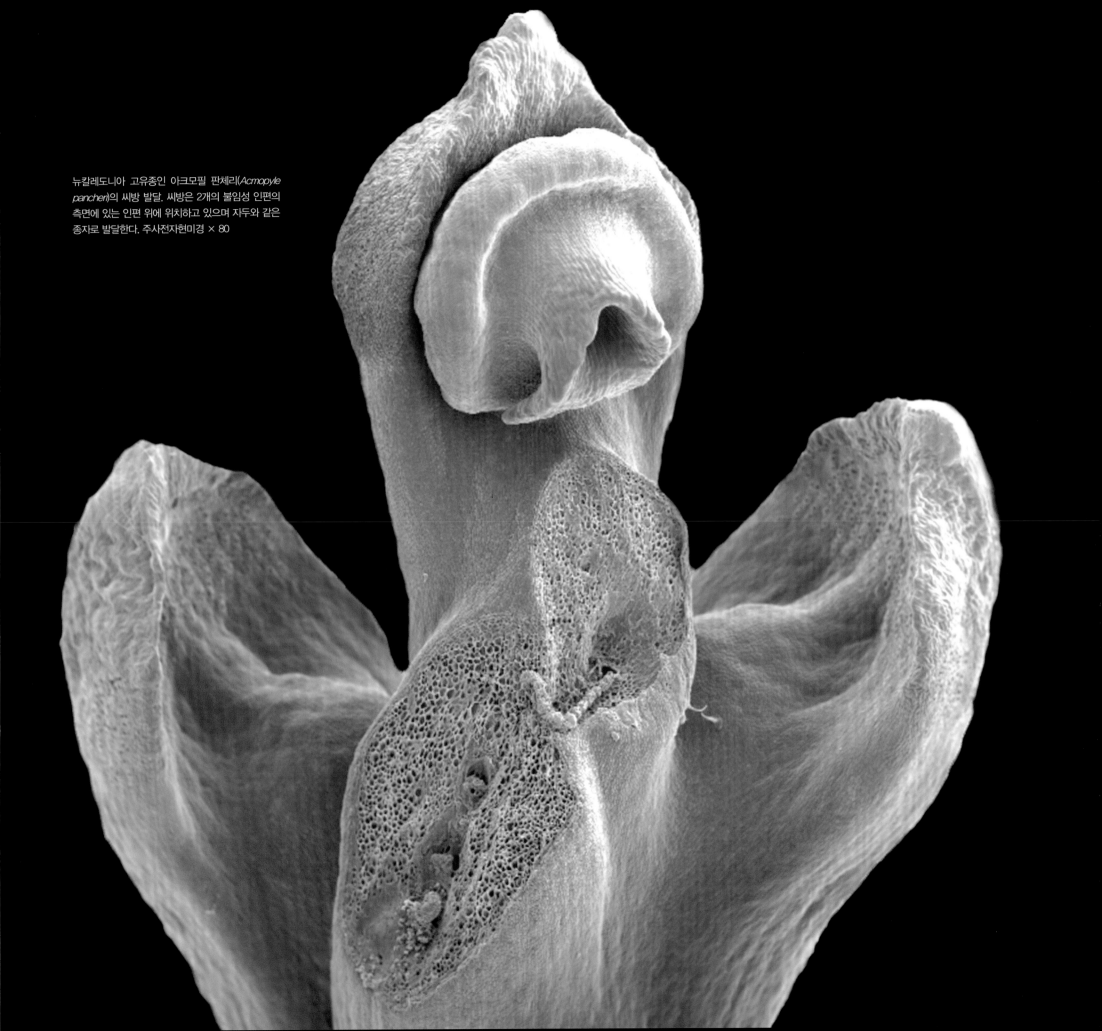

뉴칼레도니아 고유종인 아크모필 판체리(*Acmopyle pancheri*)의 씨방 발달. 씨방은 2개의 불임성 인편의 측면에 있는 인편 위에 위치하고 있으며 자두와 같은 종자로 발달한다. 주사전자현미경 × 80

자성 구화수가 하나의 복질성 포자낭수가 아닌, 나선형으로 빽빽이 달린 여러 개의 포자낭수로부터 진화했음을 이해하는 핵심이라고 할 수 있다. 또한 플로린은 화석 기록을 자세히 연구한 결과 일부 현생 송백류 – 아라우카리아과(Araucariaceae), 개비자나무과(Cephalotaxaceae), 주목과(Taxaceae), 측백나무과(Cupressaceae) – 가 2억 년 전 쥐라기로 거슬러 올라가는 역사를 가졌음을 밝혔다.

송백류에서 가장 먼저 분지한 계통은 소나무과로서 송백류 중 가장 큰 과이며, 11속에 약 250종이 속해 있고 주로 북반구에 분포한다. 개잎갈나무(*Cedrus*), 전나무(*Abies*), 솔송나무(*Tsuga*), 낙엽송, 소나무, 가문비나무 등 상업적 목재로 사용되는 많은 종들이 이 소나무과에 속한다. 대부분의 다른 송백류와 마찬가지로 화분은 바람에 의해 산포되며, 많은 속(genus)에서 다량으로 생성되는 화분은 표면에 공기주머니(기낭)가 있어 부양성이 증가한다. 자성 구화수의 모양은 주변 공기의 흐름에 영향을 주고 공기 중의 화분을 효율적으로 붙잡을 수 있게 해 준다. 일반적으로 자성 구화수는 수분액(pollination droplet)으로 화분을 붙잡으며, 붙잡힌 화분은 공기주머니 때문에 위로 뜨면서 배주와 가까이 접촉한다. 화분은 배주의 조직들과 접촉했을 때만 발아하여 화분관을 내는데, 이는 자성 기관의 특별한 신호가 작동하는 것임을 암시한다. 이것은 이형포자성 양치식물의 소포자가 발아하는 것과는 매우 대조적인데, 예를 들어 이형포자성 양치식물의 소포자에서는 발아가 환경 조건에 의해 작동된다.

수분 시기에는 [수분액 계(system)가 효과적으로 작용할 수 있도록] 똑바로 서 있다가 수분이 된 후에는 아래로 쳐지게 된다. 개잎갈나무, 미송(*Pseudotsuga menziesii*), 솔송나무 및 낙엽송에서는 다른 수정 시스템이 있는데, 자성 구화수에는 수분액이 없고 화분에 공기주머니가 없거나 매우 축소되어 있다. 이러한 경우에는 화분이 배주와 직접 접촉하지 않아도 발아가 된다. 예를 들어, 솔송나무의 화분은 배주를 갖고 있는 인편의 위쪽 표면에서 발아하여 배주 주공을 향하는 자라는 화분관을 낸다. 소나무에서는 화분이 수분액에 도달해서 발아하여 화분관을 발달시키고 배주를 수정시키는 데 1년이 걸리며, 전나무와 같이 소나무과에 속하는 다른 종들의 경우 이러한 과정은 4~5주가 걸린다. 수분 후 자성 구화수의 인편들은 함께 성장하여 발달하는 배주를, 그리고 나중에는 배아를 더욱 보호하는 역할을 한다. 또한, 단단히 닫힌 구과 내에서 발달하는 종자에는 보통 날개가 달려 있어 바람에 의해 산포되는데, 상당한 거리를 이동할 수 있다. 구과의 인편이 분리될 때 종자가 떨어져 나오고, 구과는 더욱 벌어진 모습이 된다. 일부 종에서는 구과가 열리기 위해 산불의 높은 열을 필요로 하는데, 이는 산불이 난 후 종자가 발아하고 어린 나무로 자랄 수 있는 최적의 시기에 종자(seed)를 내보내기 위한 메커니즘이다.

소나무과(Pinaceae)가 북반구 나무인 반면, 아라우카리아과(Araucariaceae)는 남반구에 떨어져 분포한다. 아라우카리아과의 다양성은 쥐라기와 백악기에 북반구에까지 뻗으면서 최고조에 달했다. 그러나 현생종은 약 40종에 불과하며 카우리소나무(kauri, *Agathis*), 칠레소나무(monkey

아래: 동부 히말라야 전나무(*Abies spectabilis*)의 웅성 구화수는 자성 구화수와 매우 달라서 길쭉한 버드나무의 화서처럼 생겼으며, 보라색 인편 아래에는 화분낭이 달려 있다.

186쪽: 네팔의 산에서 자라는 동부 히말라야 전나무의 자성 구화수. 구화수가 가지 위에서 위를 향해 달려 있다. 다른 전나무처럼 인편이 떨어지고 구과가 분해될 때에만 종자가 산포된다.

188~189쪽: 포도칼푸스 브라질리엔시스(*Podocarpus brasiliensis*)는 브라질과 베네수엘라의 임목이다. 잎 아랫면은 강산화제인 크롬산으로 처리하여 큐티클 골격이 드러나 있다. 주사전자현미경 × 1,150

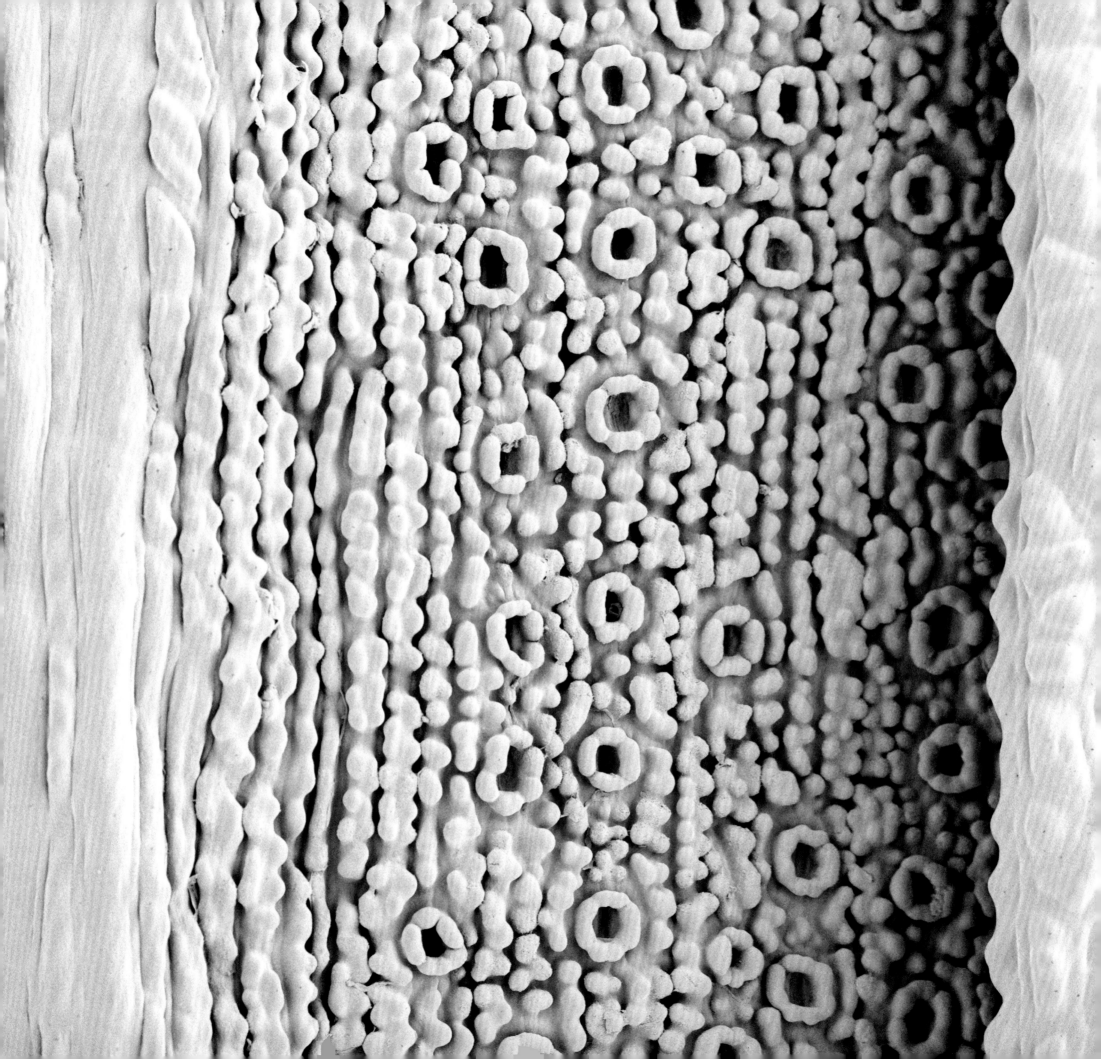

레드우드(Giant redwood), 코스트 레드우드(coast redwood) 다음으로 세 번째로 큰 현생 송백류이다. 카우리소나무의 가장 큰 표본은 '숲의 왕(Tane Mahuta)'으로 알려져 있으며, 1920년대에 발견되었다. 그리고 이 나무는 500㎥ 이상의 목재를 포함하고 있으며, 수령이 거의 1000년이 되는 것으로 추정하고 있다.

칠레소나무(monkey puzzle)는 남아메리카에서부터 오스트레일리아의 뉴기니 및 뉴칼레도니아에 이르기까지 넓게 분포하고 있으며, 특히 뉴기니와 뉴칼레도니아는 알려진 19종 중 13종의 자생지이기도 하다. 뉴칼레도니아는 전 세계 송백류의 7%에 해당하는 43종의 송백류를 포함하여 고유종의 수가 매우 많은 곳이다. 하지만 현재 뉴칼레도니아의 많은 고유 식물들은 광업과 벌목 때문에 위협받고 있다.

올레미소나무는 1994년에 발견되었을 때 오스트레일리아 시드니로부터 150km 떨어진 블루마

190~191쪽: 주목(*Taxus baccata*) 잎의 아랫면. 도드라진 큐티클 경계면에 의해 둘러싸인 함몰형 기공 띠를 보여 준다. 주사전자현미경 × 560

아래: 리장가문비나무(*Picea likiangensis*)의 날개 달린 종자는 성숙한 구과가 건조한 날씨에 열리게 되면 바람에 의해 모식물체로부터 멀리 산포된다.

193쪽: 약 20종의 소나무에 열린 단백질이 풍부한 '견과(nuts)'는 식용 가능하다. 그림의 위쪽 부분은 딱딱한 겉껍질을 벗긴 상태이다.

고타이아속(Saxegothaea)의 화분에는 공기주머니가 없고 화분은 배주 인편 표면에서 발아한다.

금송과(Sciadopityaceae)에는 금송(Japanese umbrella pine, *Sciadopitys verticillata*) 한 종만이 속해 있는데, 이는 트라이아스기(triassic period)인 2억 5천백만 년 전으로 거슬러 올라가는 매우 오래된 계통을 가진 또 하나의 송백류(conifer)이다. 금송속(*Sciadopitys*)은 현재 일본에만 서식하지만 화석 증거로 보면 한때 유럽까지 널리 뻗어 있었던 것으로 보인다. 금송의 윤생하는 '잎'은 엽상지(phylloclades)이다.

측백나무과(Cupressaceae)는 송백류 중 가장 광범위하게 분포하는 과로서 남극만 제외하고 모든 대륙에 서식한다. 측백나무과에는 많은 기록을 보유하고 있는 종들이 포함되어 있다. 티베트(Tibet)의 블랙 주니퍼(black juniper, *Juniperus indica*)는 고도 5,200m에서 자라는데, 지구상의 어떤 나무보다 높은 곳에서 자란다. 자이언트 레드우드(Giant redwood, *Sequoiadendron giganteum*)와 코스트 레드우드(Coast redwood, *Sequoia sempervirens*)는 지구상에서 가장 크고 가장 키가 큰 송백류이다. 한때 메타세쿼이아(Dawn redwood, *Metasequoia glyptostroboides*)와 함께 자이언트 레드우드 및 코스트 레드우드는 낙우송과에 포함되어 있었지만, 현재 낙우송과는 더 이상 별개의 과로 인식하지 않는다. 메타세쿼이아는 올레미소나무처럼 종종 '살아 있는 화석(living fossils)'으로 불린다. 메타세쿼이아 역시 1944년 중국 쓰촨성에서 처음 발견되었을 때 동정하는 것이 쉽지 않았지만, 몇 년 후 살아 있는 메타세쿼이아속(*Metasequoia*) 식물임을 인식하게 되었다. 메타세쿼이아속은 중생대 화석을 기반으로 일본의 고생물학자인 시게루 미키(Shigeru Miki, 1901~1974)에 의해 만들어진 속이다. 비록 살아 있는 메타세쿼이아 속 식물은 쓰촨성과 후베이성에서만 살고 있지만, 화석 기록으로 보면 유럽과 북아메리카까지 서식했던 것으로 보인다. 메타세쿼이아는 낙엽성 잎을 가지고 있는데, 캐나다에서 발견된 에오세(Eocene)의 일부 특별히 잘 보존된 화석에는 세포 내 기관의 구조까지도 보인다. 메타세쿼이아가 올레미소나무와 또 다른 유사점은 메타세쿼이아가 재배를 통해 급속도로 퍼져 나갔다는 것이다. 1948년에 전 세계의 많은 식물원에 종자가 분산되어 있었고, 그 때 이후 중국에서는 가로수로 심는 등 널리 식재되었다.

개비자나무과는 3개 속(*Amentotaxus*, *Cephalotaxus*, *Torreya*)에 약 20종이 포함되어 있는 작은 과이다. 아시아에 4종, 북아메리카에 2종이 있는 비자나무속(*Torreya*)을 제외하고 개비자나무과는 모두 동남아시아에 분포한다. 자성 구화수에서 종자는 종의라 불리는 다육질의 부푼 부산물을 발달시키는데, 이는 나한송과의 부푼 화탁과는 다르지만 종자를 먹어서 산포시키는 새와 다른 동물을 유인하는 같은 기능을 한다.

송백류의 마지막 과는 주목과로서 상록성 관목이나 작은 나무로 이루어진 그룹이며, 개비자나무과처럼 밝은 색의 부푼 종의(arils)를 가진 자성 구화수를 가지고 있다. 다른 나자식물과 같이 주목은 수천 년을 살 수 있는 매우 오래 사는 나무이며, 자연적인 고대 유산으로 간주되기도 한다.

숲의 거목들

지구상에서 가장 큰 나무를 찾으려는 탐색은 사람들의 오랜 관심거리라고 할 수 있다. 가장 큰 나무로 거론되는 후보들이 많이 있는데, 역사적으로 가장 큰 나무로 기록된 것은 피자식물이었으며, 오스트레일리아에 서식하는 유칼리나무인 마운틴 애쉬(mountain ash, *Eucalyptus regnans*) 표본이었다. 19세기에 기록된 이 표본은 높이 132m였으며, 과도한 벌목 때문에 그만큼 큰 나무는 오늘날 남아 있지 않다. 현재 가장 큰 마운틴 애쉬['백부장(Centurion)'으로 알려져 있다]는 태즈메이니아에 있으며 높이 101m를 기록하고 있다. 일부 관계자는 나무의 크기를 측정했던 초기의 방법들이 마운틴 애쉬의 크기를 과도 측정했던 것은 아닌지 의문을 품고 있다. 실제로 일부 송백류 종류는 현생하는 가장 큰 마운틴 애쉬보다 큰 것으로 확인되고 있다. 현재 알려진 가장 큰 나무로는 캘리포니아의 코스트 레드우드(Coast redwoods)인 '히페리온(Hyperion)'으로, 현재 기록이 높이 115m가 넘는다. 히페리온은 훔볼트 레드우드 주립공원에 서식하며 2006년에 와서야 측정되었는데, 앞으로도 가장 큰 표본들은 계속 발견될 것으로 보인다. 역사적으로 오스트레일리아와 마찬가지로 캘리포니아에서도 광범위한 벌목이 이루어져 원래 숲의 95%가 무너짐에 따라 분명 과거에는 더 큰 나무들이 있었을 것으로 짐작된다. 실제로 신뢰성 있는 가장 키 큰 나무 기록은 높이 126m의 미송(*Pseudotsuga menziesii*)이었으며, 자이언트 레드우드(Giant redwood)는 그 높이에 미치지 못하지만 – 가장 큰 기록이 94m였다 – 둘레가 지름 17m에 이를 정도로 엄청나게 컸기 때문에 가장 거대한 나무로 알려져 있다. 화석 기록으로 보면 이보다 더 큰 나무가 없기 때문에 높이 83.8m, 예측된 목재의 부피가 1,486㎥인 '셔먼 장군(General Sherman)'과 같은 나무가 현재까지 기록된 가장 거대한 살아 있는 개별 생물체로 기록되었다.

나무가 자랄 수 있는 최대 크기를 설명할 수 있는 몇 가지 의견이 제시되었는데, 그중 하나는 나무의 최대 크기를 초과하면 호흡으로 소모하는 에너지가 광합성으로 만들어지는 에너지를 초과하기 때문에 더 이상의 지속적인 성장이 불가능하다는 것이다. 또한, 가장 높은 가지까지 도달하는 양분의 결핍, 수관부의 잎마름병과 재성장, 수관부 생장점 세포의 노쇠 등으로 인해 궁극적으로 생장이 제한된다는 다른 의견들도 제시되고 있다. 다른 요인도 포함되겠지만 가장 설득력 있는 설명은 나무의 이론적인 최대 크기가 물관부(xylem)의 물리적 특성 및 물기둥을 끌어올리는 능력과 관련이 있다는 것이다. 130m라는 이론적 최대 높이는 코스트 레드우드 연구를 바탕으로 제시되었는데, 최대 높이를 넘어서면 잎의 증산 작용을 통해 체관부의 세포가 중력의 힘과 반대로 물기둥을 끌어올릴 수 없다는 것이다. 중력이 낮은 행성에서 나무가 높이 자랄 수 있는지 알아보는 것도 흥미롭겠지만, 사실상 그러한 장소를 알지 못하기 때문에 지구의 숲을 풍성하게 하는 놀라운 거목들이 경이로울 뿐이다.

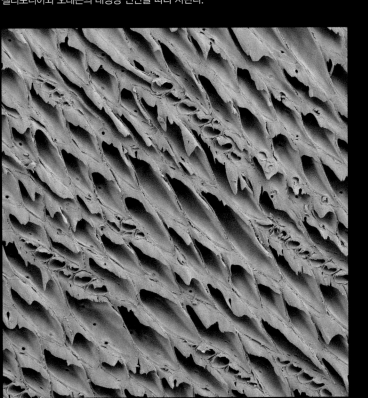

아래: 태평양 연안의 나무이자 세 번째로 큰 송백류(*Picea sitchensis*) 목재를 자른 면. 물관부 가도관의 두꺼운 벽에 성글게 구멍이 나 있다. 둥근 벽공과 방사 조직 세포가 가도관과 수직으로 나있다. 주사전자현미경 × 900

194쪽: 지구에서 가장 큰 나무인 코스트 레드우드(*Sequoia sempervirens*) 표본. 캘리포니아와 오레곤의 태평양 연안을 따라 자란다.

지구의 꽃
THE EARTH FLOWERS

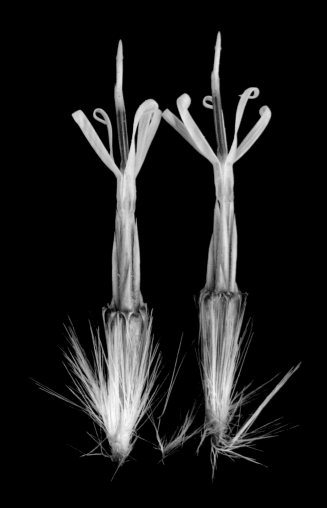

아래: 2개의 에키눕스 쉐일레(*Echinops sheilae*) 낱꽃. 수술이 융합되어 만들어진 갈색 원통 밖으로 암술이 나와 있다. 화관은 5개의 희끗한 꽃잎이 통 모양으로 융합되어 있고 깃털 같은 관모를 가지고 있다. × 7

196쪽: 꽃은 수분 매개 동물을 유인하기 위해 시각적으로 매우 화려하다. 많은 열대성 생강류(생강과)는 특히 아름다운 두상화를 가지고 있어 관상용 식물로 높이 평가받고 있다. 수마트라의 고유종 꽃생강(torch ginger, *Etlingera loerzingii*)

198쪽: 사우디아라비아 아시르 산에만 서식하는 에키눕스 쉐일레의 구형화서. 다양한 수분 매개체를 유인하며, 불임성 꽃에 해당하는 빽빽한 엽침으로 보호받고 있는 수백 개의 작은 꽃, 즉 낱꽃으로 이루어져 있다.

일반적으로 사람들이 식물을 생각할 때에 꽃을 피우는 식물을 떠올리는 데에는 그만한 이유가 있다. 인류를 직접적으로 지탱시켜 주는 대부분의 작물들이 꽃을 피우는 식물이기 때문이다. 사실 우리가 섭취하는 대부분의 칼로리는 벼과(화본과)에 속하는 소수의 종으로부터 얻는다. 이미 보았듯이, 일부 양치류와 소철 및 송백류 역시 식량으로 이용할 수 있지만, 식용 가능한 꽃식물(피자식물)의 다양성에 비하면 그 숫자는 미미하다. 꽃은 예술을 하는 데에 끝없는 영감을 제공해 왔기 때문에 시인들은 우리를 정신적으로 지탱하게 해 주는 것이 꽃식물이라고 말한다. 우리와 꽃식물의 관계는 꽃식물이 그만큼 다양하다는 사실을 반영한다. 꽃식물은 현재까지 가장 다양한 육상 식물 그룹으로서 약 40만 종이 속해 있으며, 매년 2,000종의 신종이 밝혀지고 있다. 꽃식물은 잎, 뿌리 그리고 특히 에너지와 단백질 함량이 높은 종자 등의 영양 조직을 가지고 있다. 물론, 독성이 있어서 먹을 수 없는 꽃식물도 많다. 대부분의 경우 식물체 내의 독성분은 다른 동물, 특히 식물보다 종 다양성이 월등히 높은 곤충에게 먹히는 것을 막기 위해 생산된 것이다. 식물은 종종 초식동물에 대항하기 위한 '군비 경쟁'을 하는 것으로 묘사되곤 하는데, 이 경쟁은 최초의 먹이사슬이 확립되면서 오래전에 시작되었지만 식물과 곤충의 다양성이 증가하면서 급격히 확대되었다. 특히 꽃식물은 두꺼운 큐티클에서부터 엽침과 경침이나 조직 내 독성 화학 물질까지, 초식동물에 대한 다양한 물리적, 화학적 방어책을 발달시켰다. 대부분의 경우 일부 초식 종은 이러한 방어책을 극복하도록 진화하였다.

따라서 꽃식물은 곤충, 조류, 포유류 등의 동물과 나란히 진화했을 뿐만 아니라, 이들과의 역동적인 상호 관계로도 진화하였다. 결과적으로 특히 수분과 관련하여 밀접한 유대 관계가 형성되었는데, 이러한 진화적 상호 작용의 결과로 꽃식물은 지구 생명체망(web of life) 내에서 핵심 요소가 되었다. 지구의 초기 생태계를 돌아보면 서로 다른 생물들 사이에서 상호 작용하는 먹이사슬이나 먹이망은 처음에는 다소 단순했음을 알 수 있다. 생명계통수 위로 갈수록 세포 수준에서 전체 식물체에 이르기까지 형태가 다양해졌을 뿐 아니라, 서로 다른 생물계 및 과(family) 사이에 상호 작용도 매우 복잡해졌다. 약 200만 년 전, 우리가 가장 가까운 조상으로부터 갈라져 나왔을 때 사람이 들어선 세계는 이미 다양한 형태의 꽃식물이 교목, 관목, 초본, 덩굴성 식물을 이루며 우점하고 있었다.

꽃

꽃식물, 즉 피자식물(angiosperms)의 특징은 무엇인가? 대부분의 주요 특징은 생식 기관과 관련이 있다. 1825년 선구적인 생물학자이자 현미경 학자였던 로버트 브라운(Robert Brown, 1773~1858)은 나자식물의 종자는 자성 구화수를 구성하는 인편의 표면에서 형성되고 나출되는 반면, 피자식물의 종자는 '심피(carpel)'라고 불리는 새로운 특수 기관 안에 완전히 감싸인다고 지적했다. 이 중요한 관찰로 구과와 꽃이 구분되었다. 꽃은 형태가 다양하지만 기본적인 구조는 특별한 기관들의 조합으로 이루어져 있는데, 이 기관들은 성장하는 줄기 끝, 화탁에 붙어 있는 불임성 기관과 가임성 기관들이다. 성장하는 줄기가 새로운 가지와 잎을 만드는 반면, 꽃의 화탁은 성장이 제한되어 있으며, 윤생 열의 꽃 기관을 만든 후 성장을 멈춘다. 분자유전학의 시대인 오늘날 서로 다른 꽃 기관이나 윤생 열의 발달을 조절하는 유전자에 대해 많이 알려져 있는데, 이러한 기관들이 반드시 한 꽃에 모두 있어야 되는 것은 아니며, 기관 종류도 다양하기 때문에 꽃의 다양성이 매우 높아진다.

수술과 암술이 모두 있는 양성화를 바깥부터 안쪽으로 살펴보면, 기관들이 윤생 열을 이루고 있는 것을 발견하게 된다. 먼저 꽃받침(calyx)은 하나 이상의 꽃받침잎(sepal)으로 구성되어 있다. 꽃받침은 변형된 잎으로 대개는 녹색이며, 꽃봉오리가 성장하는 동안 보호하는 역할을 한다. 그 다음으로 하나 이상의 윤생 열을 이루는 꽃잎(petal)을 통칭하여 화관(corolla)이라고 부르는데, 대개는 넓고 색이 다채롭다(우리의 관심을 끄는 꽃의 부위이다). 이러한 현란한 꽃잎은 동물의 관심을 끌어 수분 매개체에게 신호를 보내는 역할을 한다. 꽃받침잎도 때때로 밝은 색을 띠기 때문에 꽃잎과 구별하기 힘들 때가 있다. 또한, 꽃잎이 녹색을 띠면서 눈에 잘 보이지 않기도 하는데, 특히 풍매화의 경우가 그렇다고 할 수 있다. 그 다음 꽃의 윤생 열은 수술군(androecium, 수컷의 집을 의미하는 그리스 어 'andros oikos'에서 기원하였다)으로서, 이는 웅성 배우자를 포함하는 화분립을 생산하는 기관이다. 꽃의 중앙에는 배주를 포함하고 있는 하나 이상의 심피로 구성된 자성 암술군(gynoecium, 여성의 집을 뜻하는 그리스 어 'gyne oikos'에서 기원하며, 복수형은 'gynoecia'이다)이 있는데, 심피(carpel)의 진화적 기원에 대해서는 여러 가지 가설이 있다. 심피는 본질적으로 변형된 포자엽(sporophyll)에 해당하며, 포자엽은 접혀져 가장자리를 따라 융합되면서 포자엽 표면의 노출된 배주를 감싸게 된다. 이러한 배주 주위의 융합된 구조는 자성 배우체를 물리적으로 더 잘 보호해 줄 뿐만 아니라, 수분하는 동안 웅성 배우자와 더 복잡한 상호 작용이 일어나게 한다.

전 세계 대부분의 피자식물 중 이러한 윤생 열을 갖지 않은 암수한그루 꽃은 한 종밖에 없다. 멕시코 치아파스(Chiapas)의 라칸돈(Lacandon) 마야 인들의 이름을 따서 명명된 라칸도니아 스키스마티카(Lacandonia schismatica)로, 트리우리스과(Triuridaceae)에 속하며 심피에 의해 둘러싸인 수술이 중앙에 윤생으로 배열되어 있다.

이 이례적인 일은 'ABC 모델'로 설명할 수 있다. ABC 모델은 1991년 엔리코 코엔(Enrico S. Coen, 1957~)과 엘리엇 메이어로위츠(Elliot M. Meyerowitz, 1951~)가 꽃의 발달에 대해 제안한 모델로, 꽃의 발달을 저해하는 자연적 돌연변이를 관찰한 것을 바탕으로 하고 있다. 코엔과 메이어로위츠는 각각 미국과 영국에서 금어초류(Antirrhinum)와 애기장대류(Arabidopsis)에 대해 연구하면서 3부류의 유전자군이 다양하게 조합됨으로써 성장하는 꽃봉오리 내 기관의 배열을 결정짓는다는 것을 발견했다. A, B, C라 불리는 3부류의 유전자군은 모든 피자식물에 존재하는 것

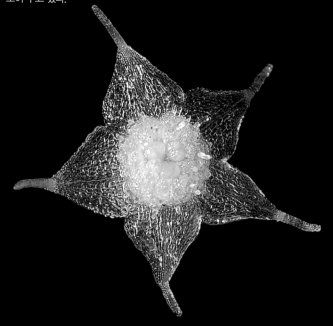

아래: 라칸도니아 스키스마티카(*Lacandonia schismatica*)는 수술이 씨방에 둘러싸여 꽃의 중심에 있는 매우 독특한 꽃을 가지고 있다. × 20

맨 아래: 이라크의 비에베르스테이니아 멀티피다(*Biebersteinia multifida*) 꽃을 해부한 것이다. APG Ⅲ 분류 체계에 따라 비에베르스테이니아과(Biebersteiniaceae)에 속하는 식물로서 바깥쪽에서부터 꽃받침잎, 꽃잎, 수술 그리고 중앙의 암술군까지 평범한 윤생 열을 보여 주고 있다.

천남성과(Araceae)의 다른 식물들과 마찬가지로 아리세마 에루베슨스(*Arisaema erubescens*)는 '육수화서(spadix)'라는 독특한 화서를 가졌다. 육수화서는 파리나 딱정벌레처럼 썩은 고기를 먹는 곤충들을 유인한다.

A | A + B | B + C | C | B + C | A + B | A

꽃받침잎 | 꽃잎 | 수술 | 심피 | 수술 | 꽃잎 | 꽃받침잎

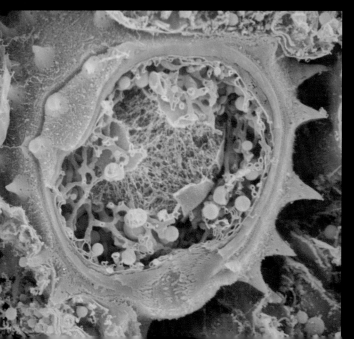

위에: 겨우살이(겨우살이속 *Loranthus* 종)의 화분. 피자식물의 진정쌍자엽 그룹의 전형적인 삼방사 대칭을 보이고 있다. 주사전자현미경 × 1,630

맨 아래: 큐피드 다트(Cupid's dart, *Catananche caerulea*) 동결 파괴 화분. 핵과 내부 세포막계를 보여 주기 위해 가시 돋친 모양의 벽을 파괴했다. 주사전자현미경 × 6,300

202쪽: 코베아 스칸덴스(*Cobaea scandens*)의 꽃. 반으로 자른 4개의 주요 기관(꽃받침, 화관, 수술과 암술군)의 윤생 열을 보여 주고 있다. 그 아래에는 ABC 모델에 따라 꽃의 각 부분을 결정하는 유전자 발현 패턴이 있다.

으로 밝혀졌다. A 유전자군은 꽃받침잎의 발달에 관여하는데, A 유전자군과 B 유전자군이 함께 발현되면 꽃잎이 만들어진다(발현은 유전자가 단백질을 생산하는 과정이다). 또 B군과 C군이 함께 발현되면 수술이 만들어진다. 그리고 C군만 발현될 경우에는 심피가 만들어진다. 보통 A 유전자군은 화탁의 바깥쪽에서 발현되고 C 유전자군은 중앙에, 그리고 B 유전자군은 A와 C 사이 겹친 곳에서 발현되는데, 라칸도니아속(*Lacandonia*)에서는 B 유전자군 발현이 꽃의 중심 쪽으로 치환되어 있어 심피 열이 수술의 바깥쪽에 형성된다. 이렇게 꽃의 발달에 대한 기본적인 모델을 발견한 이후 꽃 기관의 형태적 다양성, 수, 색 등을 조절하는 근본적인 조절 방법에 대해서 연구하게 되었다.

꽃 기관, 특히 생식 기관의 높은 다양성을 고려하면, 이는 오랫동안 많은 연구의 주제가 될 가능성이 높다. 꽃의 미묘함을 가장 잘 이해하는 방법은 아마도 현미경하의 세포 수준에서 생각하는 것일 것이다. 이는 종합적으로 독립 자유 생활을 하던 초기 육상 식물과 선태류의 배우체에 비해 극도로 단순해진 배우체 세대에 관한 이야기이다.

웅성 기관인 수술부터 보자면, 수술은 불임성 자루인 수술대(화사)와 임성 부분인 꽃밥(약 anther)으로 이루어져 있으며, 꽃밥은 화분낭(pollen sac)이라고도 하는 소포자낭으로 이루어져 있다. 발달하는 꽃밥 안에는 체세포 분열에 의해 두 종류의 세포 계열이 생기는데, 안쪽의 임성 화분모세포와 이를 둘러싼 여러 층의 불임성 세포층이 만들어지며, 그중 가장 안쪽에는 융단 조직(tapetum)이라는 영양 조직이 형성된다. 중앙에 있는 대량의 화분모세포의 세포질은 처음에는 여러 채널로 세포 사이가 연결되어 있지만, 화분모세포 주위에 셀룰로스(cellulose)라 불리는 두꺼운 세포층이 만들어진 다음에 이 채널들은 폐쇄된다. 그 이후에 화분모세포는 감수분열을 하여 4개의 반수체 소포자를 만든다. 소포자는 발달하면서 종종 아름다운 패턴과 대칭성이 있는 화려한 외벽을 만드는데, 이 대칭성은 감수분열의 특정 세부 사항, 특히 각 포자 주위에 새로 형성되는 세포벽의 형성 시기와 상태를 반영한다.

소포자벽에 매우 독특한 표면 패턴이 형성되는 방법을 이해하는 것은 다소 어렵다. 여기에는 미립자들의 물리적 성질이 하나의 조직화된 구조를 만들어 내도록 그것들을 함께 조립하는 자가조립(self-assembly) 과정을 포함하는 것으로 보인다. 각 소포자는 유사분열에 의해 한두 번의 세포 분열을 더 거친 후에 화분립으로 성숙한다. 처음의 분열로 크기가 다른 두 개의 세포가 만들어지는데, 이때 큰 것은 불임성, 또는 영양세포이며, 더 작은 임성세포가 같은 세포벽 안에 들어 있다. 임성세포는 수분 전 또는 수분하는 동안에 한 번 더 분열하여 두 개의 정세포를 만든다. 화분립은 비록 크기가 아주 작음에도 불구하고 전체 웅성 배우체에 해당하는 완벽한 하나의 식물 개체이며 고도로 분화된 보호벽에 싸여 있다. 이 보호벽은 탈수의 위험성과 자외선에 의한 손상으로부터 살아 있는 내용물들을 보호해 줄 뿐만 아니라, 그 안에는 수용체인 암술에 성공적으로 전달되었을 때 이를 인식하는 물질이 들어 있다. 이러한 화분립은 특히 바람에 의해 수분되는 피자식물 – 참나무류(참나무속 *Quercus*), 자작나무류(자작나무속 *Betula*), 오리나무류(오리나무속 *Alnus*)를 포함한 친숙한 온대림 수종과 같은 – 의 경우 대개 다량으로 생산된다.

피자식물의 자성 배우체는 웅성 배우체보다 여러 방법으로 더욱 단순화되고 축소되어 있고, 화분립의 세포벽이나, 더 가깝게 비교하자면 바위손속(*Selaginella*)의 대포자처럼 보호하는 외벽이 없는 배낭으로 구성되어 있다. 대신 자성 배우체는 배주의 영양조직에 둘러싸여 보호되고 심피에 둘러싸여 있다. 배주는 이배체 포자체인 모식물체의 일부 조직과 함께 암배우체인 배낭으로 구성된다. 배낭은 하나의 대포자모세포가 감수분열을 하여 앞으로 대포자가 될 잠재력을 지닌 4개의 반수체 딸세포를 만들 때 형성되는데, 이들 중 3개는 사라지고 나머지 하나는 크기가 커진 후 연속적인 체세포 분열을 하여 처음에는 2개, 그 다음에는 4개, 그리고 최종적으로는 8개의 핵을 갖게 된다. 식물 이외의 경우에는 유사분열 후 대개 새로운 세포벽이 형성되어 세포 분열의 산물들을 분리시키는 새로운 세포벽이 형성된다. 하지만 배낭의 경우에는 8개의 핵은 서로 분리되지 않고 같은 세포질을 공유하면서 이들 중 하나만이 살아남아 자성 배우자, 즉 난세포로 발전하여 생식 과정에서 중요한 역할을 한다.

앞으로 살펴보겠지만, 피자식물의 수분 메커니즘은 매우 다양하다. 화분 발아는 심피의 특수한 수용 부위인 암술머리에서 일어나며, 그런 다음 화분관은 배낭에 닿기 위해 심피 조직을 통과하여 자라야만 한다. 하나의 정핵세포는 난세포와 결합하여 배(embryo)를 형성하고, 나머지 정핵세포는 배낭 내의 극핵이라고 불리는 2개의 특정 핵과 결합하게 하면서 피자식물의 '중복 수정(double fertilisation)'이 이루어진다. 중앙에 핵이 2개가 존재하기 때문에, 두 번째 수정의 결과로 3개 세트의 염색체를 가지는 세포가 형성된다. 이러한 삼배체(triploid) 세포는 체세포 분열로 배젖(endosperm)이 된다. 배젖은 배를 둘러싼 삼배체 조직으로서 저장된 녹말과 단백질 또는 오일을 함유하기도 한다. 배젖은 계속 남아서 발아하는 동안 에너지원으로 사용되거나 배에 흡수되어 떡잎(cotyledons, 발아할 때 최초로 나타나는 종자의 잎)이 되기도 한다. 수정 후 배주는 종자로 발달하고, 암술군은 열매의 가장 바깥쪽인 과피(pericarp)로 발달하게 된다. 식물 종에 따라 꽃에는 1~다수의 배주와 심피가 있으며, 이들은 꽃의 화탁 위 또는 아래의 다양한 위치에서 융합되거나 서로 떨어져서 위치한다. 나자식물과 비교하면 이는 피자식물의 열매와 종자 형태 및 이들의 산포 메커니즘을 매우 다양하게 만들어 준다.

도저히 풀 수 없는 불가사의

피자식물의 독특한 특징 중 일부를 설명하였으니 다시 화석 기록으로 돌아가서 피자식물이 언제, 어디서 처음 진화했는지를 알아보자. 앞서 설명하였듯이, 찰스 다윈(Charles Darwin)은 피자식물이 갑자기 나타난 것처럼 보이고, 이들과 근연 관계가 가장 가까운 식물도 불확실해 보이므로 이를 '도저히 풀 수 없는 불가사의(an abominable mystery)'라고 표현했다. 이러한 그의 표현은

아래: 열대성 착생 식물인 제스네리아과(Gesneriaceae)의 애스키난서스 트리컬러(*Aeschynanthus tricolor*)의 종자. 수분 후 14일 지난 열매로부터 추출하였다. 주사전자현미경 × 600

205쪽: 남아프리카공화국 케이프 주의 케이프 프림로즈(Cape primrose, *Streptocarpus rexii*) 배주를 절단한 면. 색은 표본의 원래 색이며, 배주는 흰색이다. 광학현미경. 암시야 조명 × 160

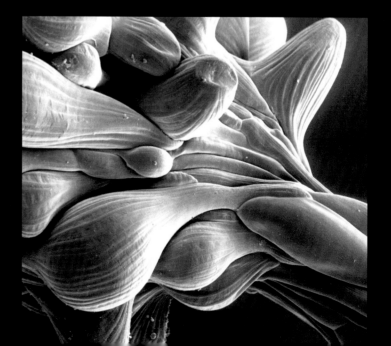

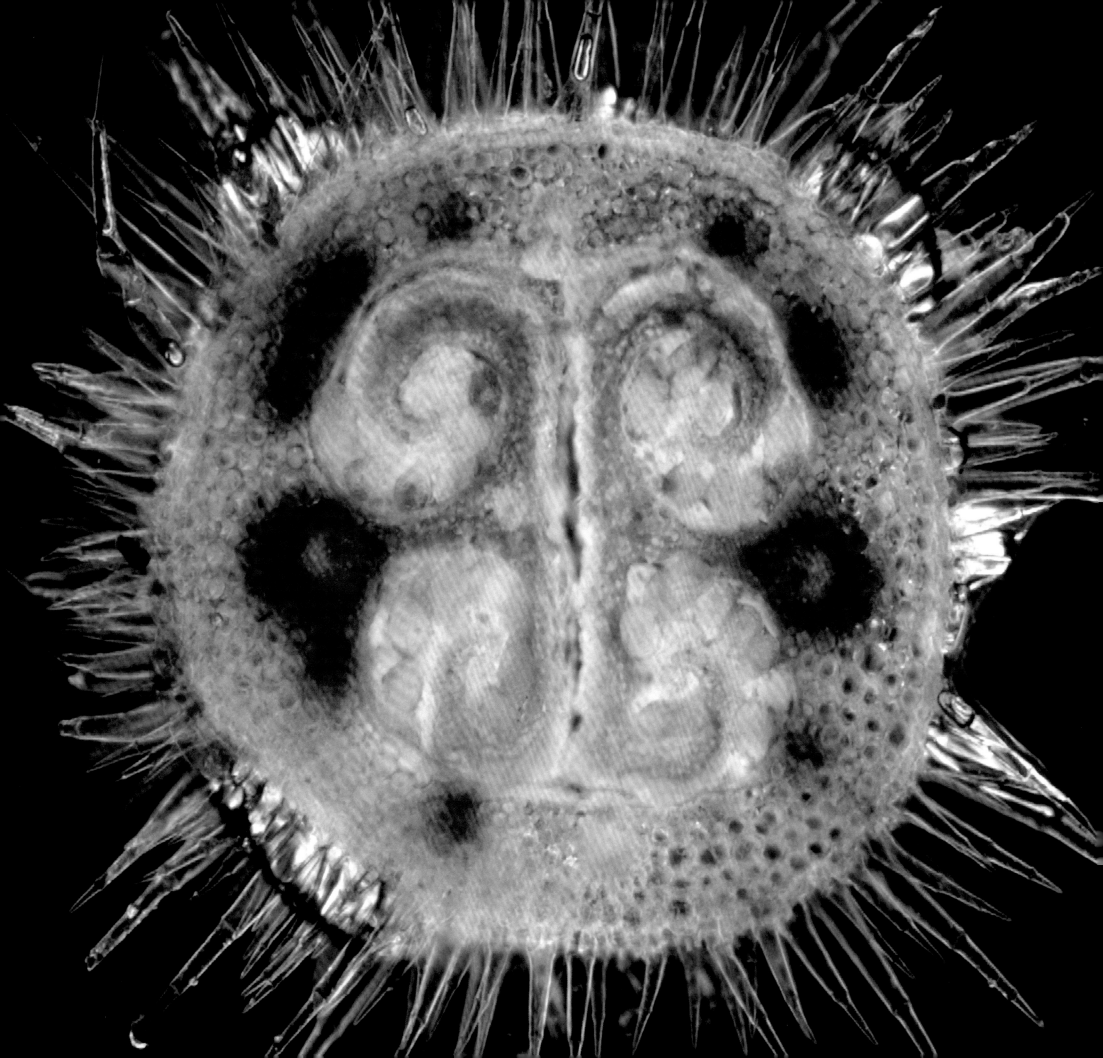

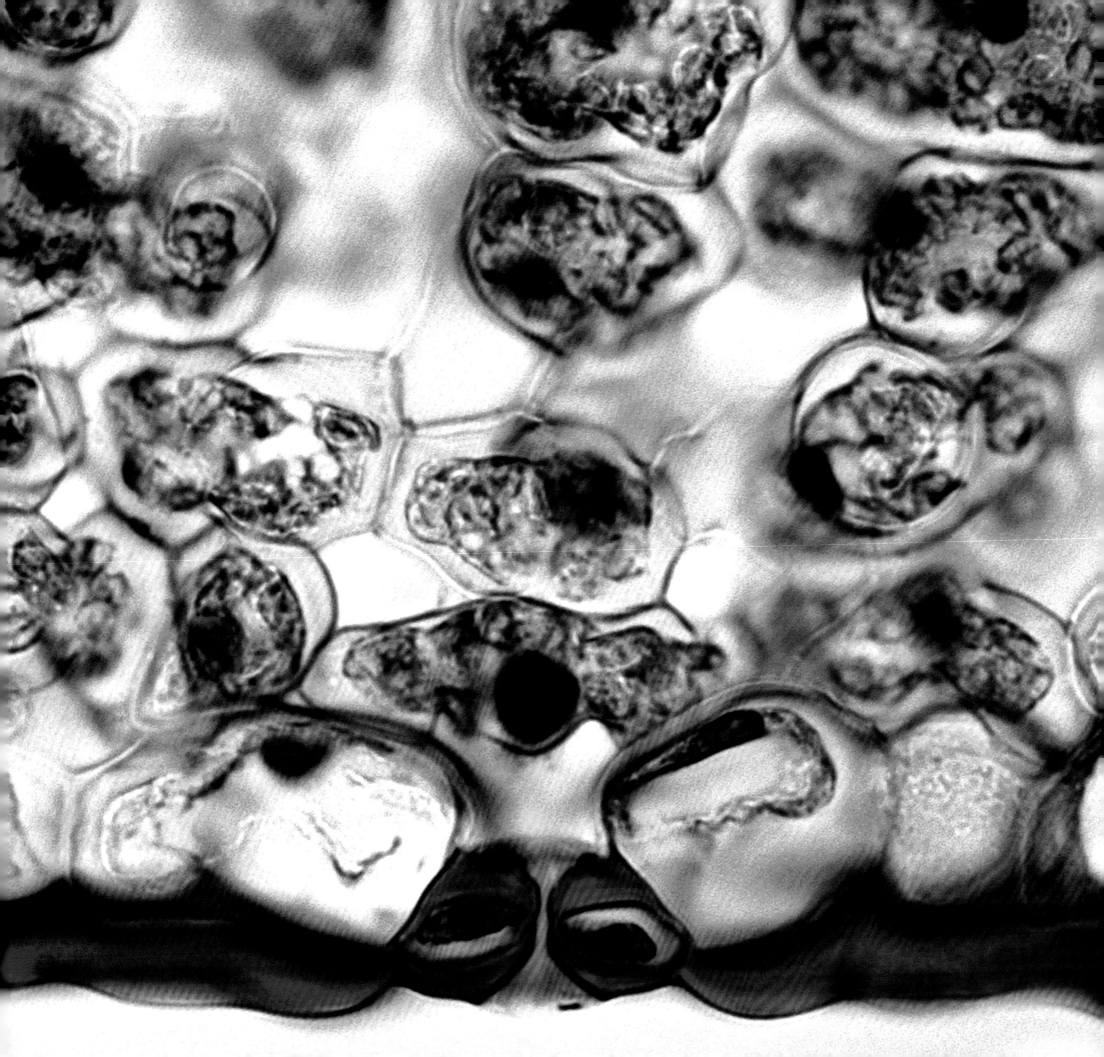

드, 노르웨이의 스피츠베르겐, 미국 등의 화석 층에서 나온 것이다. 이후 1970년대부터는 같은 지질 시대에 분포하던 피자식물의 화분 화석으로부터 추가적 증거를 얻게 되었다. 가장 빠른 화석 기록은 1억 3000만 년 전의 것으로, 길쭉한 하나의 발아구를 가지고 있으며, 이는 피자식물의 초기 분지 계통에서 나타나는 발아구와 유사한 형태이다. 3억 년 사이에 피자식물의 화분이 매우 다양해졌음은 화석 기록에 분명히 드러나 있으며, 이 화석 기록에는 현생 식물에서 알려진 모든 형태의 대부분이 나타나 있다. 이러한 화분 화석 기록으로부터 두 가지 중요한 결론을 얻을 수 있는데, 초기의 피자식물은 교목이 아닌 초본이거나 관목식물이었을 것이라는 점과 물가에서 자랐을 것이라는 점이다. 이것은 최초의 피자식물은 나자식물이 지배하는 숲에서 가까스로 살아가는 작은 수생식물이었을 것이라는 가설과도 일치한다.

1980년대 이후, 고대 숲의 산불에 의해 만들어진 목탄에 보존된 3차원의 꽃 화석을 조사하게 되면서 이 주제는 매우 진전되었다. 극히 작고 섬세한 시료는 체를 치고 씻어서 퇴적물들을 제거한 후 말린 다음 주사전자현미경으로 관찰한다. 주사전자현미경은 종종 독특한 특징들을 밝혀 주는데, 이러한 형질들을 조합하면 멸종된 형태의 다양성을 잘 알 수 있고 피자식물의 다양성을 잘 이해할 수 있다. 때때로 남극 대륙, 중국의 랴오닝 등의 화석 층에서 쥐라기 시대의 피자식물 화석이 보고되곤 한다. 그러나 이 화석들이 발견된 지층과 암석의 연대에 대한 논쟁 결과, 이들이 사실은 백악기 초기의 것으로 추정된다는 결론을 내렸다. 현재 화석 기록들은 백악기 초기에 기원한 수생 피자식물이 백악기 후기에는 급격하게 분화하여 다양한 서식 환경에 살게 되었다는 것을 시사하고 있다.

피자식물의 주요 그룹

지난 수십 년은 고생물학에서도 많은 발전이 있던 기간이었지만 DNA 염기 서열 분석으로 피자식물 분류에도 눈부신 발전이 있었다. 이로써 과학에 엄청난 진보가 이루어졌으며, 과학자 개개인에 의해 쓰여진 오래된 전통적 분류 체계 – 피자식물의 진화사가 반영될 수 있는 과, 목 등의 그룹을 인지하는 것을 바탕으로 하는 – 에서 벗어날 수 있었다. 분류에 있어서 '자연 분류 체계'를 제안하려는 시도가 많이 있었다. 이전에는 진화론 이전에 만들어진 '인위 분류 체계'를 이용했으며, 이 시스템은 식물들의 진정한 관계를 반영하지 않고 단순히 인식하기 편한 그룹으로 분류하는 시스템이었다.

가장 잘 알려진 인위 분류 체계는 스웨덴의 유명한 식물학자이자 동물학자이며 의사였던 칼 린네(Carl Linnaeus, 1707~1778)가 만든 것이었다. 린네는 자연계에 있는 모든 종(그는 10,000종이 되지 않을 것으로 생각했다)을 분류하는 일에 착수하여 이들을 식물계, 동물계 그리고 광물계

아래: 꽃은 매우 연약함에도 불구하고 특정한 조건에서 화석이 될 수 있다. 백악기 후기의 안티콰큐풀라 술카타(*Antiquacupula sulcata*) 꽃 화석은 8400만 년 전 화재에 의해 목탄이 된 후 묻혀서 화석화되었다. 주사전자현미경 × 135

206쪽: 클레마티스 아르만디(*Clematis armandii*) 잎의 아랫면. 헤마톡실린과 에오신으로 염색한 슬라이드. 잎몸세포 사이의 공간으로 기체를 들여보내는 기공의 공변세포(암적색의 핵과 붉은색의 큐티클을 가진)를 보여 준다. 광학현미경, 명시야 조명 × 160

로 분류했다. 그는 이 작업을 통해 신의 피조물을 인류에게 유용한 시스템에 맞게 배치한다고 생
각했다. 식물의 경우, 그는 꽃의 수술과 심피의 수에 따른 '성 분류 체계(sexual system)'를 고안
하여 1735년 그의 저서 『자연의 체계(Systema Naturae)』에서 처음으로 제시하였다. 성 분류 체
계는 매우 실용적이어서 어떠한 신종도 신속하고 명확하게 24강(class) 중 하나에 배치할 수 있다
고 하였다. 그러나 이는 일부 과학자들과 다른 학계의 반감을 샀는데, 린네가 꽃 부분을 설명할 때
선택한 용어를 감안한다면 충분히 예견된 일이었다. 예를 들면, 1730년 웁살라 대학 논문 『식물의
성 입문서(Praeludia Sponsaliorum Plantarum)』에서 그는 다음과 같이 적었다. "꽃의 꽃잎 자
체는 오로지 위대한 창조주가 훌륭하게 준비한 신부의 침대일 뿐 생식에는 아무런 기여를 하지 않
는다. 신랑과 신부의 장엄한 결혼식을 축하할 수 있도록 침실은 아름다운 커튼과 여러 가지 달콤
한 향기로 장식되어 있다."

린네는 성 분류 체계로 강(class)을 설명할 때에도 비슷한 류의 용어들을 사용하였다. 그는 9개
의 수술과 1개의 암술을 가진 종을 9번째 강인 9수술군(Enneandria)으로 분류하였다. 그리고 9
수술군에 대해서 "여자 하나에 남자 아홉이 같은 신부방에 있다"고 설명했다. 1737년에 린네의 가
장 적대적인 비평가 중 한 사람인 요한 게오르크 시게스벡(Johann Georg Siegesbeck, 1686~
1755)은 "여자 하나에 남자 아홉과 같은 혐오스런 매춘은 식물계에서 결코 신에 의해 용납되지 않
을 것이다!"라고 반박하였다. 그럼에도 불구하고 이 시스템은 매우 실용적이었으므로 린네의 학파
들에 의해 즉시 적용되었다. 그리고 린네와 그의 '사도'라고 불린 학파들은 전 세계의 잘 알려지지
않은 먼 장소를 여행하면서 발견한 식물들을 린네의 저서 『종 식물지(Species Plantarum)』에 기
록하였다. 이 책은 1753년에 처음 발간되었으며, 오늘날 종의 학명에 사용하는 이명법을 소개한
유명한 책으로 알려져 있다.

성 분류 체계는 식물들의 관계를 반영하도록 만들어진 것은 아니었지만, 생물학에서 진화론적
관점이 생긴 다음에 발달한 주요한 식물 분류 체계였다. 오늘날 가장 널리 받아들여지고 있는 분
류 체계는 피자식물 계통 그룹(APG: Angiosperm Phylogeny Group)의 작업으로 얻어진 것이
다. APG는 비공식적인 국제적 전문가 집단으로서, 1990년대 후반부터 피자식물의 계통수를 확립
하기 위해 서로의 연구를 이용하고 있다. 이 그룹은 세 가지 버전의 분류 체계를 만들어 냈으며,
1998년에 발표된 최초의 APG 분류 체계는 단계통(monophyletic) 분지를 결정하기 위해 분자 염
기 서열 데이터를 기반으로 한 최초의 재분류라는 점에서 획기적인 사건이었다. 이 그룹은 식물을
틀에 박힌 분류 계급 관점에서 어떤 계급에 넣을지 결정하기보다는 분지들 사이의 관계에 더 초점
을 두었다. 이 책의 초반부에서 생물의 3도메인과 8계를 인식하고 채택하는 것에 대해 살펴보았듯
이, 분류 체계에 적용된 분류 계급이나 범주는 생명계통수의 진화 분지 패턴을 밝히는 과정보다
될 중요하다고 할 수 있다. 그 후 2003년 APG II가 발표되면서 더욱 더 많은 진전이 있었다. 즉,
이전의 분류 체계에는 들어 있지 않던 피자식물의 과들이 포함되었고, 일부 오래된 과들에 대해서

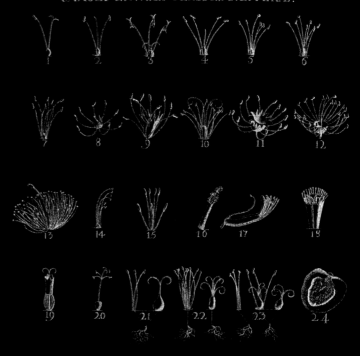

CAROLI LINNÆI CLASSES S.LITERÆ.

게오르크 디오니시우스 에렛(Georg Dionysius Ehret)이 1736년 린네의 성 분류 체계에
의한 24개 강을 묘사한 그림. 린네의 『속 식물지(Genera Plantarum)』에 최초로 발표되었다.

209쪽: 헤어리 비터크레스(Cardamine hirsuta)의 꽃. 클로랄 수화물(chloral hydrate)로
깨끗하게 만든 후 톨루이딘블루로 염색하였다. 이 종은 린네에 의해 명명되었으며 4
강수술군(Tetradynamia)에 배치되었다. 4강수술군은 APG III에서 과(십자화과)에 해당하는
유일한 강이다. 광학현미경, 명시야 조명, 색상이 반전됨. × 60.

해바라기(*Helianthus annuus*) 줄기의 횡단면. 목질화된 세포벽 물관(아래쪽)과 후벽세포 (위쪽)의 세포벽을 사프라닌으로 붉게 염색한 슬라이드. 광학현미경. 명시야 조명 × 280

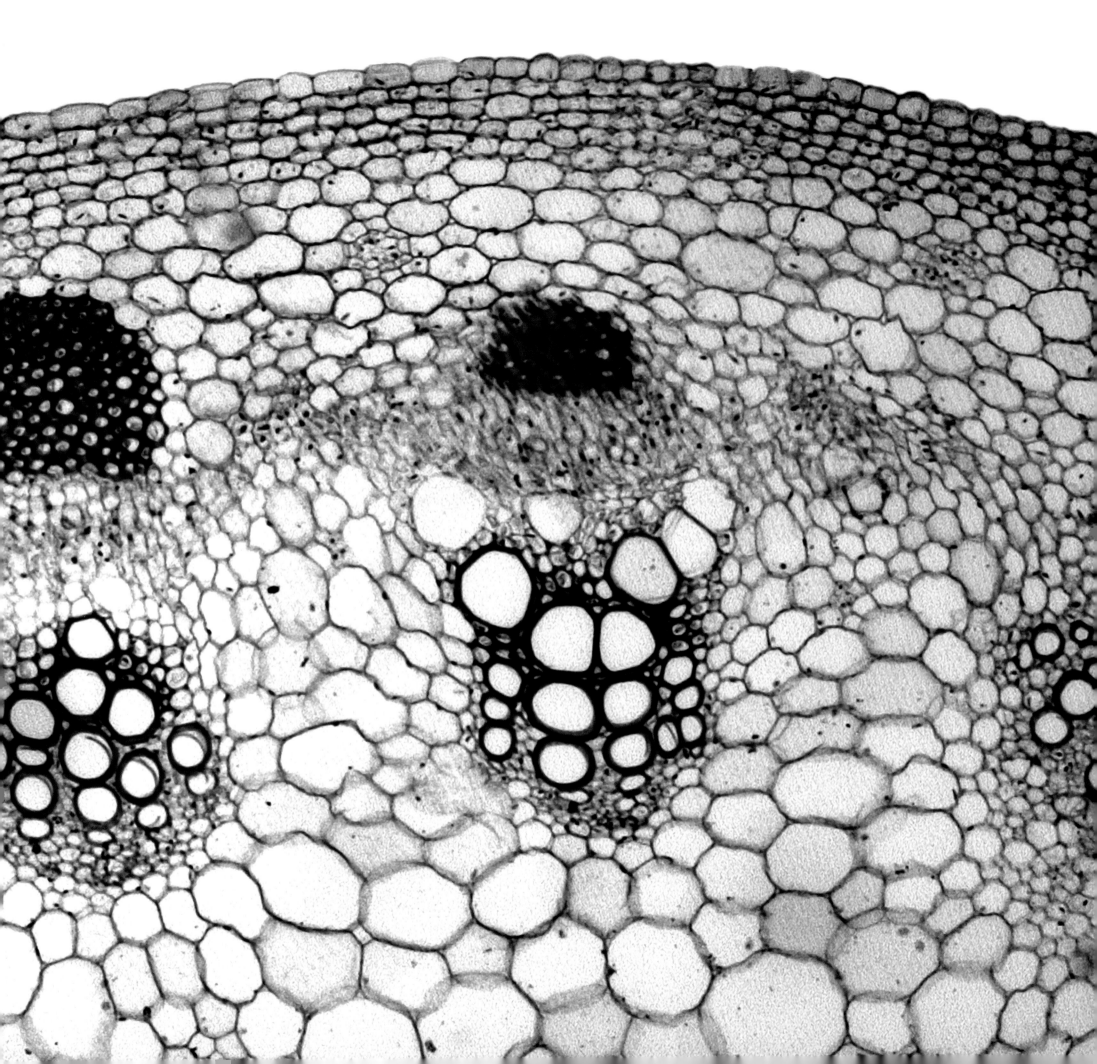

Magnolia grandiflora June 19th 1780

는 재해석되었다. 더 최근인 2009년에는 APG III가 발표되었고, 충분한 진전이 이루어져 피자식물에 대한 보다 구체화된 분류 체계를 발표하였다. APG III에서는 주요 단계통 육상 식물 그룹을 '아강(subclasses)'으로 취급하였고, 따라서 피자식물은 목련아강(Magnoliidae)이 되었다. 피자식물의 16개 주요 계통 분지는 분류군명의 어미가 '-anae'로 끝나는 상목(superorders)으로 취급된다. 반면, 과는 분류군명의 어미가 '-aceae'로 끝난다.

이제부터 현재 받아들여지고 있는 피자식물 계통수를 간략하게 살펴보고자 한다. 맨 아래에 있는 3개의 분지는 암보렐라상목(Amborellanae), 수련상목(Nymphaeanae) 그리고 아우스트로바일레야상목(Austrobaileyanae)이다. 이들 상목 중 첫 번째인 암보렐라상목에는 하나의 종 암보렐라 트리코포다(Amborella trichopoda)만 속해 있다. 이 식물은 뉴칼레도니아에만 서식하는 작은 교목 또는 관목으로서, 2억 7500만 년~1억 8200만 년 전 페름기와 쥐라기 사이 어디쯤(일부는 1억 4100만 년 전으로 추정하기도 한다)에서 다른 피자식물로부터 갈라져 나온 것으로 추정 – '분자 시계(molecular clock)'를 바탕으로 – 되는 분지의 유일한 대표 식물이다. 두 번째 분지인 수련상목은 수련 및 기타 가까운 수생식물을 포함한다. 아우스트로바일레야상목의 유일한 속인 아우스트로바일레야속(Austrobaileya)에는 2종만이 속해 있으며, 이들은 오스트레일리아의 퀸즐랜드 북쪽 열대 우림의 하층 식생을 이루는 목본성 덩굴이다. 피자식물 계통수에서 가장 아래를 차지하는 이 세 계통은 오랫동안 가장 원시적인 식물로 여겨졌다. 현대 고생물학자들은 수련상목이 수생식물이라는 사실이 초기의 많은 피자식물이 수생식물이었을 것이라는 화석 기록과도 일치한다고 보고 있다.

계통수의 다음 계열은 목련상목(Magnolianae)으로, 목련속(Magnolia)에서 이름을 따온 상목이다. 목련속은 약 200종의 교목으로 이루어져 있으며 대부분 정원수로 각광받고 있다. 목련속 식물의 약 절반이 야생에서 멸종 위기에 놓여 있으며, 특히 라틴 아메리카와 카리브 해 지역의 식물이 가장 위험하다. 게다가 목련목(Magnoliales)에는 커스타드 애플(custard apple)의 포포나무과(Annonaceae), 넛맥(nutmeg)의 육두구과(Myristicaceae) 등 다수의 중요한 식물 과(family)가 속해 있다. 또 같은 상목에 후추목(Piperales), 카넬레목(Canellales) 및 녹나무목(Laurales) – 주로 열대성 및 아열대성 교목의 큰 그룹으로 가장 유명한 종은 아보카도(Persea americana)일 것이다 – 이 포함되어 있다.

백합상목(Lilianae)은 큰 계통으로서 전통적인 식물 분류 체계로는 외떡잎식물에 해당한다. 이전의 전통적인 분류에서 외떡잎식물은 쌍떡잎식물로 불리는 또 다른 주요 그룹과 대비를 이루었다. 그러나 쌍떡잎식물은 더 이상 단계통군이 아님이 밝혀졌으며, 현재는 피자식물 3개 초기 분지, 목련상목(Magnolianae), 진정쌍떡잎식물(eudicot)로 나누어진다. '진정한 쌍떡잎식물'인 진정쌍떡잎식물은 전체 피자식물의 70%를 포함하며, 이들 대부분은 매우 다양하고 큰 상목(superorder)인 장미상목(Rosanae)과 국화상목(Asteranae)에 해당된다.

종자의 성공

피자식물은 앞서 보았듯이, 백악기 시대와 그 이후에 빠른 방사 진화의 결과로 그 다양성이 매우 높아져 이미 약 40만 종이 밝혀졌으며, 매년 많은 신종이 밝혀지고 있다. 식물학의 전통적인 주제 중 하나는 어떻게 피자식물(angiosperms)이 빠른 종 분화를 일으켰고, 전 세계의 다양한 서식지로 퍼져 나가 '성공(success)'을 할 수 있었는지에 관한 것이다. 피자식물의 급격한 다양성을 나타내는 현상 중 하나는 피자식물의 서식 범위나 그들이 보이는 성장 형태이다. 가장 작은 피자식물은 울피아(분개구리밥속 Wolffia)로, 겨우 2mm 크기의 부유성 수생식물이다. 가장 큰 피자식물은 오스트레일리아 마운틴 애쉬(Eucalyptus regnans)이다. 울피아와 마운틴 애쉬 사이에는 무수한 초본, 관목 및 덩굴성 식물이 존재한다. 피자식물은 생활사가 하루에 이루어질 수도 있고 몇 세기가 될 수도 있으며, 사막에서부터 사바나, 숲 및 습지 등 다양한 서식처에서 발견된다. 이것이 어떻게 가능한 것일까?

이에 대한 다수의 설들이 제안되었는데, 피자식물이 경쟁자를 앞설 수 있었던 특징들을 찾는 것이 목적이었다. 최신의 한 연구에서는 피자식물의 생리적, 생태적 특징에 초점을 두어 이들이 백악기 초기의 우점종이었던 나자식물과 어떻게 경쟁할 수 있었는지에 대해 설명하고 있다. 이 가설에 의하면, 그 당시는 산소 농도가 오늘날보다 약 4% 정도 높아 대기의 25%를 차지하고 있었기 때문에 산불이 빈번하였고, 이에 따라 나자식물보다 빨리 발아할 수 있었던 피자식물이 빠르게 퍼져나갔다는 것이다. 비록 나자식물이 피자식물보다 영양이 부족한 흙에서 더 잘 자랄 수 있지만, 피자식물의 잎은 바늘잎인 송백류(conifers)보다 쉽게 분해되기 때문에 토양의 비옥도를 향상시킨다. 결과적으로 일단 피자식물이 토양의 특성을 변화시키기에 충분한 숫자로 존재하면 피자식물이 나자식물을 앞설 수 있다는 것이다. 초기 육상 식물 화석 기록으로 추측컨대, 피자식물은 강을 따라 갯벌이나 모래 둑과 같이 물에 가까운 지역이나 우점하는 나자식물의 그늘 등 불안정한 서식지에서 번성했을 것으로 생각된다. 최근 몇 년 동안 피자식물의 기원을 설명하는 다양한 시나리오가 제시되었는데, 한 가지 일반적인 것은 이들 피자식물이 '어둡고 불안정한' 장소에서 기원했을 것이라는 것이다. 피자식물이 성공할 수 있었던 것은 상당 부분이 우수한 종자 덕분이라는 것은 확실해 보인다.

앞서 나자식물(gymnosperms) 특히 송백류가 특수한 종자를 진화시켰음을 살펴보았다. 이들의 종자는 바람에 의해 효과적으로 산포되거나, 육질의 바깥층은 동물에 의해 산포되어 모식물체로부터 멀리 퍼질 수 있도록 특수화되어 있다. 또 생장 조건이 가장 최적일 때 발아가 촉진됨으로써 웅성 및 자성 구화수를 생산하는 데 투자되는 에너지와 종자 발달에 필요한 양분의 낭비를 막아 준

아래: 냉이(Capsella bursa-pastoris)의 발달하는 배(embryo) 슬라이드. 배주 안에 보호되고 짧은 자루에 붙어 있다. 광학현미경, 간섭대비 × 600

215쪽 위: 마다가스카르 이비티 산의 스트렙토카르푸스 톰프소니(Streptocarpus thompsonii)의 종자. 주사전자현미경 × 150

215쪽 아래: 마다인 살라-사우디 '페트라'(Mada'in Salih-the Saudi 'Petra')에서 발견되는 히비스쿠스 미크란투스(Hibiscus micranthus)의 목화와 비슷한 종자

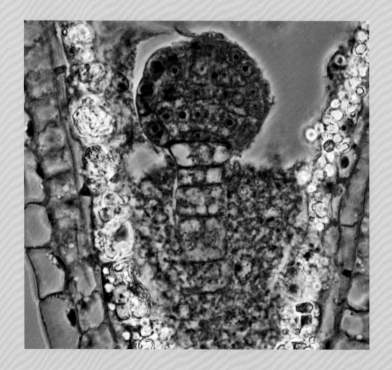

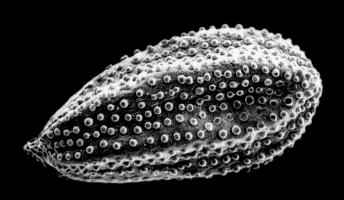

다. 그러나 종자와 열매 – 심피의 특수한 조직으로부터 발달하여 종종 하나 이상의 종자를 포함하는 구조 – 가 매우 다양해지고 정교해져서 산포, 휴면 그리고 빠른 발아에서 경쟁적 우위를 차지할 수 있었던 것은 피자식물이었다.

산포와 발아에 대한 또 다른 전략으로 돌아가기 전에 피자식물의 종자와 열매에 관련된 조직과 세포를 살펴볼 것이다. 중복 수정으로 배와 배젖 – 새로운 포자체 세대의 초기 성장 단계에 에너지를 공급하는 – 이 자란다는 것은 일찍이 살펴보았다. 여기서 배와 그 에너지 공급원은 보호성 외종피(testa)에 둘러싸여 있으며, 외종피는 배주를 둘러싼 주피(integument)로부터 발달한다. 그리고 배 자체는 종자 안에 들어 있는 작은 식물체로 발달하는데, 근계를 형성하게 될 '어린뿌리(유근, radicle)'와 줄기로 자라게 될 '상배축(epicotyl)' 그리고 잎이 될 1~2개의 '떡잎(cotyledon)' 및 이 세 부분을 연결하는 '하배축(hypocotyl)'으로 분화된다. 콩[팥속(Phaseolus)과 동부속(Vigna)에 해당하는 일부 콩과 식물의 속을 지칭하는 이름]과 호두(호두나무속 Juglans) 등 일부 종자(seed)에서는 배젖의 양분이 종자의 떡잎으로 흡수되어 육질화된다. 외종피는 바깥면이 매끈할 수도 있고 무늬가 있을 수도 있으며, 때로는 날개나 술이 달려 있어 산포에 도움을 주기도 한다. 어떤 종자는 열매와 구분하기 힘든데, 열매는 하나 또는 그 이상의 암술군이 완전히 성숙하여 만들어지기 때문에 대개 화탁(receptacle)에서 끝나는 자루가 있는 반면, 종자는 심피 안쪽의 부착되는 지점에 흔적이 있다. 마찬가지로, 열매에도 대개 암술머리와 암술대가 시든 흔적이 여전히 남아 있다. 종자는 배주 벽으로부터 유래된 외종피에 둘러싸여 있는 반면, 열매는 심피 벽으로부터 발달된 과피에 둘러싸여 있다.

과피의 성질과 과피를 형성하는 세포 종류에 따라 피자식물에는 건과(dry fruit)와 육질과(succulent fruit)라는 기능적으로 다른 두 종류의 열매가 있다. 건과와 육질과는 매우 다양하고, 이들을 구별하기 위해 전문적인 생물학적 용어가 존재하는데, 주로 과피의 형태, 열매가 성숙하였을 때 열리는 방법, 하나의 심피로부터 만들어졌는지, 융합된 심피에서 만들어졌는지에 따라 구별하게 된다. 육질과에는 근본적으로 다른 두 종류의 열매, 장과(berry)와 핵과(drupe)가 있다. 핵과는 하나 또는 그 이상의 융합된 심피로부터 형성되는데, 단단한 과피에 둘러싸인 씨(stone)를 형성하며, 핵과의 개별적인 심피는 하나 또는 그 이상의 핵을 가지고 있다. 그리고 대부분의 열매에서 과피는 가장 바깥의 외과피(exocarp), 중간의 중과피(mesocarp) 및 가장 안쪽의 내과피(endocarp) 등 여러 층으로 분화된다. 내과피는 딱딱한 층으로서 두껍게 목질화된 벽을 가진 후벽세포로 이루어져 있으며, 안쪽에 빈틈이 거의 없고 살아 있는 세포질 성분도 없다. 자두와 버찌[둘 다 벚나무속(Prunus)에 속한다]의 종자는 잘 알려진 내과피의 예이다. 중과피는 유조직 세포로 이루어진 육질의 층으로 종종 고농도의 당이 포함되어 있고, 사이사이에 석세포라고 하는 짧은 후벽세포가 분포하고 있다. 사과를 한 입 깨물 때 으드득하는 소리를 내는 것은 이 석세포이다. 외과피는 열매의 껍질이고 대개 표피세포와 유조직 세포에 있는 수많은 잡색체(chromoplast)에 의해 밝색을 띤다. 삽색체는 색소체의 일종으로 본실석으로도 엽독제와 유사하지만, 색소가 광합성 대신 동물을 유인하도록 변형되었다. 때로는 외과피에 분비세포군이 만든 지방분비선이 존재하기도 하는데, 이는 유조직 세포와 유사하지만 세포질이 더 두껍고, 열매 표면 쪽으로 열리는 중앙 강(central cavity) 주위에 배열되어 있다. 예를 들면, 감귤의 경우에 향을 내는 정유는 중앙 강으로 분비된다. 핵과는 서양자두(*Prunus domestica*)처럼 하나인 경우도 있고, 서양산딸기(*Rubus fruticosus*)와 멍덕딸기(*Rubus idaeus*)처럼 부푼 화탁에 여러 개가 모여 나서 마치 하나의 열매처럼 보일 수도 있다.

열매는 꽃이 아닌 화서(inflorescence)에서도 생길 수 있다. 850종이 속해 있는 큰 속인 무화과나무속(*Ficus*)의 열매는 안팎이 뒤집힌 특수한 화서의 수많은 꽃으로부터 만들어진 것이다. 가까운 속인 도르스테니아속(*Dorstenia*)은 표면에 많은 꽃이 달린 납작한 화서를 가지고 있으며, 이는 무화과를 펼쳐 놓은 것과 비슷하다. 파인애플(*Ananas comosus*)은 육질의 화서가 다화과(multiple fruit)에 해당되는 또 다른 예로서, 파인애플의 각 인편은 꽃 한 개가 열매로 자란 위치임을 나타낸다.

아래: 피쿠스 아우리쿨라타(*Ficus auriculata*)의 열매. 암컷 무화과벌은 긴 채찍 같은 꼬리를 찔러 넣어 안쪽의 발달하고 있는 열매에 알을 낳는다. 그 다음 세대의 벌은 수분 매개체가 된다.

217쪽: 콩과인 개자리속(*Medicago*)의 나선형 열매는 갈고리가 달려 있어 동물의 털이나 사람의 옷에 달라붙어 산포된다. 이라크 피라마그룬(Piramagrun)의 메디카고 미니마(*Medicago minima*, 왼쪽)와 메디카고 폴리모르파(*Medicago polymorpha*, 오른쪽). 접사 촬영 × 10

열매와 종자의 산포

피자식물에는 왜 이렇게 많은 종류의 열매와 종자가 있는가? 부분적인 답이긴 하지만 이들 모두가 각기 다른 방식으로 특수화되어 있기 때문이다. 열매와 종자가 산포하는 방식이 서로 다르고, 종자가 발달하는 동안 양분을 공급함으로써 힘든 시기에 생존할 수 있도록 안에 들어 있는 배를 보호하는 방식이 각기 특수화된 것이다. 비록 많은 종자들이 모식물체 바로 아래 땅에 떨어지지만 피자식물은 더 넓게 종자를 산포시킬 수 있다. 서로 다른 과의 여러 식물들이 나자식물처럼 날개 달린 종자를 가지고 있어서 바람에 의해 잘 산포된다. 단풍나무속(*Acer*) 식물은 종자에 독특한 한 쌍의 날개가 있어서 땅으로 떨어지는 동안 회전을 한다. 가장 큰 날개가 달린 종자는 딥테로카르푸스과(Dipterocarpaceae)의 딥테로카르푸나무 종류로서, 이 과는 열대우림 저지대에서 자라는 약 500개의 종으로 이루어져 있다. 이들의 학명은 '*di*(2개)', '*pteron*(날개)', '*karpos*(열매)' 3개의 그리스 어에서 유래되었으며, 2개의 날개가 달린 이 종자의 길이는 30cm 이상 된다. 사라수속(*Shorea*)의 나무들은 다른 많은 딥테로카르푸처럼 같은 지역에 있는 모든 나무들이 3~10년마다 한꺼번에 개화하고 동시에 종자를 산포한다. 엘리노 지역의 기후 주기 중 가뭄 시기에 이렇게 다량으로 열매가 만들어지는 것은 다량의 열매가 만들어진 후 초식 동물에 의해 먹혀도 다수가 살아남아서 발아할 수 있기 때문이라고 여겨지고 있다. 불행히도 사라수속 식물의 75% 이상은 산림 개척 및 경작지 개간으로 서식지가 파괴되어 멸종 위기에 놓여 있다.

바람으로 산포되는 대부분의 종자와 열매는 무게가 가볍기 때문에 날개보다는 바람에 따라 날리는 깃털과 같은 털을 이용한다. 아스펜(aspens) 또는 미루나무로 알려져 있는 사시나무속

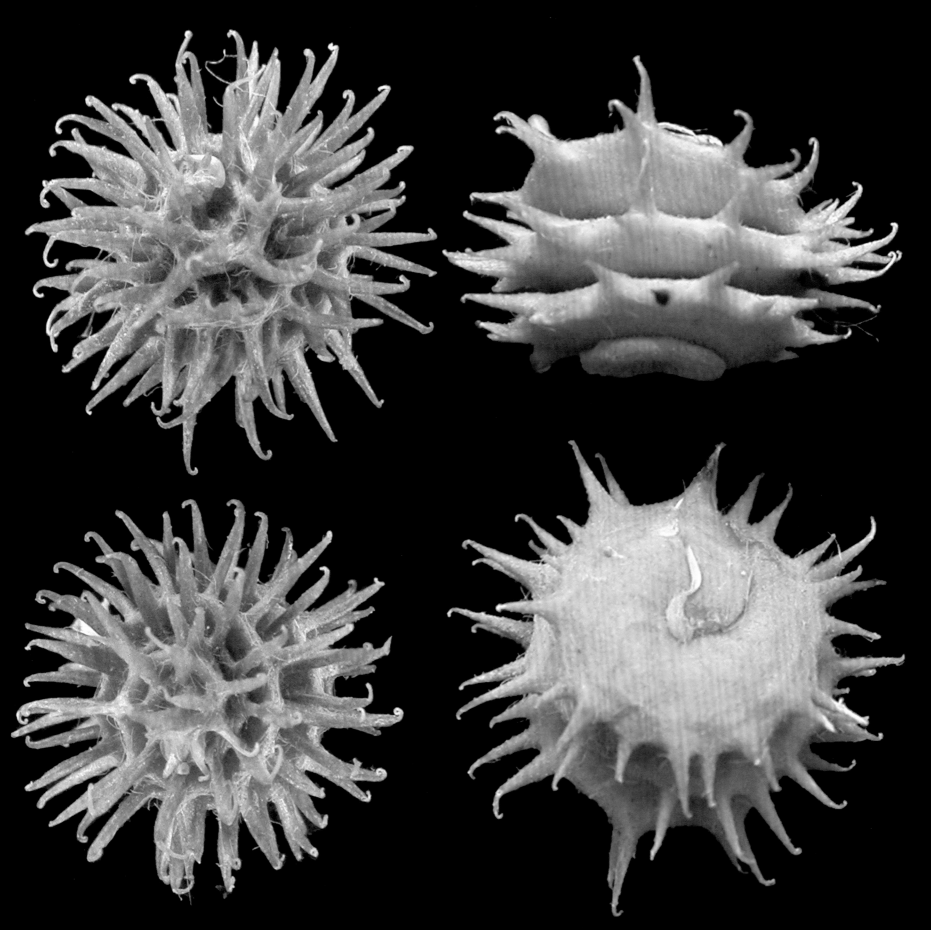

(*Populus*)의 종자에는 미세한 은빛 털이 있다. 국화과(Compositae, 23,000종 이상의 가장 많은 종으로 구성된 과)의 건과는 '관모'라 불리는 깃털과 같은 털로 산포되는데, 이 관모는 꽃받침이 고도로 변형된 것이다. 이 관모들은 민들레(*Taraxacum officinale*)의 '솜털 같은 머리(dandelion clock)'를 형성한다. 그러나 모든 국화과 식물이 바람으로 산포되는 열매를 갖는 것은 아니다. 도깨비바늘속(*Bidens*)과 같은 일부 식물에서 관모는 뻣뻣한 털처럼 변형되어 있고 길이를 따라 미세한 갈고리가 있어서 열매가 동물의 털에 붙을 수 있다. 두 번째로 큰 피자식물과인 난과(Orchidaceae)는 약 22,000종으로 구성되어 있으며, 고도로 특수화된 생식 체계를 가지고 있다. 하나의 삭과 열매에는 수백만 개의 미세한 종자가 들어 있어서 마치 포자처럼 산포된다. 이때 종자는 매우 작기 때문에 배젖 형태의 에너지 저장고가 없어 발아하기 위해서는 토양에 있는 공생균을 필요로 한다. 따라서 발아하는 동안과 광합성을 하는 잎을 발달시키는 전의 초기 발달 단계에서 어린 식물체는 공생균에게 전적으로 영양분을 의존한다. 그 대신 공생균은 난이 광합성을 할 수 있게 되자마자 광합성 산물을 얻는다. 난은 일반적으로 매우 정확한 성장 조건을 필요로 한다 – 일부는 전적으로 나뭇가지에서 자라는 착생 식물이고, 또 다른 일부는 바위 또는 강산성의 영양소가 부족한 토탄 습지에서 자란다. 난과 식물은 잘 분산되는 종자를 대량으로 생산하는 전략을 통해 일부 종자라도 적당한 장소에 이르렀을 때 발아할 수 있는 가능성을 높인다.

피자식물 중 난(orchid)의 종자가 가장 작다면, 가장 큰 종자는 무엇일까? 가장 큰 종자의 기록은 세이셸 군도에 있는 두 개의 섬에만 서식하는 이중코코넛인 코코 드 메르(coco de mer, *Lodoicea maldivica*)의 종자이다. 지름이 40cm가 넘는 거대한 이 열매 안에는 섬유상의 코코넛과 같은 중과피 안에 1~3개의 종자가 들어 있으며, 열매의 무게는 40kg에 이른다. 각 종자의 무게는 약 18kg 정도인데, 종자 무게의 대부분은 배젖의 무게로서 처음 몇 년 식물체가 자라는 동안의 필요한 양분을 제공한다. 코코 드 메르의 발아는 매우 느린데, 이는 암석이 많은 환경에 적응한 결과이다. 발아할 때에는 아래로 자라는 뿌리가 생성되기보다는 길이가 5m까지 자라는 원통형의 새순(shoot)이 나온다. 이 새순은 옆으로 자라고, 종자의 생장점 바로 아래에는 배(embryo)가 들어 있다. 새순은 흙을 만나게 되면 아래로 자라기 시작하면서 뿌리가 생기기 시작한다. 최초의 떡잎이 생성되려면 1년이 걸리며, 그 후 처음 15년 동안에는 '진짜' 잎이 1년에 한 개씩 나타난다. 만약 처음 몇 년 이내에 식물체로부터 종자를 떼어 버리면 죽게 되는데, 이는 여전히 종자 안에 있는 양분에 의존하기 때문이다.

수생식물과 해안가 식물들에게 물은 종자 산포의 중요한 요소이다. 완전히 잠긴 수생식물에는 부유성의 열매나 종자가 거의 없기는 하지만, 종자는 조직 내부에 공기층이 있어 대개 부력이 있다. 바람, 중력 및 물은 모두 본질적으로 수동적인 방법으로서 자연의 힘에 의해 종자와 열매가 산포된다. 일부 식물은 조금 더 적극적인데, 발삼이나 봉선화(봉선화속 *Impatiens*) 및 고스(gorse, 올렉스속 *Ulex*)는 스프링이 달린 열매에서 종자가 튀어나오기도 하고, 카네빌리스(cranesbills,

아래: 세상에서 가장 작은 종자는 난(orchids)의 종자이며, 하나의 삭과에는 수백만 개의 종자가 들어 있다. 스파티드 오키드(Spotted orchid, *Dactylorhiza fuchsii*). 광학현미경, 암시야 조명 × 50

218쪽: 세상에서 가장 큰 종자인 코코 드 메르(coco de mer, *Lodoicea maldivica*)는 세이셸 군도의 두 섬에만 서식한다. 판매하기 위해 수확된 상태이며 수출 인증서가 붙어 있다.

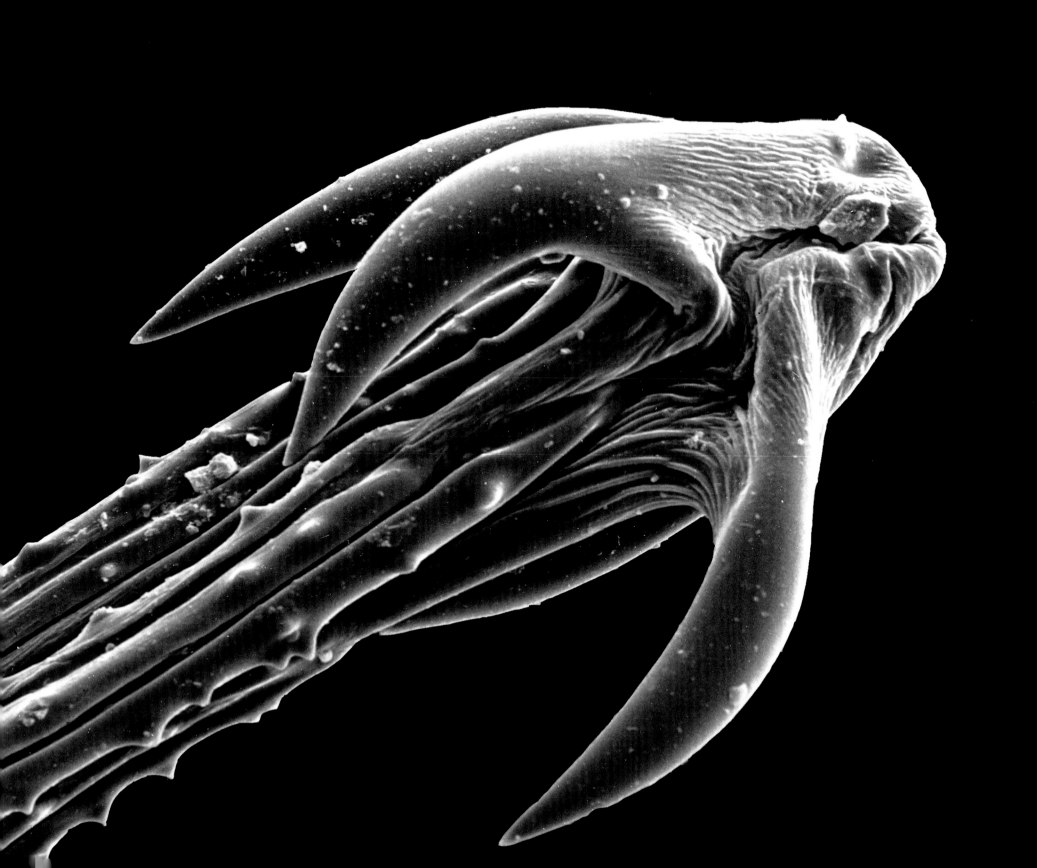

아래: 많은 피자식물의 열매에는 갈고리가 있어 동물에 달라붙어서 모식물체로부터 멀리 퍼질 수 있다. 그 예인 유니콘 플랜트(unicon plant, *Martynia proboscidea*, 좌측 상단), 데빌스 클로(devil's claw, *Harpagophytum procumbens*, 우측 상단) 및 캣츠 클로(cat's claw, *Martynia annua*, 아래)이다.

맨 아래: 구세계부터 현재까지 유일하게 생존해 있는 자이언트 거북 종류인 알다브라 아톨(Aldabra Atoll)의 알다브라 거북(*Geochelone gigantea*). 토착 식생을 복원하는 데 이용되곤 한다.

220쪽: 북서 아메리카의 스프레딩 스틱위드(spreading stickweed, *Hackelia diffusa*)의 작은 견과에 있는 갈고리 모양 털(glochids). 지나가는 동물의 털에 붙어 산포된다. 주사전자현미경 × 500

쥐손이풀속 *Geranium* 종)는 종자를 사출시키기도 한다. 물총오이(에크발리움속 *Ecballium*)의 경우에는 점액질과 함께 터져 나오기도 한다.

 종자와 열매의 산포에 있어서 동물은 중요한 매개체로서 동물의 털이나 깃털에 붙여서 이동되거나 삼켜져서 소화계를 통과하면서 이동된다. 동물 특히 포유류에 의해 산포되는 경우에는 크리버(Cleavers, *Galium aparine*)처럼 심피나 열매에 갈고리가 달려 있거나, 우엉류(우엉속 *Arctium*)처럼 화서 전체에 갈고리가 달려 있기도 한다. 벨크로(Velcro)의 발명에 영감을 준 것은 우엉류의 미늘(갈고리)이었다. 동물을 유인하거나 동물에게 먹히는 열매를 가진 식물은 적극적으로 산포될 수 있고 결과적으로는 비옥한 거름으로 퇴적된다. 이들은 일반적으로 달달하고 양분이 많은 육질의 중과피를 가지고 있으며, 익으면 향기를 발산하여 동물을 유인하는데, 가장 유명한 것은 두리안 열매(두리안속 *Durio*)로서, 이 열매는 인간과 오랑우탄을 비롯한 다양한 동물을 끌어들인다. 완전히 익으면 열매는 살짝 발효되기 시작하여 가벼운 알코올 음료가 만들어진다. 두리안 열매의 냄새와 맛을 글로 표현하려는 시도가 많았다. 아마도 가장 설득력 있으면서 많이 인용된 것은 박물학자 알프레드 러셀 월리스(Alfred Russel Wallace, 1823~1913)의 글일 것이다. 월리스는 찰스 다윈(Charles Darwin, 1809~1882)과 독립적으로 진화 이론을 발전시켰다. 다윈은 자신의 진화 이론이 얼마나 급진적이었는지 알고 있었기 때문에 그의 생각을 대중화하기를 꺼렸지만, 월리스가 비슷한 생각을 하고 있고 그 내용을 출판하게 되리라는 것을 알고는 재빨리 발표했다. 월리스는 8년 동안 말레이 제도를 여행하면서 중요한 발견을 하였고, 두리안 열매와 관련하여 "5갈래의 열매 껍질 안쪽은 비단같이 희고 딱딱한 크림색 과육으로 가득 차 있으며 각각 3개의 종자가 들어 있다. 이 과육은 먹을 수 있는 부분이며, 그 농도와 냄새는 형언할 수 없다. '아몬드를 잔뜩 바른 커스터드'가 가장 비슷한 표현이지만 때때로 크림치즈, 마늘 소스, 셰리주 그리고 다른 조화되지 않은 음식 냄새가 난다. 과육에 끈적하고 부드러운 부분이 있는데, 아무것도 포함하고 있지 않다. 시지도 않고 달지도 않고 즙이 많지도 않지만 이 자체로 완벽하기 때문에 이 중 어떤 맛도 필요하지 않다. 메스꺼움이나 다른 나쁜 영향은 끼치지 않으며, 먹을수록 멈출 수 없게 된다."와 같이 기록하였다. 두리안 열매에 대한 다른 표현들은 실제보다 못하다. 어떤 사람들은 열매의 냄새가 역하다고 느끼기 때문에 호텔이나 공항과 같은 공공장소에 두리안을 가지고 갈 수 없었다. 최근에는 두리안의 특이한 냄새는 제거하고 맛은 유지한 품종들이 재배되고 있다.

 미국의 생태학자 대니얼 잰즌(Daniel Janzen, 1939~)과 그의 동료들은 "중앙아메리카의 많은 식물들은 원래 큰 동물에 의해 열매가 산포되었는데 '거대 동물군(megafauna)'이 모두 멸종한 지금 이것은 식물에게 불리하게 작용한다."라고 지적했다. 아프리카 이외의 대륙에서는 곰포테리아(gomphotheres, 코끼리처럼 생긴 멸종한 동물)와 메가테리움(*Megatherium*)과 같은 많은 거대한 포유류들이 인류가 수렵 및 채집을 한 이후로 멸종되었다. 커다란 초식 동물들의 멸종은 당장은 식물에게 어떠한 문제도 없어 보이지만, 대부분의 경우에 종자는 동물의 창자를 통과하지 않으

발아하시 못한다. 음사가 소와 기관을 통과아는 동안 누어운 모호성 송씨이 눈해되기 때문이다. 어떤 경우에는 말(*Equus ferus caballus*)과 돼지(*Sus scrofa domesticus*)처럼 인간과 함께하는 동물들이 멸종한 동물들을 효율적으로 대체하기도 했다. 잰즌(Janzen)의 관찰을 반영하여 서식지 복구 또는 '재야생화(rewilding)'와 관련된 많은 프로젝트는 이제 숲의 복원에 도움이 되는 적절한 대형 초식 동물을 도입하는 데 초점을 두고 있다. 인도양에 있는 마스카렌 제도의 섬들에 사는 초식 동물은 자이언트 거북이었으며, 알다브라 아톨(Aldabra Atoll)을 제외하고 현재 모두 멸종되었다. 알다브라 거북(*Geochelone gigantea*)이 그 지역에 재도입되어 현재는 서식지 복구 프로그램에 이용되고 있는데, 이 알다브라 거북은 종자 산포 체계를 복구할 뿐 아니라, 자이언트 거북에게 덜 먹히도록 진화한 토착종보다는 먹음직스러운 외래종을 우선적으로 먹기 때문에 토착 식생을 복원하는 데 도움이 되고 있다.

이렇게 큰 동물만이 종자 산포에 중요한 것은 아니다. 약 3,000종 정도 되는 다수의 피자식물 종자는 특히 남반구의 경우 개미에 의해 종자가 산포된다. 개미는 지방과 아미노산이 풍부한 지방체인 '엘라이오좀(elaiosome)'이라는 특수한 '음식 덩어리(food bodies)'에 의해 유인된다. 개미에 의한 종자 산포는 분명히 다른 많은 식물 그룹에서 반복적으로 진화하였는데, 이는 서로 이익을 얻는 관계로서 개미는 음식을 얻고, 식물은 산포 도우미를 얻는 셈이다. 이러한 관계는 식물과 동물이 서로에게 자연 선택의 영향을 미쳐 공진화(co-evolution)한 결과이다. 공진화는 피자식물의 분화에 중요한 역할을 했으며, 특히 앞서 보았듯이 수분 생물학(pollination biology)에 중요한 역할을 했다.

발아와 영양 생장

모식물체로부터 산포된 후 많은 종자들은 휴면 상태에 들어간다. 이들 세포의 세포질은 매우 건조된 상태이며 대사 작용은 멈춰 있다. 적절한 환경 조건이 되면 발아가 시작되는데, 때때로 아주 오랜 시간이 걸리기도 한다. 가장 긴 발아 시간의 기록은 연꽃(*Nelumbo nucifera*)의 종자가 가지고 있다. 연꽃이 서식하는 얕은 호수의 바닥에 종자가 떨어지면 수세기 동안 생존할 수 있으며 천 년이 넘은 증거 기록도 있다. 정확히 어떤 조건이 휴면을 타파하는지는 식물에 따라 매우 다양하다. 물은 반드시 필요하며, 대사 작용을 다시 활성화시키기 위해 세포에 흡수되어야 한다. 또한, 산소도 필요하며, 온도는 종에 따라 5~30℃가 되어야 한다. 일부 종자는 발아하기 전에 낮은 온도에 일정 기간 노출되어야 한다[춘화 처리(vernalisation)라고 함]. 이러한 피자식물의 발아로 한 개 또는 두 개의 떡잎, 즉 종자의 잎(이는 전통적 분류 그룹인 외떡잎식물과 쌍떡잎식물을 구분하는 기준이었다)이 생기는 것이다.

종자에 저장된 양분이 다 소모되면 동시에 근계는 아래로 자라면서 식물체를 고정하고 물의 공급을 확보하고, 위로 줄기가 자라면서 새로운 포자체 식물이 만들어진다. 피자식물의 관속 조직은

아래: 밀(*Triticum aestivum*)의 낟알, 즉 배(embryo)이다. 산성인 푸크신(fuchsin)으로 염색한 슬라이드. 2개의 주축(위로 자라는 떡잎과 아래로 자라는 어린뿌리)의 구분이 가능하다. 왼쪽은 양분이 저장된 배젖의 일부. 광학현미경. 명시야 조명 × 75

223쪽: 콩(*Glycine max*)의 발아 단계. 어린뿌리는 점점 커져서 근계를 형성하고 떡잎이 흙 위로 나타난 후 줄기와 잎이 성장한다. 2개의 떡잎은 지상부 아래에 남아 있다. 본잎은 처음에는 단순하지만 점차 3개의 잎몸으로 나누어진다. 뿌리의 동그란 혹에 질소를 고정하는 박테리아가 들어 있다.

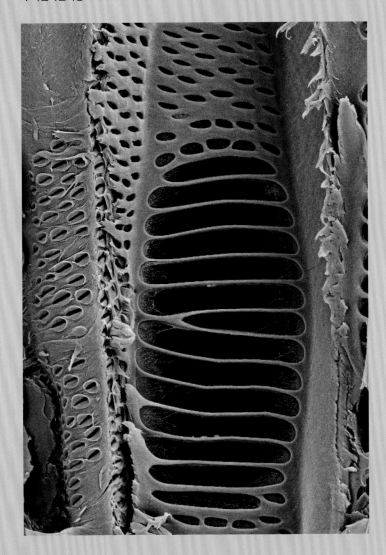

물관부 도관의 진화로 경쟁 우위를 차지한 것으로 여겨지고 있다. 가도관이 세포벽 간의 확산을 통해 물을 수송하지만, 도관은 서로 연결된 원통을 통해 직접 물을 수송하는 더 효율적인 체계이다. 가도관은 대부분의 현생 양치식물과 나자식물에서 발견되는데 반해, 도관은 몇 종류의 원시적 계열을 제외하고 모든 피자식물에 존재한다. 물관부 도관은 형성층이라는 조직의 길쭉한 세포가 분열하여 만들어지는데, 성장하면서 다양한 패턴으로 리그닌이 세포벽에 쌓인다. 이 벽 끝이 붕괴되어 '천공판'이 만들어져서 도관의 끝과 끝을 연결하는데, 천공판의 형태는 도관과 같은 지름의 단순하게 둥근 모양에서부터 사다리 모양으로 길쭉한 것까지 매우 다양하다. 도관의 측벽에는 벽공이 있어 물이 옆으로 흐르게 하며, 이때 추가적으로 강도를 제공해 주는 나선형의 리그닌 띠가 있는 경우도 있다. 이렇게 '모세관 작용(capillary action)'과 수액을 빨아올리는 '근압(root pressure)' 및 잎 표면의 물의 증발로 인해 물을 끌어 올리는 '증산흡인력(transpirational pull)'의 결과로 얇은 도관을 통해 물과 용해된 양분이 흐르게 된다.

피자식물의 넓은 잎은 나자식물의 바늘잎과 비교하면 선택적 이점(selective advantage)이 있다. 광합성을 할 수 있는 표면적이 넓을 뿐 아니라, 줄기의 도관과 잎맥 덕분에 충분한 물을 공급할 수 있기 때문이다. 열매와 마찬가지로 피자식물은 잎의 형태와 변형이 매우 다양한 덕분에 광범위한 서식지와 기후 조건에서 살아갈 수 있는 것이다.

광합성에 필요한 이산화탄소를 고정하는 방법이 변형된 경우가 있는데, 이는 수분 손실을 줄이며, 특히 강한 햇빛이 있는 건조한 환경에서 효율적이다. 피자식물에서만 발견되는 이러한 시스템을 'C4 탄소 고정(carbon fixation)'이라고 한다. 이는 탄소를 고정하는 첫 단계에서 대부분의 식물처럼 탄소가 3개인 분자('C3 식물'이라고 한다)를 생성하는 것이 아니라, 탄소가 4개인 옥살아세트산염(oxaloacetate)을 생성하기 때문이다. 이러한 시스템은 일부 피자식물과 주요 작물로 재배하는 많은 종에서 나타난다. 여기에는 비름속(*Amaranthus*, 비름과)에 속하는 비트(*Beta vulgaris*), 명아주과(Chenopodiaceae)의 퀴노아(*Chenopodium quinoa*)와 시금치(*Spinacia oleracea*), 화본과(Gramineae)의 옥수수(*Zea mays*), 왕바랭이류[왕바랭이(*Eleusine*), 기장속(*Panicum*), 수크령속(*Pennisetum*), 강아지풀속(*Setaria*)]에 속하는 종, 사탕수수(사탕수수속 *Saccharum*), 수수(*Sorghum bicolor*) 등이 있다. 그러나 쌀(*Oryza sativa*)은 C3 식물이며, 유전 공학을 이용하여 쌀이 C4 탄소 고정을 하게 한다면 쌀 재배에 필요한 물의 양을 줄일 수 있고 광합성 효율도 높아지기 때문에 식량 부족을 완화시킬 수 있을 것으로 기대하고 있다. 대부분 C4 식물의 잎은 해부학적으로 독특하다. 잎맥의 관속은 '유관속초 세포(bundle sheath cells)'에 의해 둘러싸여 있고, 이는 다시 엽육세포에 둘러싸여 있다. 유관속초 세포의 엽록체(chloroplast)는 녹말이 풍부하고 그라나(grana)가 없는 변형된 형태이다. 바로 이 세포에서 옥살아세트산염(oxaloacetate)이 말산염(malate)으로 변환되면서 이산화탄소가 분리된다.

'CAM'이라 불리는 크레슐산 대사(Crassulacean acid metabolism)는 또 다른 생리적 적응 현

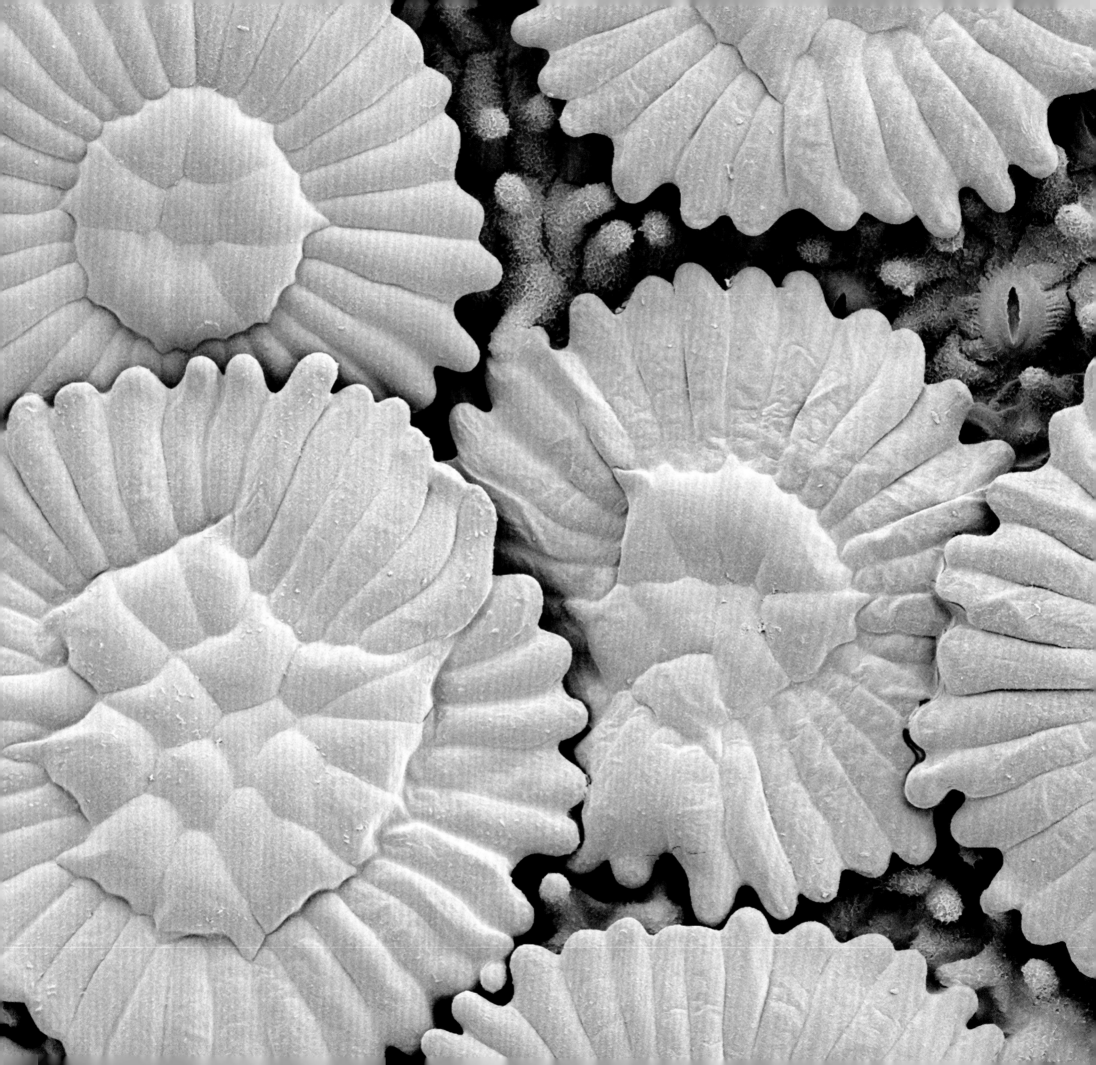

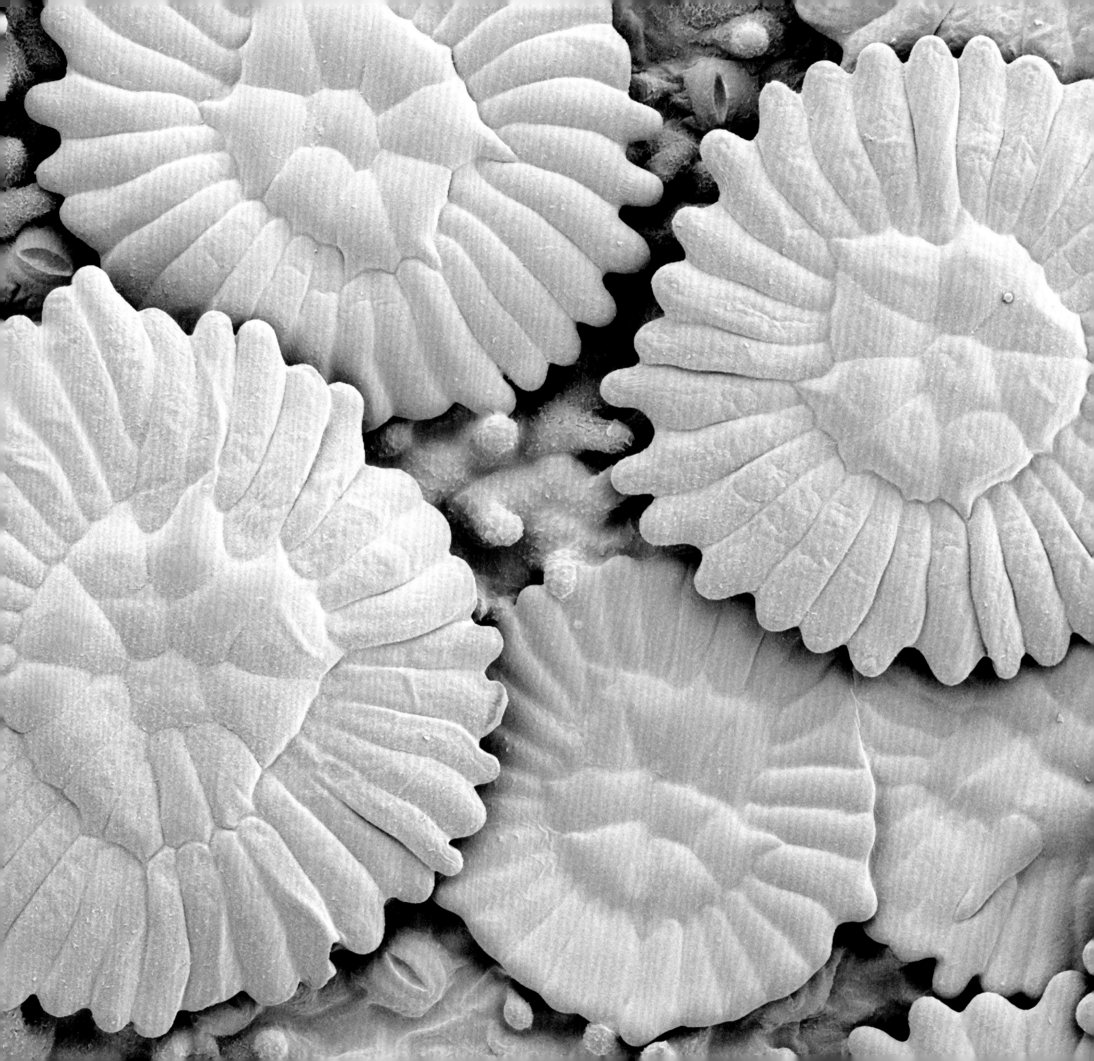

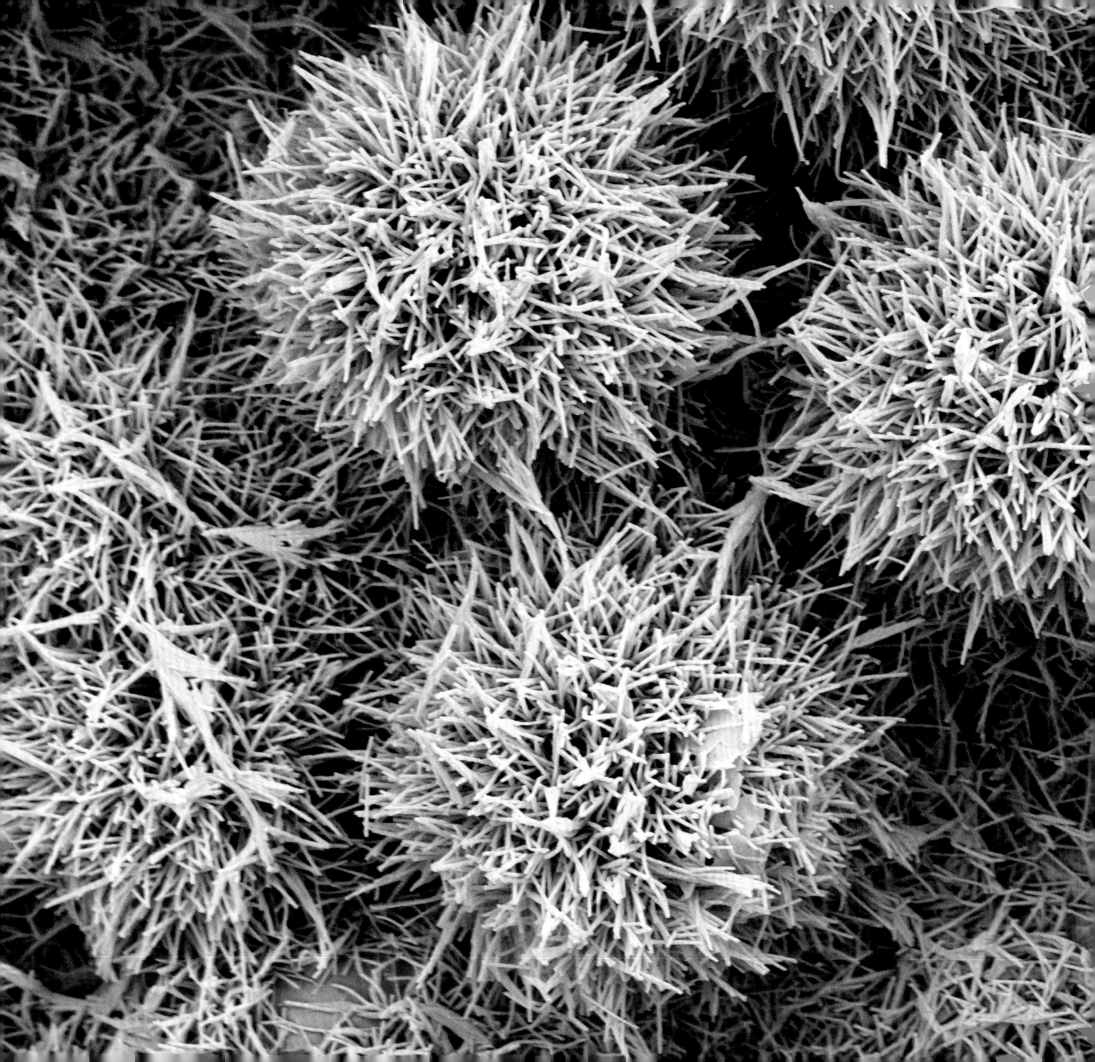

상으로서 선인장류(선인장과 Cactaceae), 돌나물류(돌나물과 Crassulaceae)와 같은 일부 다육성 식물에서 독립적으로 진화하였다. 크레슐산 대사는 낮에 기공(stoma, 복수형 stomata)이 닫혀도 계속 광합성을 함으로써 건조한 환경에서도 식물이 살아갈 수 있게 해 준다. 이는 수분의 손실을 줄여 주지만 광합성에 필요한 이산화탄소 공급도 차단한다. 이산화탄소는 말산에 의해 보충되는데, 말산은 수분 손실의 위험 없이 안전하게 기공을 열 수 있는 밤에 생성된다. CAM 광합성은 피자식물에만 국한되지 않고 사막의 웰위치아(Welwitschia)와 같은 나자식물 및 일부 소철류에서 반복적으로 진화하였다.

사막 식물의 잎은 엽육세포에 물이 저장되면서 일반적으로 두껍고 다육성이며, 수분 손실을 막기 위해 두꺼운 밀랍성 큐티클로 덮여 있다. 초식 동물을 방어하기 위해 잎은 선인장의 경우처럼 가시로 축소되기도 하며, 다육성의 줄기에서 광합성이 일어난다. 많은 목초의 잎세포에 있는 실리카 결정체 역시 초식 동물을 방어하는데, 암모필라 아레나리아(Ammophila arenaria)는 모래 언덕에서 자라며 지하경에 의해 뻗어 나가기 때문에 모래를 고정시키는 데 크게 기여한다. 이는 극도로 건조한 지역에서 자라는 식물의 많은 해부학적 적응 – 잎이 원통 모양으로 돌돌 말려 있고, 기공은 깊게 함몰되어 있어 바람의 영향을 최소화시키고, 습도를 유지하는 데 도움이 되는 미세한 모용(trichome)을 포함하여 – 에 대한 예증이라고 할 수 있다. 모용은 잎 표면에서 중요한 역할을 하며, 현미경으로 관찰해 보면 모양과 형태가 매우 다양하다.

최고의 영광

피자식물을 성공적으로 만든 것은 무엇보다도 꽃이다. 수분에서부터 열매의 산포까지 정교한 생식 체계를 갖추고 있는 꽃의 진화는 단순히 바람, 물, 땅 등의 물리적 요소에 의해서가 아니라 다른 생물과의 상호 작용으로 이루어졌다. 꽃의 진화를 공진화 측면에서 생각할 수 있는데 공진화(co-evolution)란, 둘 이상의 종이 서로의 진화에 영향을 준 경우를 말한다. 공진화는 두 종 사이에 매우 특별한 관계를 통해 일어날 수도 있고, 다수의 관계에 의해 종들이 함께 진화함으로써 더 확산될 수도 있다. 아마도 지구 생명체들의 그물망은 종 간 수많은 상호 작용으로 매우 복잡해져서 제임스 러브록(James Lovelock, 1919~)의 가이아 이론과 같은 큰 개념으로만 표현할 수 있을 것이다. 이제부터 꽃의 구조를 고려하여 꽃이 피자식물의 수분에 어떻게 작용하는지 살펴보도록 하자.

피자식물의 수분에는 화분이 수술에서부터 암술머리로 이동하는 과정이 포함된다. 종자와 열매가 다양한 매개체에 의해 산포되듯이 화분립도 마찬가지이다. 유이화서를 가진 식물인 화본과(Gramineae) 식물 및 사초과(Cyperaceae) 식물에서 화분은 종종 바람에 의해 이동된다. 그러나 피자식물의 90%는 동물에 의해 수분되며, 수분을 매개하는 동물은 매우 다양하다. 대부분의 수분 매개 동물들은 무척추 동물로서 주로 곤충이지만 연체동물도 있다. 예를 들어, 생강류(생강과

아래: 박쥐는 열대에서 중요한 수분 매개체이자 종자 산포 매개체이다. 바나나(파초속 Musa)와 같이 박쥐에 의해 수분되는 꽃은 대개 크고 육중하다.

228~229쪽: 진달래속의 로도덴드론 글라우코파일룸(Rhododendron glaucophyllum) 잎의 아랫면. 결정화된 왁스성 큐티클로 덮인 인편을 가지고 있으며, 여기서 이 식물의 이름이 유래되었다. 청회색을 의미하는 'Glaucous'는 왁스성 표면의 색을 가리키며, 'phylum'은 잎을 의미한다. 주사전자현미경 × 6,600

231쪽: 암모필라 아레나리아(Ammophila arenaria)의 단단하게 말린 잎의 횡단면. 잎 내부의 높은 습도를 유지하기 위해 다양한 적응을 보여 주고 있다. 사프라닌으로 염색한 슬라이드. 광학현미경. 명시야 조명 × 180

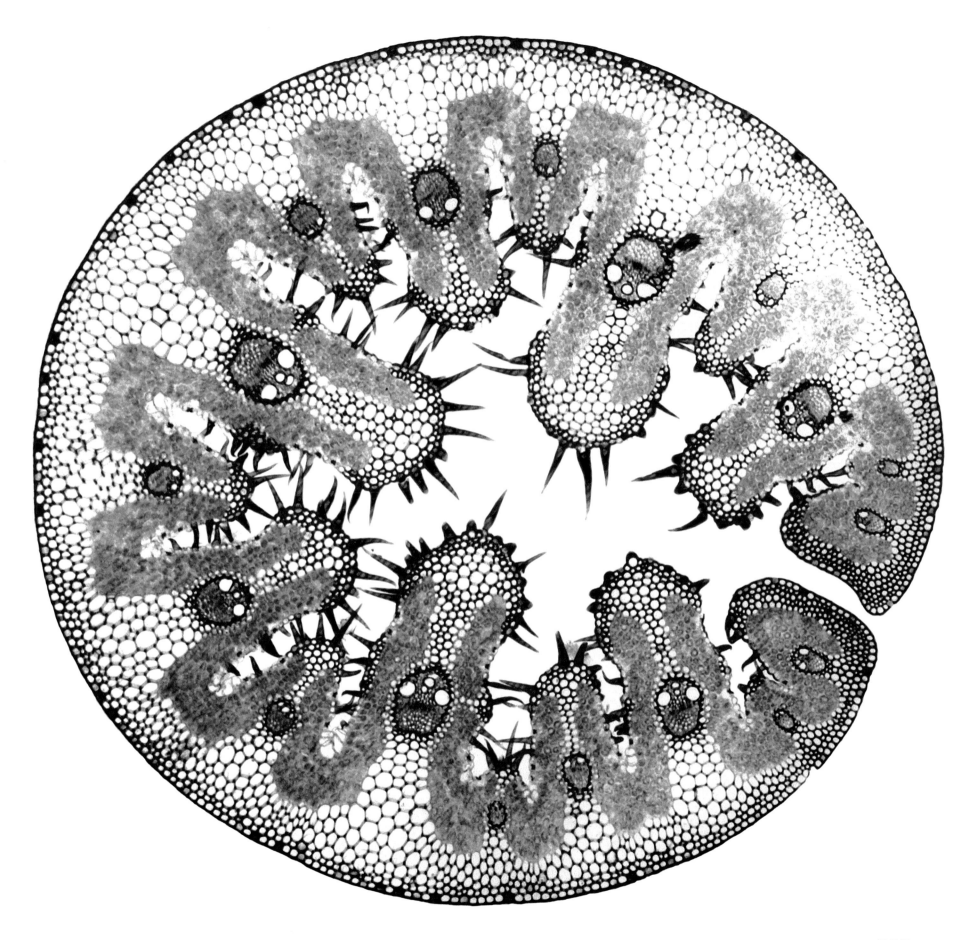

Zingiberaceae)는 민달팽이에 의해 수분된다. 수분을 매개하는 척추동물에는 도마뱀, 새, 박쥐 및 주머니쥐 등이 있다. 그러나 수분에는 동물만 일방적으로 관여하는 것이 아니라, 식물로부터 수분 매개에 따른 보상을 원하기도 한다. 어떨 때는 영양가 높은 화분 자체가 보상이 될 때도 있는데, 화분에는 탄수화물과 단백질이 풍부하고 지방질 표면을 가지고 있기 때문이다. 수분 매개체가 화분을 모두 소비하지 않는 한, 일부는 나중에 방문하게 되는 꽃의 암술머리로 이동할 가능성이 높다. 화분이 운반되지 않고 동물에게 먹혀 버린다면 꽃에게는 확실히 손해이기도 하지만 얻는 이득이 훨씬 크다. 동물은 바람이나 물에 비해 훨씬 덜 무작위적인 화분 매개체이기 때문에 꽃은 훨씬 적은 양의 화분을 생산해도 된다. 많은 종의 식물들이 화분 매개 동물에게 적절한 보상을 해 줌으로써 화분 손실을 감소시켜 왔다. 일반적으로는 설탕 용액인 꿀의 형태로 보상되는데, 보통 표피세포와는 달리 꿀을 분비하는 표피세포는 고밀도의 세포질을 가졌다.

앞으로 보겠지만, 일부 식물들은 속임수를 써서 동물을 유인하고는 아무것도 내어 주지 않는 경우도 있다. 동물을 꽃으로 유인하는 것은 무엇일까? 동물이 반응하는 신호는 주로 후각과 시각이며, 종종 둘이 혼합된 신호에도 반응한다. 소철류가 벌을 유인하기 위해 냄새를 이용하는 것처럼 피자식물도 향을 이용하지만, 훨씬 더 다양한 향을 만들 수 있고 대개는 특정한 수분 매개체를 목표로 한다. 많은 꽃이 시체를 먹는 딱정벌레와 파리 등의 곤충을 유인하기 위해 부패하는 냄새를 풍기는데, 때로는 이에 대한 대가를 제공하지 않기도 하고, 덫의 형태를 띠어 곤충이 너무 빨리 떠나지 못하게 하기도 한다. 예를 들면, 천남성과(Araceae)의 '불염포(spathe)'라고 불리는 변형된 잎은 화서를 감싸고 있으며 덫을 만들어 향기에 이끌려 온 곤충이 꽃을 떠나는 것을 지연시킨다. 또 타이탄 아룸(Amorphophallus titanum)을 포함한 일부 종들은 열을 발산하여 죽은 동물과 비슷한 냄새가 잘 퍼지도록 하며, 버스워트(birthwort, 쥐방울덩굴속)는 이와 비슷한 통모양의 덫 꽃(trap flower)을 가지고 있다. 또한, 아스클레피아드(asclepiads, 협죽도과)는 복잡한 꽃 모양을 가지고 있어서 곤충이 기어오르는 시간만큼 시간을 지연시킨다. 나방과 박쥐와 같은 야행성 수분 매개체를 유인하는 꽃은 강한 향기가 나는 반면, 주로 새에 의해 수분되는 꽃은 새가 시각에 의존하기 때문에 향기가 없다.

꽃이 만드는 시각적 신호에는 형태와 색깔 등 여러 가지 구성 요소가 있다. 꽃의 색은 대개 꽃잎 세포의 세포질에 있는 잡색체(chromoplast) 등의 수용성 색소에 의한 것이며, 종종 표피세포 모양에 의해 효과가 증가되는데, 이들은 종종 반구형을 띠고 빛을 강하게 반사시키기 위한 패턴을 가지고 있다.

꽃의 색은 수분 매개체에게 신호가 될 수 있다. 새, 특히 신대륙의 벌새와 아프리카의 태양새는 선홍색의 꽃이나 현란한 붉은색의 포를 가진 식물에 이끌린다. 꽃은 종종 여러 가지 빛깔의 꽃잎을 가지고 있으며, 이들 역시 수분 매개체에게 정보를 전달한다. 꽃잎에 있는 꿀 안내선(nectar guide)이라는 대조적인 색상 패턴은 곤충을 꿀이 있는 곳으로 안내한다. 이 안내선은 자외선을 반

아래: 모리나 론지폴리아[*Morina longifolia*, 모리나과(Morinaceae)]의 꽃을 확대한 모습. 피자식물 중 가장 큰 화분을 가지고 있다. 밝은 녹색의 암술머리와 꽃밥에 부착된 끈적끈적한 화분립

233쪽 위: 모리나 론지폴리아의 낱개 화분립. 3개의 뚜렷한 트럼펫 모양의 돌기가 보인다. 이것은 모리나 론지폴리아를 식별하는 특징이며, 발아하는 동안 화분관이 나오는 곳이다. 주사전자현미경 × 460

233쪽 아래: 꽃은 자신의 수분 매개체에게 미묘한 신호를 보낸다. 모리나 론지폴리아의 꽃은 처음 열리면 흰색이었다가 수분되면 분홍색에서 붉은색으로 변한다.

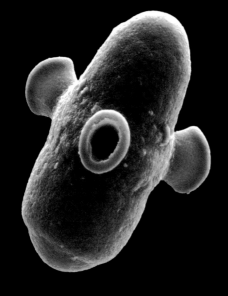

사하기 때문에 벌이나 다른 곤충에는 보이지만 사람 눈에는 보이지 않는다. 꽃 색의 변화는 더 이상의 꿀이 없음을 나타내는 등의 더 많은 미묘한 메시지를 전달할 수 있다. 예를 들면, 모리나 론지폴리아(*Morina longifolia*)의 어린 꽃은 흰색이지만, 수분되면 점차 짙은 분홍색으로 변하면서 곤충이 덜 찾아오게 된다.

화관의 모양 역시 종종 수분 매개체의 종류를 반영한다. 벌과 다른 많은 곤충에게는 앉을 곳이 필요한데, 이에 맞게 꽃의 가장 아래쪽 꽃잎은 넓고 대비되는 색을 띠면서 좌우대칭의 형태를 갖추고 있다. 벌새와 박각시나방과 같은 수분 매개체는 꽃 앞에서 정지 비행을 하면서 꿀을 모은다. 이 수분 매개체들이 선호하는 꽃은 긴 관 모양이면서 앉을 곳이 없는 꽃이다. 꽃의 모양과 색깔이 수분 매개체를 흉내 내는 경우도 있다. 꿀벌난초(오프리스속 *Ophrys*)는 암컷 벌의 모양, 색깔, 털까지 흉내 내어 수컷 벌을 유인한다. 꿀벌난초의 꽃은 심지어 암컷에서 나는 페로몬을 흉내 내어 수컷이 짝짓기를 시도하게 만들지만 결국 곤충에게 제공해 주는 보상은 없다. 꿀벌난초는 다른 식물로부터 화분을 받지 못하는 경우, 화분괴(pollinia)는 아래로 처져서 암술머리에 닿음으로써 자가수분을 하는 메커니즘을 가지고 있다. 이러한 방식으로 꿀벌난초는 자가수분(종자는 만들어져도 유전적 다양성은 향상되지 않는다)을 하기 전에 타가수분(다른 식물체로부터 화분이 이동됨으로써 새로운 유전 물질이 전달되는 이점이 있다)을 하는 기간을 가진다. 난초의 암술군에는 수정을 기다리는 수백만 개의 배주가 있기 때문에 비슷한 수만큼의 많은 화분립이 이동해야만 효과적인 수정이 이루어진다. 이렇게 화분이 다수 단위로 운반되는 것은 난초만이 아니다. 아스클레피오드 (asclepiads)에서 화분괴의 존재는 수렴 진화의 고전적인 예이다. 때로는 화분 덩어리가 훨씬 작은 경우도 있다. 예를 들면, 아카시아속(*Acacia*)은 복립(polyad)으로 융합된 수술을 가지고 있으며, 종에 따라 8, 16, 32 또는 64로 나가는 4의 배수(각각 한 번씩의 감수분열로 생산되는)로 된 화분립을 가지고 있다. 아카시아속에 속하는 많은 종들은 암술군 안에 있는 배주의 숫자가 정확히 복립 화분립의 숫자와 일치한다.

꽃과 수분 매개체 간에 서로 미세하게 조율된 관계에 대한 가장 유명한 예는 1862년 찰스 다윈 (Charles Darwin, 1809~1882)이 안그레쿰 세스퀴페달레(*Angraecum sesquipedale*)라는 이름의 마다가스카르 난초 표본을 보았을 때 예견한 것으로서, 이 식물은 꿀이 들어 있는 거(spur)의 길이가 무려 35cm에 달했다. 다윈은 이 식물을 인공적으로 수분시키려 노력하였고, 미세한 관을 거(spur)에 넣어 본 결과, 화분괴가 꽃에서 떨어지려면 관이 거 끝까지 들어가야 한다는 것을 알아 냈다. 그리하여 그는 35cm 길이의 입을 가진 나방이 꿀을 얻으면서 수분을 할 것으로 예측했다. 일부는 이러한 예측을 비웃었으나, 1903년 마다가스카르에서 난의 수분 매개체인 박각시나방 크산토판 모르가니 프레딕타(*Xanthopan morganii praedicta*)가 발견되면서 그의 예측이 옳았음이 증명되었다.

포유동물에 의해 수분되는 꽃은 크기가 크고 꽤 튼튼한 경향이 있는데, 남아프리카의 프로테아속(Protea, 프로테아과) 식물은 들쥐(Aethomys)에 의해 수분되며, 오스트레일리아의 방크시아속(Banksia, 프로테아과)과 유칼립투스(Eucalyptus, 도금양과)의 꽃은 허니 포섬(honey possum, Tarsipes)에 의해 수분된다. 마다가스카르의 나그네야자나무(Ravenala madagascariensis, 극락조화과) 역시 큰 꽃을 가졌으며 흰목도리리머(Lemur varius)에 의해 수분된다. 흰목도리리머는 긴 혀를 이용하여 꿀을 먹으며, 수분이 성공적으로 이루어진 결과로 만들어지는 열매 또한 먹는다.

피자식물은 공통적으로 자가수분을 방지하고 이계교배를 증진하려는 경향이 있다. 단성화는 이 문제를 전적으로 피할 수 있고, 양성화의 경우는 암술군과 수술군이 서로 다른 시기에 성숙함으로써 자가수분을 피할 수 있다. 그러나 수술이 암술머리에 닿는 것은 웅성 배우자가 전달되는 첫 단계일 뿐이다. 화분과 암술머리가 서로 인식하는 과정에는 각 표면에 있는 단백질과 기타 물질이 관여한다. 적합한 화분립만이 암술머리로부터 물을 공급받을 수 있으며, 일단 화분이 수화되면 화분관이 자라면서 발아하기 시작한다. 화분관이 신장됨에 따라 정핵세포와 불임성의 핵은 '웅성 생식세포 단위(male germ unit)'라고 불리는 구조로 엉겨서 서로 연결된 채로 화분관을 따라 이동한다. 화분관이 앞쪽으로 계속 자라는 동안 뒤쪽의 화분관은 칼로스(callose)가 침적되면서 밀봉된다. 배주로 이르는 길은 멀 수도 있다. 예를 들면, 피자식물 중 가장 긴 암술대를 가진 옥수수의 경우에는 그 길이가 30cm에 이르기 때문에 배우자를 전달하고 중복 수정을 하려면 화분관이 매우 길게 자라야 한다.

이와 같은 피자식물의 복잡성과 다양성에 (초기의 육상 식물이나 그 어떤 식물보다) 다양한 세포 유형이 필요하다는 것은 놀라운 일이 아니다. 그러나 몇 가지 예외가 있다. 예를 들면, 물관부 도관의 세포 다양성은 도관(vessel)을 둘러싼 조직 및 소기관에 비하면 그리 높지는 않다. 또한, 피자식물은 포자체 세대가 우세함을 보여 준다. 화분립(pollen grain)으로 축소된 웅성 배우체와 작은 자성 배우체인 배낭(embryo sac)은 포자체 조직에 쌓여 있게 되었다. 이제는 이러한 진화 경향(배우체 우세에서 포자체 우세로의 진화)에 대해 잘 알려져 있으며 명백해 보인다. 하지만 우리가 20억 년 이상의 식물 역사와 식물 세포에 대한 이야기의 조각을 맞출 수 있었던 것은 초기의 단순한 현미경에서부터 현대의 정교한 연구 기구들을 이용한 수 세기에 걸친 자세한 관찰 덕분이었음을 기억해야 한다.

아래: 아카시아속[Acacia, 콩과(Fabaceae)]의 화분. 4의 배수 – 이 사진의 경우에는 16개로 된 다수의 화분립을 갖는 다립(polyads)이라는 단위로 산포된다. 주사전자현미경 × 1,330

맨 아래: 베고니아속(Begonia) 식물의 화분관. 아닐린 블루로 염색하였다. 아닐린 블루로 염색한 시료는 자이스 악시포트 현미경(Zeiss Axiophot microscope)으로 자외선 조명 밑에서 보면 형광으로 보인다. × 220

235쪽: 꿀벌난초(Ophrys apifera)는 특정 종의 암컷 벌의 모양, 색깔, 냄새를 모방하여 수컷 벌을 유인한다. 이것이 실패하면 꽃은 자가수분을 하는데, 밝은 노란색의 화분 덩어리가 아래로 처져서 암술머리에 닿도록 한다. × 13

식물과 인간 - 상호 간의 행운

PLANTS AND PEOPLE – INTERCONNECTED FORTUNES

우리 지구는 식물에 의해 움직인다. 지구의 모든 대륙에서 먹이사슬과 생태계를 지지하고 있는 것은 식물이다.

236쪽: 사람들은 지구 곳곳에 작물을 이동시켜 재배하였다. 네팔의 간드롱(Ghandrung) 주민들은 원산지가 남아메리카인 그레인 아마란스(grian amaranth, 비름속 *Amaranthus*)를 원산지가 동남아시아인 토란(*Colocasia esculenta*) 아래에 기른다.

238쪽: 벨리즈(Belize)에 있는 전통 마야 방식 밀파(milpa) 재배. 숲의 공터에 호박, 콩, 옥수수, 토마토, 고추 등의 작물을 혼합으로 심는데, 최근에는 바나나와 플랜틴(plantains)도 심는다.

지금까지 우리는 지구가 탄생한 직후 생명의 기원에서부터 '세포계의 빅뱅'을 거쳐 다양한 육상 식물의 진화까지 기나긴 녹색의 우주를 여행하였다. 현미경을 통해 35~39억 년 사이의 최초 생명체부터 20억 년 전 진핵세포의 기원과 비교적 최근인 1억 년 전 피자식물의 분화와 같은 사건들에 이르기까지 생명의 역사를 깊이 들여다 볼 수 있었다. 그 과정에서 단세포 형태로부터 다세포의 생명체가 나타나기도 했다. 단순한 세포는 조직적으로 복잡해지기 시작했고 다양한 세포로 분화되어, 식물 생활사의 생식 단계와 영양 단계에서 서로 다른 기능을 하게 되었다. 최초 육상 식물의 몇 종류밖에 없던 진핵세포로부터 정교한 관속세포와 축소된 배우체를 가진 피자식물의 다양한 세포에 이르기까지, 우리는 식물 조직이 매우 복잡해지는 것을 보았고, 식물들이 아한대 지역, 사막, 산악 지역 그리고 다시 바다로 뻗어 나가는 것을 보았다.

우리 자신은 진핵세포로 만들어졌기 때문에 우리 몸 안에 있는 모든 세포에는 과거에 독립된 생물체가 융합된 증거가 들어 있다. 우리는 식물과 동일한 도메인(domain)에 포함되지만 진화 초기에 분리되었다. 오피스토콘타계(kingdom Opisthokonta)의 다른 구성원과 마찬가지로 우리의 계통수 분지는 엽록체를 가지고 있지 않다. 무엇보다도 이것이 식물과 우리의 가장 큰 차이점이지만 식물과 우리를 연결해 주는 점은 여전히 많다. 우리는 햇빛으로부터 에너지를 만들 수 없기 때문에 우리의 일상을 유지시키기 위한 음식과 화석 연료를 얻기 위해 식물에 의존해야만 한다. 이 책의 마지막 장은 우리가 식물에 절대적으로 의존하고 있음을 탐구하며, 역사를 통틀어 식물과 우리의 운명이 어떠했으며, 앞으로 어떠해야 하는지를 보여 준다.

이 책을 통해 여행을 하는 동안 새로운 용어들을 배워야 했기 때문에 약간의 어려움이 있었다. 과학적 용어에는 독특한 단어가 많기 때문에 생물학의 다음절 어휘는 극복해야 하는 가장 큰 장벽이다. 그러나 외국어에 익숙해지면 그 나라 문화에 대한 깊은 통찰력이 생기듯이, 생물학의 언어를 이해하면 노력한 이상의 새로운 깨달음을 얻게 된다. 이러한 노력에 대한 보답으로 우리는 무엇을 얻을 수 있는가? 식물의 아름다움은 자명하고 보편적으로 인정받고 있다. 이에 감명을 받은 사람은 『수선화(*host of golden daffodils*)』를 지은 윌리엄 워즈워스(William Wordsworth)와 같은 시인뿐만이 아니다. 자연의 아름다움은 그 깊은 의미를 깨달을 때 극대화된다는 것이 필자의 주장의 핵심이다. 따라서 이 책의 한 가지 목적은 보이지 않는 식물 세포의 아름다움에 대한 찬미이며, 또 다른 목적은 우주만큼 심오한 이 녹색의 우주가 얼마만큼 놀라운지 깨닫는 것이다. 현재 70억에 달하는 인류는 우리 행성의 자원을 너무 많이 소비하고 있으며, 세계 각국의 야생 식물들은 그 다양성을 위협받고 있다.

이미지가 아무리 강력하고 암시적이라 해도 이미지만으로는 우리 주변의 세계를 이해하는 데 필요한 통찰력을 얻을 수 없을 것이다. 여기에는 언어도 필요하고 개념적인 틀도 필요하다. 그러나 이러한 언어와 개념적 틀은 종종 선의로 회피되고 있는데, 이는 궁극적으로 모든 이에게 모든 것을 이해시키려는 지나친 노력이라고 생각한다. 만약 윌리엄 워즈워스가 수선화의 꽃잎세포 표면의 모양이 햇빛을 반사하여 수분 매개체의 길잡이 역할을 하는 것을 알았다면, 그리고 꽃잎세포에 밝은 노란색의 베타 카로티노이드 색소를 가진 잡색체(chromoplast)가 있다는 것을 알았다면 그의 즐거움은 배가되었을지도 모른다. 이 책에서 생물학적 용어를 사용하기는 했지만 주제에 너무 깊이 들어가지는 않았다. 이러한 특별한 여행은 다른 수많은 식물학 책에서도 계속할 수 있을 것이다.

이제 녹색의 우주 여행도 막바지에 이르렀다. 지구 생명체를 되돌아보면 식물과 광합성이 얼마만큼 중요한지 알 수 있다. 알다시피 식물은 생물권을 창조했을 뿐만 아니라 생물권을 지속적으로 재충전하고 재생하고 있다. 인류 문명의 발달은 10,000~15,000년 전 보리, 밀, 쌀, 사탕수수, 옥수수와 같은 곡물을 재배하면서 시작되었다. 오늘날 6억ha 정도의 땅이 이 5가지 곡물을 재배하는 데 사용되어 22억 4천만T의 식량이 만들어지고 있다. 곡물이 인류를 지탱하는 중요한 역할을 하지만, 현재 우리는 7,000가지 이상의 식물을 먹고 있다. 따라서 우리 행성에서 계속 먹고 마시고 숨쉬기를 원한다면, 식물과 우리의 미래를 염려할 필요가 있다.

갈릴레오(Galileo)가 자신의 망원경으로 지구가 태양 주위를 돌고 있으며 우리가 모든 것의 중심이 아님을 밝혔듯이, 현미경은 지구상의 생물이 우리 주위를 도는 것이 아니라 식물 주위를 돌고 있음을 보여 주었다. 식물은 1차 생산자로서 생물권과 우리의 생명 유지 체계를 만드는 실체인 것이다. 지구상의 생명체가 인간 없이는 유지되어도 식물 없이는 유지될 수 없다는 것을 깨닫는다면 우리는 겸손해질 것이다. 하지만 이는 필자가 도달하고자 하는 결론이 아니다. 식물과는 달리 인간은 의식이 있고 자기 결정이 가능하다. 우리는 함께 노력할 수 있고 자연의 본질을 이해하여 필요한 경우 바로 행동을 취할 수도 있다.

우리는 역사상 중요하고 특별한 순간에 서 있다. 우리는 지구 생명체의 복잡함과 상호 연관성을 이해하고 있으며, 우리 행성의 경계가 한정되어 있어 더 이상 인류가 새롭게 개척할 곳이 없다는 것도 알고 있다. 이제 우리의 환경이 지구에 미치는 영향이 막대하다는 사실을 깨닫기 시작했다. 산업 혁명 이전에 우리는 이미 세계 산림의 절반을 제거했고, 숲은 재생되는 것보다 빠른 속도로 계속 사라지고 있다. 인간은 지구의 연간 육상 광합성 산물의 40%를 소모하는 것으로 추정된다. 인구의 수는 기하급수적으로 증가하였고, 세계의 곳곳은 식량 부족으로 인한 가난에 허덕이고 있다. 식물이 우리 먹이사슬의 근본임을 상기하기 위해, 가난을 '광합성 산물을 얻기 어려움'으로 정의하는 것이 타당할 수도 있다. 많은 사람들이 농촌의 가난을 벗어나기 위해 도시로 이주한 것을 감안하면, 이는 농촌 환경뿐 아니라 도시 환경에도 적용될 수 있다.

홍수로 인한 토양 침식과 온실가스의 배출량 증가로 인한 생물 다양성의 감소는 많은 환경 문제의 근본적인 원인이며, 지금보다 더 우선적으로 해결되어야 할 문제로 보인다. 자연의 파괴와 생물 다양성의 감소, 특히 산림의 손실은 세계 곳곳의 기상 패턴에 영향을 주었다. 한때는 식물로 가득 차 있던 비옥한 장소들이 식물이 사라짐에 따라 비의 범람, 토양의 축적 및 지역 강수량의 변화로 인해 사막화되어 가고 있다. 지구의 일부 사막은 산맥의 융기와 비 그늘(rain shadow)의 생성으로

아래: 식물은 우리에게 음식뿐 아니라 우리가 좋아하는 음료도 제공해 준다. 중국의 달리(Dali) 지방 근처에서 녹차(Camellia sinensis)를 만들고 있다.

맨 아래: 계단식 논은 물이 흘러내리는 속도를 늦추어 주고 경사면을 활용하여 농사를 지을 수도 있다. 중국 윈난의 진사 강(Jinsha Jiang River) 위에 있는 계단식 논에 쌀(Oryza sativa), 옥수수(Zea mays) 및 다른 곡물들을 재배하고 있다.

241쪽: 10,000~15,000년 전에 시작된 곡물 재배는 정착된 문명 발달을 가져왔다. 스코틀랜드 에든버러 근처 보리(Hordeum vulgare)밭. 농작물은 주로 동물 사료와 맥주를 만드는 데 사용된다.

만들어진 결과이시만, 나머지 사막은 생물권에 미친 인간의 영향으로 만들어진 것이다. 인류의 요람인 아프리카의 사막과 서양 문명의 발상지인 중동 사막이 확장되는 것은 명백히 인간의 영향 때문이다. 우리의 지구가 어떻게 변하는지 이해하고 인식하는 것은 기본이고, 이에 따른 올바른 조치를 취하기 위한 공감대 형성과 행동 강령 구축에는 더 많은 것이 요구된다. 생물 다양성에 대한 UN 협약은 국제적 결정 중 가장 강력한 신호이며, 다른 국제 협정보다 더 많은 국가가 비준하였다. 2010년 나고야에서 세계의 국가들은 협약이 도입된 리오(Rio) 지구 정상 회담 이후 생물 다양성 감소를 중지시키려는 노력이 실패하였음을 깨달았다. 그들은 생물 다양성과 다른 시급한 과제들(빈곤, 경제 발달, 기후 변화 등) 사이의 관련성을 이해하고 인식하게 되었다. 그러나 문제의 시급성과 중요성에 맞게 협약을 이행하려면 여전히 갈 길이 멀다.

세계 경제 침체기에는 경기가 회복되기를 기다린 후에 지구 환경 문제를 다루려는 경향이 있다. 그러나 시간이 지남에 따라 종의 국지적, 국제적 멸종을 막을 수 있는 기회도 적어지기 때문에 이제는 더 이상 기다릴 시간이 없다. 숲, 초원, 바다에서 대기 가스의 균형을 중재하는 광합성의 역할을 감안하면 생물 다양성 감소와 기후 변화는 서로 밀접하게 연결되어 있다는 것을 알 수 있다. 니콜라스 스턴(Nicholas Stern)의 주도로 2006년에 출판된 『기후 변화의 경제학에 대한 스턴 보고서(Stern Review on the Economics of Climate Change)』에서는 "기후 변화에 대한 전반적인 비용과 위험은 이제부터 매년 세계 국내 총생산(GDP)의 최소 5%의 손실을 가져올 것이다. 넓은 범위의 위험성과 영향을 감안하면 온난화 비용이 매년 GDP의 20%까지 늘어날 수도 있다. 반면, 기후 온난화를 방지하기 위해 온실가스 배출을 줄이는 실천 비용은 매년 GDP의 약 1%로 제한될 수 있다."라고 추정하였다. 최근의 국제적 프로젝트인 『생태계와 생물 다양성의 경제학 연구(The Economics of Ecosystems and Biodiversity: TEEB)』에서는 자연이 제공하는 생태계 서비스의 경제적 가치를 추정하는 데에 중점을 두었다. 예를 들면, 숲을 보존하는 것은 3조 7천억 달러 가치의 온실가스 배출을 줄일 수 있다는 것이다.

이러한 중요한 경제적 통찰은 최근의 것이지만, 1919년 스코틀랜드의 생물학자이자 철학자 그리고 도시 계획자이기도 한 패트릭 게디스(Patrick Geddes)는 그의 강의에서 비슷한 추정을 하였다. 즉, "나뭇잎에 대해서 두 번 생각하는 사람이 얼마나 될까? 하지만 나뭇잎은 생명의 주요 현상이며 주요 산물이다. 이 세계는 녹색의 세계로서 동물은 상대적으로 작고 적은 수를 차지하면서 모두 나뭇잎에 의존하고 있다. 우리는 나뭇잎으로 살아간다. 일부 사람들은 돈으로 살아간다는 이상한 생각을 하고 있다. 그들은 에너지가 돈의 회전으로 만들어진다고 생각한다. 하지만 세상은 거대한 나뭇잎 군락지로서, 그것이 계속 성장하면서 단순한 광물 덩어리가 아닌 나뭇잎으로 덮인 땅을 만들고 있다. 따라서 우리는 단순히 돈을 사용하면서 살아가는 것이 아니라 풍성한 수확의 결실로 살아가는 것이다."라고 말하였다.

이러한 단어들은 식물과 광합성의 전반적인 중요성을 아름답게 표현하면서 지구의 자연 자본을

아래: 세계 곳곳에서 숲이 파괴되고 있다. 전 세계에 필요한 오렌지 주스를 만들기 위한 감귤(귤속 *Citrus*) 재배를 위해 이차림(secondary forest)을 없애고 있다.

맨 아래: 생물 다양성이 풍부한 열대림으로 둘러싸여 있는 제재소. 콩고공화국 카보(Kabo) 근처

243쪽: 잎은 지구의 공기 청정기이다. 가쓰라(Katsura, *Cercidiphyllum magnificum*) 잎. 잎맥을 보기 위해 클로랄 수화물(Chloral hydrate)로 처리하여 투명하게 만든 후 톨루이딘 블루(toluidine blue)로 염색하였다. 광학현미경. 명시야 반응. 색상이 반전됨. × 30

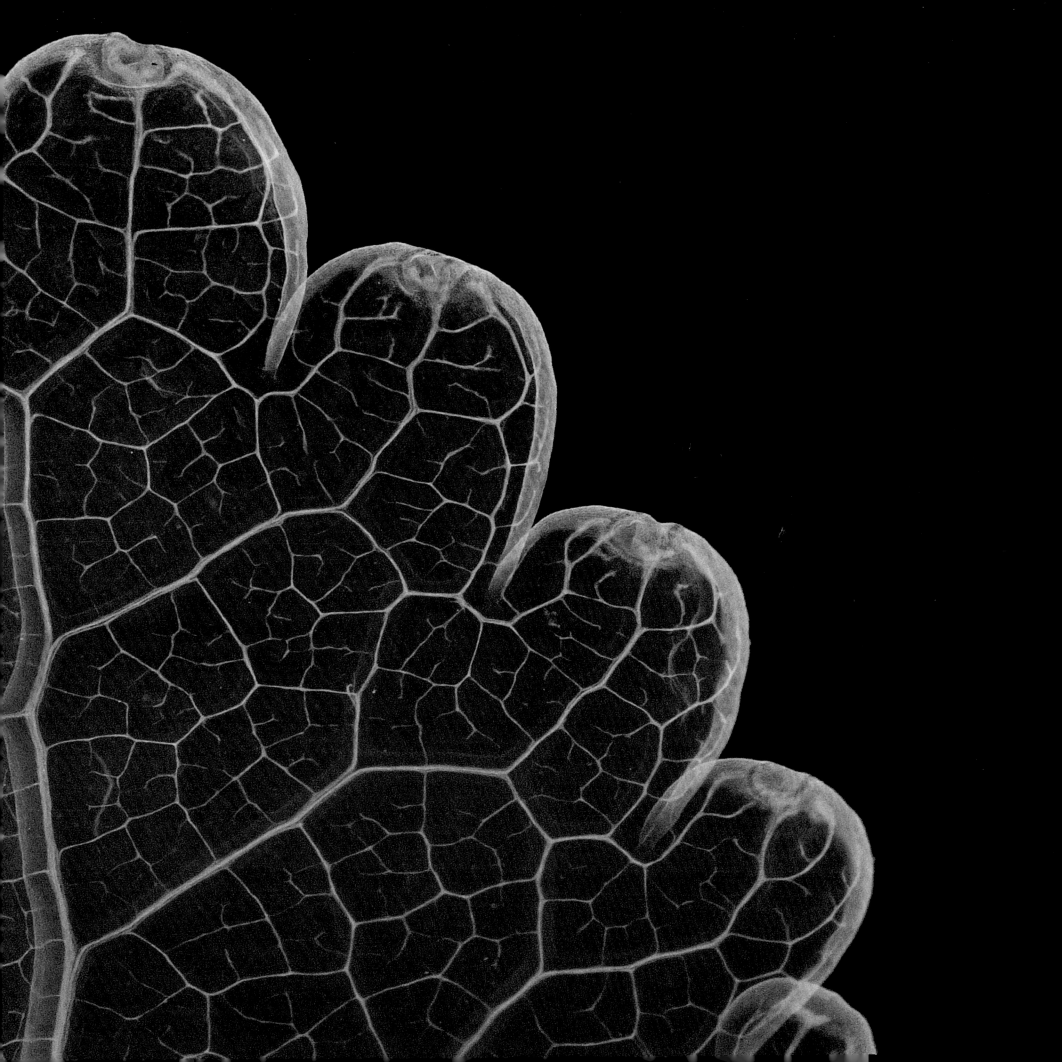

진정한 경제적 기반으로 보고 있다. 오늘날 우리가 직면하는 엄청난 환경 문제 앞에서 생물권과 인류가 가장 빨리 이득을 얻을 수 있는 방법은 우리 행성을 녹색으로 유지하는 것(식물을 보호하고 서식지를 복원하는 것)이다. 나는 이러한 대응을 '지구 정원 가꾸기(gardening the Earth)'라고 생각한다. 왜냐하면 '지구 정원 가꾸기'는 지구에 더 이상 인간의 손이 미치지 않는 야생의 공간이 없음을 나타내고 있기도 하고, 인간에게 지구의 수호자이자 정원사로서의 적극적인 역할을 부여하기 때문이다. 게다가 '지구 정원 가꾸기'는 세계적 규모의 보존에 참여하는 데 적합해 보이는 특별한 사고방식을 구체화하고 있기도 하다. 정원사는 긴 안목을 가지고, 어쩌면 살아서 볼 수 없을지도 모를 디자인에 맞춰 자신의 세계를 가꾸어 간다. 정원사는 단순히 뒤에 서서 일을 방치하기보다는 미래의 비전을 가지고 일을 한다. 그들은 장소에 대해 깊이 인식하고 있고, 재활용에 전념하며, 자신이 맡은 지구의 작은 부분을 책임지며 투지를 가지고 일한다. 따라서 미래의 결과를 위해 이러한 적극적인 참여가 필요하며, 우리가 지구 환경 문제에 대해 어떻게 대처해야 하는지를 비유하는 데 '지구 정원 가꾸기'가 적절하다고 생각한다. 이러한 관점에 관심이 있다면 2009년에 출판된 필자의 저서 『지구 정원 가꾸기, 지속 가능한 미래의 관문(Gardening the Earth: Gateways to a Sustainable Future)』을 읽어 보기를 권한다.

우리가 '지구 정원 가꾸기'를 위해서 해야 할 일은 식물에 대해 관심을 가지고 모든 곳에서 자연의 생물 다양성을 최상의 수준으로 유지하기 위기 위해 노력하는 것이다. 이를 위해서는 우선 숲을 보존하고 증가시키는 일부터 시작해야 한다. 지구 육상 생물의 90% 이상이 숲에 서식하기 때문이다. 숲은 탄소를 흡수하고 물이 흘러내리는 속도를 늦춤으로써 홍수를 예방하며, 비옥한 토양을 만들고 유지하는 데 도움을 준다. 그러나 우리 행성 지표면의 대부분에는 숲이 존재하지 않으며, 강수량이 적은 곳은 초원 생태계가 지배적이다. 따라서 가장 건조한 지역을 특징짓는 사막 식물처럼 숲 역시 보호받아야 한다. 숲은 우리를 지속 가능하게 하는 풍부한 진화의 유산이기 때문이다. 자연 파괴에 대해 대처하는 것은 시급을 다투는 일로서 우리 모두가 참여할 수 있는 일이다. 이는 소비자로서 신중한 선택을 하는 단순한 일일 수도 있고, 식물 보호에 좀 더 적극적인 행동을 취하거나 이러한 단체들을 후원하는 일일 수도 있다.

식물 세포 속으로 떠나는 현미경 여행을 통해 식물이 얼마만큼 경이롭고 아름다우며 우리 삶에 중요한 기여를 하는지 밝혀졌기를 바란다. 식물 세포의 복잡성과 다양성을 칭송하고 식물의 미래와 우리의 미래가 더욱 안전할 수 있도록 헌신을 다하도록 하자.

아래: 패트릭 게디스(Patrick Geddes)는 "나뭇잎에 대해서 두 번 생각하는 사람이 얼마나 될까? 하지만 나뭇잎은 생명의 주요 현상이며 주요 산물이다. 이 세계는 녹색의 세계로서 동물은 상대적으로 작고 적은 수를 차지하면서 모두 나뭇잎에 의존하고 있다. 우리는 나뭇잎으로 살아간다."라고 말하고 있다. 동결 파쇄된 식나무(Aucuba japonica)의 잎. 주사전자현미경 × 150

244쪽: 불교의 상징인 연(Nelumbo nucifera)과 같은 일부 식물은 영적 의미를 가지고 있으며, 자연과 우리가 연결되어 있음을 상기시켜 주는 중요한 문화 아이콘이다.

245쪽: 수십 종의 식물만이 인류가 소비하는 대부분의 열량을 제공하지만, 우리는 수천 종의 식물을 이용하고 있다. 연의 모든 부분은 식용이 가능하다. 중국의 쑤저우(Suzhou) 지방에서는 연의 종자를 식용하므로 연의 열매를 판매한다.

246쪽: 중국 달리(Dali) 지방에 있는 음식점. 주문을 받아 요리할 100여 가지의 신선한 식물과 버섯류를 전시하고 있다.

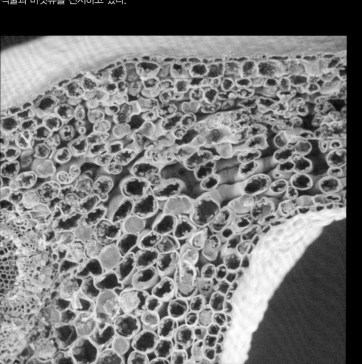

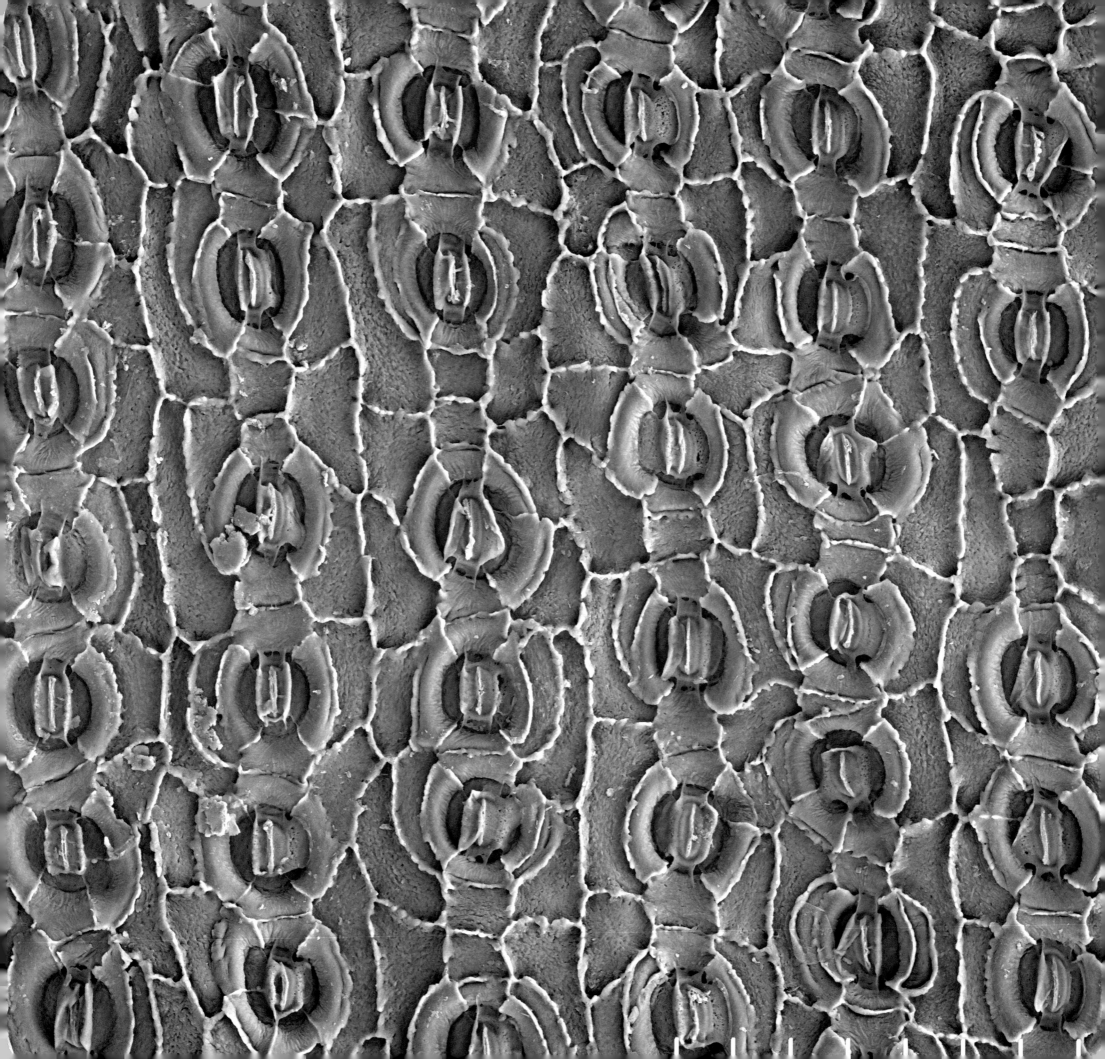

부록
APPENDICES

송백류 포도카르푸스 브라실리엔시스(*Podocarpus brasiliensis*) 잎 아랫면을 강산화제인
크롬산(chromic acid)으로 처리하여 드러난 패턴. 큐티클의 왁스성 골격을 보여 준다.
주사전자현미경 × 550

용어 해설

가도관 tracheid : 물관부 세포의 종류로서, 도관보다는 작고 천공판이 없으며 물을 수송하는 역할을 한다. 헛물관

각두 cupule : 많은 종자식물에서 종자를 감싸는 구조. 깍정이

감수분열 meiosis : 이배체 세포가 4개의 반수체 세포를 생성하는 과정으로서, 대개 두 번의 연속적인 분열이 일어난다.

게놈 genome : 완전한 반수체 염색체 1조. 유기체가 가지고 있는 유전 물질 전체를 말한다.

격막 septum, 복수형 septa : 각태류에서 포자낭 중심의 불임성 조직

계 kingdom : 계층 분류의 한 계급으로 도메인보다 작고 여러 문으로 구성되어 있다.

계통 phylogeny : 시간에 따른 분류군의 관계와 유연관계에 대한 역사

공생 symbiosis : 서로 다른 둘 이상의 유기체 간의 친밀한 관계. 상호 간 이익이 있는 관계를 일컫는 경우가 많다.

공진화 co-evolution : 다른 분류군의 유전적 변화에 맞대응하여 일어나는 한 분류군의 유전적 변화

과 family : 계층 분류의 한 계급으로, 목보다는 작으며 여러 속이 속해 있다.

과피 pericarp : 열매의 벽

관속 조직 vascular tissue : 식물체 전체에 수송을 담당하는 물관부와 체관부

광합성 photosynthesis : 빛 에너지를 이용해 이산화탄소와 물을 탄수화물과 산소로 변환시키면서 화학 에너지를 얻는 일련의 반응으로서, 식물과 광합성 박테리아에서 일어난다.

교차 crossing over : 감수분열을 하는 동안 상동 염색체 사이에서 생기는 교환 현상. 결과적으로 유전적 변이가 나타난다.

구과 cone : 포자낭수(strobilus) 참조

극한생물 extremophile : 극한 조건에서 서식하는 생물

기 period : 대(era)를 분할하는 지질학적 시대 단위. 여러 세(epoch)로 나뉜다.

기공 stoma, 복수형 stomata : 식물의 지상부 표피에 있는 구멍으로서, 내부 조직과 대기 사이의 기체 교환을 담당한다.

꽃 flower : 피자식물의 생식 단위로서, 소포자엽(수술), 대포자엽(심피) 및 관련된 부분들로 구성되어 있다.

꽃받침 calyx, 복수형 calyces : 꽃받침잎의 총칭

꽃받침잎 sepal : 꽃받침을 이루는 하나하나의 조각. 대개 녹색이며 꽃봉오리를 보호하는 역할을 한다.

꽃밥 anther : 화분을 생산하는 수술 부분으로, 하나 이상의 화분낭으로 구성되어 있다. 약

꽃잎 petal : 화관의 한 조각. 대개는 넓고 밝은 색을 띠어 수분 매개체를 유인한다.

내과피 endocarp : 피자식물 열매 과피의 가장 안쪽 층

내부 공생 endosymbiosis : 두 유기체가 하나의 세포 안에서 공생함.

내피 endodermis : 피층과 줄기나 뿌리의 중심주 사이에 있는 조직

녹말 starch : 아밀로스와 아밀로펙틴으로 이루어진 다당류. 식물계에서 가장 많은 형태의 저장 다당류이다.

뉴클레오타이드 nucleotide : 퓨린이나 피리미딘 염기, 5탄당 및 인산 그룹으로 이루어진 유기체. DNA에 4종류의 염기가 있고 RNA에도 4종류(3개는 DNA와 같다)가 있다.

다립(다립집) polyad : 다수의 작은 화분립이 결합한 구조로서 한 단위로 이동 되며, 콩류에서 많이 볼 수 있다.

다세포성 multicellular : 하나 이상의 세포로 구성된 유기체

단계통 monophyletic : 하나의 공통된 조상을 가진 모든 자손으로 구성된 분류군 그룹

단백질 protein : 아미노산 사슬로 이루어진 복잡한 거대 분자

단성 unisexual : 웅성생식 기관 또는 자성생식 기관 중 하나만 가진다.

단세포성 unicellular : 단일세포로 이루어진 유기체

대사 metabolism : 세포, 기관 또는 유기체 안에서 일어나는 모든 효소 작용

대엽 megaphyll : 종자식물과 양치류의 전형적인 잎으로, 상대적으로 크고 엽극과 관련이 있다.

대포자 megaspore : 이형포자성 종에서 감수분열로 생성된 2개의 반수체 포자 중 더 크고 운동성이 덜한 포자. 종종 '자성' 포자를 지칭한다.

대포자낭 megasporangium, 복수형 megasporangia : 안에 대포자가 만들

어지는 구조

도관 vessel : 물관부 세포의 종류로서 천공판과 목질화된 세포벽이 특징이 며, 물을 수송하는 역할을 한다. 물관

도메인 domain : 가장 상위의 분류 계급

동원체 centromere : 세포 분열 시 두 개의 염색분체가 붙는 염색체 자리. 대개 이 부위의 DNA에는 유전 정보가 없다.

동형포자성 homosporous : 한 종류의 포자만 생산한다.

디옥시리보 핵산 deoxyribonucleic acid, DNA : 2개의 뉴클레오타이드 사슬로 이루어진 나선 구조로서 유전 정보를 포함하고 있다.

떡잎 cotyledon : 종자식물의 배에서 처음 나타나는 잎(또는 한 쌍의 잎 중 하나)

리그닌 lignin : 식물 조직에 힘을 제공해 주는 복잡한 탄수화물 중합체

리보핵산 ribonucleic acid, RNA : 단일 가닥의 뉴클레오타이드 중합체로서, DNA의 유전 정보를 단백질 분자로 변환하는 데 관여한다.

목 order : 계층 분류의 한 계급. 상목보다 작으며 여러 과가 속함.

무성아 gemma, 복수형 gemmae : 일부 선태류에서 발견되는 특수한 영양생식 단위

물관부 xylem : 관속 조직으로서 다양한 종류의 세포로 구성되어 있으며, 주된 역할은 물과 용액의 수송이다.

미세섬유 microfilament : 방추체를 구성하는 요소 중 하나이며 세포 분열 시스템 일부이다.

미세소관 microtubule : 튜불린으로 형성된 가느다란 관상 구조로서, 편모의 구조적 성분을 형성하고 세포 분열 시 염색체의 이동을 조정하는 등 세포에서 다양한 역할을 한다.

미토콘드리아 mitochondrion, 복수형 mitochondria : 세포 안에서 호흡이 일어나는 기관

박벽포자낭 leptosporangium : 하나의 시원세포로부터 유래된 포자낭 형태로서, 대부분 양치류의 전형적인 형태이다.

반수체 haploid : 각 염색체 조를 1개 가진 상태

발아 germination : 종자, 화분립, 포자 또는 배와 같은 생식 기관이 생장을 시작하는 동안 겪는 생리적, 물리적 변화

방추체 spindle : 세포 분열 시 세포질의 미세소관으로부터 만들어지는 구조로서 염색체의 이동을 돕는다.

배 embryo : 수정으로 만들어진 어린 식물체

배낭 embryo sac : 피자식물의 단세포 자성 배우체로서 자성 배우자를 포함하며 8개의 커다란 세포로 구성되어 있다.

배우자 gamete : 반수체 세포 또는 핵으로서, 또 다른 배우자와 결합하여 이배체 포자체를 만든다.

배우체 gametophyte : 식물의 생활사 중 반수체 배우자를 생산하는 세대

배젖 endosperm : 대부분 피자식물 종자에 있는 저장 조직으로서 배낭 안에서 하나의 웅성 배우자와 2개의 자성 극핵세포가 융합하여 만들어진다.

배주 ovule : 종자식물의 배로서 씨방 및 영양 조직

벽공 pit : 세포벽에 있는 구멍. 인접한 세포 간 물질 교환이 일어난다.

부착기 holdfast : 많은 조류의 아랫부분에 있는 구조로서 식물체를 물체에 부착시켜 주는 역할을 한다.

분류 classification : 계층 구조 내에서 분류군을 설정하고 구분하는 과정

분류학 taxonomy : 분류의 원리와 분류하는 법을 익히는 학문

4분립 tetrad : 하나의 원세포가 감수분열하여 만든 4세포 그룹

삭모 calyptra : 선태류 포자체를 보호하는 세포층

삭치 peristome teeth : 이끼 포자낭이 열리는 부분을 둘러싼 치아상 고리

삼배체 triploid : 각 염색체 조를 3개 가진 상태

상목 superorder : 계층 분류의 한 계급. 아강보다 작고 여러 목이 속함.

상배축 epicotyl : 발달하는 배에서 떡잎보다 윗부분에 있는 줄기

생물권 biosphere : 수면, 공기, 지각을 포함하여 지구에서 생물이 존재할 수 있는 구역

생태계 ecosystem : 살아 있는 유기체와 환경의 공동체로서 물질과 에너지가 지속적으로 흐른다.

선개 operculum, 복수형 operculae : 많은 이끼 포자체에서 포자가 산포되기 전 삭치를 덮는 막질 뚜껑

세대교번 alternation of generations : 생활사에서 두 개 이상의 생식 형태가 나타나는 현상. 식물에서는 생활사 중 무성적 단계와 유성적 단계가 번갈아 나타남으로써 이배체 개체와 반수체 개체가 교대로 나타나게 된다.

세포 cell : 생물의 기본 단위

세포막 cell membrane : 세포의 전체 성분을 둘러싸거나 세포 내부의 소기관을 둘러싼 막으로서 단백질 분자와 포스포글리세리드 분자가 질서 정연하게 배열하여 형성된다.

세포벽 cell wall : 식물 세포 외벽으로서 주로 셀룰로스로 구성되어 있다.

세포 질 cytoplasm : 핵과 소기관이 있는 세포간질

세포판 cell plate : 체세포 분열을 하는 동안 방추체 적도면 부위에 나타나는 격막 형성체에 의해 형성된 불투명한 콜로이드성의 층으로서, 세포질을 분열시켜 두 개의 딸세포를 만든다.

셀룰로스 cellulose : ß (1-4) 글리코시드 결합에 의해 글루코스들이 결합된 다당류. 식물계에 가장 많은 세포벽 다당류이자 구조적 다당류이다.

소기관 organelle : 세포질 안에 막으로 둘러싸인 구조이며, 특정한 과정을 수행하기 위해 특수화되어 있다.

소엽 microphyll : 선태류와 석송류의 전형적인 잎으로서 작고 엽극과 연결되어 있지 않다.

소포자 microspore : 이형포자성 종에서 감수분열로 생성된 2개의 반수체 포자 중 더 작은 포자. 종종 '웅성' 포자를 지칭한다.

소포자낭 microsporangium, 복수형 microsporangia : 안에 소포자가 형성되는 구조

수 pith : 중심주 안쪽에 있는 유조직으로 이루어진 부분

수렴진화 convergent evolution : 유연관계가 없는 분류군 간 유사한 구조가 진화하는 현상

수베린(목전소) suberin : 내피 세포벽에서 발견되는 방수성의 지방산 폴리에스테르(fatty acid polyester). 코르크질

수분 pollination : 종자식물의 웅성생식 기관으로부터 자성생식 기관으로 화분이 이동하는 것

수분액 pollination droplet : 나자식물의 주공을 통해 분배되는 단맛이 나는 액체 방울이며, 화분을 배주로 끌어들인다.

수술 stamen : 피자식물의 생식 기관으로서 수술군의 개별 단위

수술군 androecium, 복수형 androecia : 수술(때로는 불임성 헛수술)로 된 꽃의 웅성 부분

수술대 filament : 꽃밥을 지탱하는 수술의 한 부분

수정 fertilisation : 반수체의 웅성 배우자와 자성 배우자가 결합하여 이배체 개체를 형성하는 것

수질 medulla, 복수형 medullae : 일부 해조류 잎 중앙에 있는 길쭉한 세포 영역으로서, 광합성 산물을 이동시킨다.

C₃ : 광합성의 첫 단계에서 포스포글리세르산(phosphoglyceric acid, 3개가 들어 있는 분자)이 만들어지는 광합성 형태로, C_3 광합성은 온대 지역의 대부분의 식물에서 일어난다.

C₄ : 광합성의 첫 단계에서 옥살아세트산(oxaloacetic acid, 4개의 탄소가 들어 있는 분자)이 만들어지는 광합성 형태. C_4 광합성은 대부분 열대 종에서 일어난다.

심피 carpel : 배주를 둘러싼 자성 꽃 부분으로서 씨방, 암술대, 암술머리로 구성되어 있다. 피자식물의 대포자엽

아강 subclass : 계층 분류의 한 계급. 강보다 작고 여러 상목이 속함.

아미노산 amino acid : 카르복시산(carboxylic acid)과 단백질의 기본 단위인 아미노 그룹으로 구성된 분자

암술 pistil : 심피 또는 심피군

암술군 gynoecium, 복수형 gynoecia : 꽃의 자성 부분으로서 하나 또는 그 이상의 심피로 구성되어 있다.

암술대 style : 씨방과 암술머리 사이의 불임성 부분

암술머리 stigma : 심피의 꼭대기 부분으로 수분 시 화분이 닿는 부분

액포 vacuole : 세포질 안에 막으로 싸인 공간으로, 액체로 채워져 있다.

양성화 hermaphrodite : 하나의 꽃 안에 웅성생식 기관과 자성생식 기관을 모두 가지는 경우

어린뿌리 radicle : 하배축 아래에 발달하는 배의 뿌리. 유근

엘라이오솜 elaiosome : 오일과 아미노산이 풍부한 덩어리가 종자에 붙어 있어 개미를 유인하는 데 이용된다.

염색체 chromosome : DNA, 단백질 및 소량의 RNA로 이루어진 실 같은 구조로서 세포 내에서 유전 정보를 가지고 있다.

엽극 leaf gap : 많은 관속식물 중심주에 있는 유조직 세포 영역으로서, 잎의 관다발이 중심주를 벗어나 잎으로 뻗어 나가는 바로 윗부분이다.

엽록 조직 chlorenchyma : 수많은 엽록체가 있는 광합성 세포이며 종종 세포 내 공간이 넓다. 잎의 엽육 조직을 구성하는 세포

엽록소　chlorophyll : 엽록체에 있는 주된 광합성 색소
엽록체　chloroplast : 광합성에 필수적인 색소를 포함한 녹색 기관
엽상경　phylloclade : 잎의 기능을 하는 변형된 줄기
엽상체　thallus, 복수형 thalli : 태류의 배우체 세대처럼 덜 분화되고 납작한 식물체
엽육　mesophyll : 잎의 안쪽 조직. 대부분 유조직으로 구성됨.
영양　vegetative : 유성생식이 아닌 방식으로 성장하는 것과 관련된 것
영양세포　vegetative cell : 화분립 안에서 만들어진 큰 핵으로, 화분관의 성장과 발달에 관여한다.
외과피　exocarp : 피자식물 열매 과피의 가장 바깥 층
외종피　testa : 종자를 보호하는 외부 덮개
원핵성　prokaryotic : 핵막으로 둘러싸인 핵을 가지지 않은 세포, 또는 이러한 세포를 가진 유기체
유관속초　bundle sheath : 관속식물에서 잎의 작은 유관속을 둘러싸고 있는 부분
유전자　gene : 유전 단위. DNA 분자 내 수천 개의 뉴클레오타이드로 구성되어 있다.
유조직　parenchyma : 다소 덜 특수화된 세포. 종종 다른 종류의 세포들이 삽입되어 있으며 식물체에 널리 분포한다.
융단 조직　tapetum, 복수형 tapeta : 관속식물의 포자낭 안에 있는 세포층으로서, 포자 모세포를 둘러싸며 자라는 포자에게 양분을 제공한다.
이계교배　outbreeding : 먼 관계의 배우자 융합에 의해 자손을 만듦.
이배체　diploid : 각 염색체 조를 2개 가진 상태
이언　eon : 지질학적 시간의 단위로서, 여러 대(era)로 나뉜다.
이형포자성　heterosporous : 한 종류 이상의 포자, 대개는 대포자와 소포자를 생산한다.
자가수분　self-pollination : 같은 식물체의 꽃가루가 암술에 닿거나, 같은 종 간에 수분이 일어나는 현상
자기조립　self-assembly : 작은 입자들이 서로 조립하여 조직화된 구조를 만드는 현상
자루　stipe : 갈조류에서 잎을 부착기에 연결시켜 주는 엽상체 부분
잡색체　chromoplast : 색소를 포함한 기관
장란기　archegonium, 복수형 archegonia : 양치류, 고사리류 및 대부분의 나자식물의 자성생식 기관
장정기　antheridium, 복수형 antheridia : 조류, 양치류 및 고사리류의 웅성생식 기관
재조합　recombination : 감수분열을 하는 동안 염색체의 교차와 재배열을 통하여 새로운 유전자가 조합되는 현상
전엽체　prothallus, 복수형 prothalli : 일부 양치류에서 독립생활을 하는 배우체로서 우산이끼 엽상체를 닮았다.
정자　spermatozoid : 운동성의 웅성 배우자
종　species : 분류학 연구의 가장 기본적 단위. 종에 대한 여러 정의 중 가장 널리 받아들여지는 것은 '한 번식 그룹의 모든 구성원으로서 다른 그룹과는 영원히 분리된 불연속성을 보이는 집단'이다.
종의　aril : 종자나 수정된 배주의 파생물
종자　seed : 종자식물의 수정된 배주가 발달하여 만들어지는 구조
주공　micropyle : 배주 꼭대기에 있는 작은 통로로서 수정 전 화분관이 들어가는 틈
중과피　mesocarp : 피자식물 열매 과피의 중간층
중복 수정　double fertilisation : 대부분의 피자식물에서 나타나는 과정으로서 두 개의 웅성 배우자가 수정에 관여하는 자성 배우자와 결합하여 배를 형성하고, 나머지 하나는 다른 핵들과 결합하여 배낭을 만들어 삼배체의 배젖을 만든다.
중심주　stele, 복수형 stelae : 관속식물의 줄기와 뿌리의 중심 부분
증산　transpiration : 식물 표면에서 증발에 의한 수분의 손실
지하경　rhizome : 땅속에서 옆으로 자라는 줄기로 영양 번식이 가능하다.
진핵성　eukaryotic : 핵을 가지고 있는 세포 또는 핵이 있는 세포를 가진 유기체
천공판　perforation plate : 인접한 두 물관부 도관 요소의 구멍 뚫린 말단 세포벽. 도관을 통해 자유로운 물의 이동을 돕는다.
체관부　phloem : 관속 조직으로서 다양한 종류의 세포로 구성되어 있으며, 당과 양분의 수송 기능을 한다.
체세포 분열　mitosis : 2개의 딸세포를 만드는 세포 분열 과정으로서, 각각의 딸세포는 원세포와 동일한 유전적 조성과 염색체 수를 가진다.
춘화 처리　vernalisation : 작물의 씨앗이나 싹을 일정 기간 낮은 온도에 노출시킴으로써 발아나 개화 등 생물학적 과정을 촉진하는 것
취낭　synangium, 복수형 synangia : 일부 고사리와 피자식물에서 포자낭이 서로 측면으로 융합하여 만들어진 복합 포자낭

칼로스　callose : ß(1-3) 글리코시드 결합에 의해 글루코스들이 결합된 다당류
캐나다발삼　Canada balsam : 아비에스 발사미페라(Abies balsamifera)에서 얻은 노란 수지로, 유리와 비슷한 광학적 특성이 있으며 현미경 슬라이드 고정액으로 사용된다.
커버 글라스　cover slip : 현미경 슬라이드 위의 시료를 덮는 작고 매우 얇은 유리 조각
큐티클　cuticle : 표피에서 분비된 큐틴층이며 식물이 공기와 닿는 부분을 덮는다.
큐틴　cutin : 긴사슬지방산과 그 유도체로 이루어진 복합 거대 분자로서, 큐티클을 형성한다.
크래슐산 대사　Crassulacean acid metabolism, CAM : 밤에 이산화탄소와 포스포엔올피루브산(phosphoenolpyruvate)이 결합하여 옥살아세트산을 만드는 광합성 형태. 옥살아세트산은 말산으로 변환되어 낮 동안의 호흡을 위해 저장된다. 이는 기공이 열리는 것을 최소화함으로써 수분 손실을 방지한다.
탄사　elater : 대부분 태류 포자에서 발견되는 길고 두꺼운 세포로서, 포자가 산포될 수 있도록 한다.
털　trichome : 뿌리털처럼 표피세포에서 뻗어 나온 것. 모용
텔롬　telome : 단순한 식물 구조로서 분지가 가능하며, 텔롬으로부터 식물 기관이 분화하는 것으로 알려져 있다.
튜불린　tubulin : 미세소관을 형성하는 단백질
편모　flagellum, 복수형 flagellae : 운동성의 아메바, 박테리아 포자 및 배우자 등 다양한 종류의 세포 표면에서 돌출하는 채찍 모양의 구조로서 최대 길이가 150μm에 이른다.
포　bract : 잎과 같은 구조
포자　spore : 포자낭과에 의해 만들어지는 무성의 반수체, 단세포성 생식 단위
포자낭　sporangium, 복수형 sporangia : 안에서 포자가 만들어지는 구조
포자낭과　sporocarp : 수생 양치류에서 포자를 가지고 있는 딱딱한 구조
포자낭수　strobilus, 복수형 strobili : 포자낭이 달린 포자엽 그룹이 중심축에 배열된 형태
포자낭퇴　sorus, 복수형 sori : 양치류의 포자낭이 이룬 무리
포자엽　sporophyll : 포자가 달린 변형된 잎
포자체　sporophyte : 식물 생활사 중 포자를 생산하는 이배체 세대로서, 2개의 반수체 배우자의 융합으로 만들어진다.
표피　epidermis : 식물에서 가장 바깥의 특수한 세포층
플랑크톤　plankton : 바다, 강, 호수에 자유롭게 떠다니는 미생물
피층　cortex, 복수형 cortices : 표피 아래 조직. 그리고 줄기나 뿌리의 내피
하배축　hypocotyl : 떡잎과 어린뿌리 사이의 배(embryo) 부분. 배축
해상도　resolution, resolving power : 시료의 미세한 부분을 명확하게 관찰할 수 있게 해 주는 현미경의 해상 능력. 근접한 두 점을 구분할 수 있는 능력. 해상력
핵　nucleus, 복수형 nuclei : 진핵세포에서 유전 물질을 포함하는 부분이며 막으로 둘러싸여 있다.
헛뿌리　rhizoid : 엽상체에서 뻗어 나온 실 같은 돌출물로서 선태류와 이끼류의 배우체 세대에서 흔하다. 식물체를 고정시켜 주고 물과 양분을 흡수한다. 가근
호흡　respiration : 세포 내에서 음식물이 분해되어 에너지를 방출하는 연속적 산화 반응
화관　corolla : 꽃잎의 총칭
화분　pollen : 종자식물의 (매우 특수화된) 소포자
화분관　pollen tube : 화분립에서 뻗어 나와 자라는 관으로, 웅성 배우자를 자성 배우자로 운반해 준다.
화분괴　pollinium, 복수형 pollinia : 여러 개의 화분립으로 이루어진 구조로서 수분될 때 한 덩어리로 이동되며, 난초류에서 많이 볼 수 있다.
화분낭　pollen sac : 화분립이 만들어지는 종자식물의 소포자낭
화서　inflorescence : 하나 이상의 꽃으로 구성된 꽃의 배열 상태
화탁　receptacle : 줄기 끝이 확장된 부분으로서 꽃 기관이 부착되는 부위
환대　annulus, 복수형 annuli : 양치류의 포자낭을 둘러싼 특수하게 비후된 세포로서 포자 산포를 돕는다.
후각 조직　collenchyma : 두꺼운 세포벽을 가진 길쭉한 세포로서 식물 조직을 지지하고 보강하는 역할을 한다.
후벽세포　sclerenchyma : 목질화된 보강세포
휴면　dormancy : 생장과 성장 과정이 정지하는 비활성 기간

참고 문헌

1장

Ford, B.J. 1991. The Leeuwenhoek Legacy. Bristol: Biopress.

Heilbron, J. 2010. Galileo. Oxford: Oxford University Press.

Hooke, R. 1667. Micrographia: or some Physiological Descriptions of Minute Bodies made by Magnifying Glasses with Observations and Inquiries Thereupon. London: John Martyn. Also available online at various sites including http://digicoll.library.wisc.edu/cgi-bin/HistSciTech/HistSciTech-idx?id=HistSciTech.HookeMicro and http://www.roberthooke.org.uk/rest1.htm

Jardine, L. 2004. The Curious Life of Robert Hooke: the Man who Measured London. London: Harper Perennial.

Sagan, C. 1983. Cosmos. London: Abacus.

van Leeuwenhoek, A. 1677–1678. Observations, communicated to the publisher by Mr. Antony van Leewenhoeck, in a Dutch letter of the 9th of Octob. 1676. Here English'd: concerning little animals by him observed in rain-well-sea- and snow water; as also in water wherein pepper had lain infused. Philosophical Transactions 12: 821–831.

Whitehouse, D. 2009. Renaissance Genius: Galileo Galilei and his Legacy to Modern Science. New York: Sterling.

2장

Baker, H. 1754. Of Microscopes, and the Discoveries Made Thereby. London: J. Dodsley.

Burns, R. 2006. Henry Baker: author of the first microscopy laboratory manual. Microbiology Today, August 2006: 118–121.

Grew, N. 1682. The Anatomy of Plants. London: W. Rawlins. Also available online at http://www.botanicus.org/item/31753000008869

Lefanu, W. 1990. Nehemiah Grew: a Study and Bibliography of his Writings. London: St. Paul's Bibliographies.

Mabberley, D. 1985. Jupiter Botanicus: Robert Brown of the British Museum. Port Jervis, NY: Lubrecht & Cramer Ltd.

Malpighi, M. 1675. Anatome Plantarum. London: John Martyn. Also available online at http://www.archive.org/details/marcellimalpigh00malpgoog

Meli, D.B. 2011. Mechanism, Experiment, Disease: Marcello Malpighi and Seventeenth-Century Anatomy. Baltimore, MD: Johns Hopkins University Press.

Quekett, J.T. 1848. Practical Treatise on the Use of the Microscope, Including the Different Methods of Preparing and Examining Animal, Vegetable, and Mineral Substances. London: Baillière.

3장

Battarbee, R.W. 1990. The causes of lake acidification, with special reference to the role of acid deposition. Philosophical Transactions of the Royal Society of London, Series B 327: 339–347.

Copeland, H.F. 1956. The Classification of Lower Organisms. Palo Alto, CA: Pacific Books.

Cracraft, J. & Donoghue, M.J. (eds). 2004. Assembling the Tree of Life. Oxford: Oxford University Press.

Darwin, C. 1859. On the Origin of Species by Means of Natural Selection, or the Preservation of Favoured Races in the Struggle for Life. London: John Murray.

Engel, M.H. & Nagy, B. 1982. Distribution and enantiomeric composition of amino acids in the Murchison meteorite. Nature 296: 837–840.

Graham, J.E., Wilcox, L.W. & Graham, L.E. 2008. Algae. San Francisco, CA: Benjamin Cummings.

Haeckel, E.H.P.A. 2005. Evolution of Man: a Popular Exposition of the Principal Points of Human Ontogeny and Phylogeny (English translation). Available online at http://www.gutenberg.org/ebooks/8700

Hofmeister, W. 1848. Über die Entwicklung des Pollens. Botanische

Zeitung 6: 425–434, 649–658, 670–674.

Howland, J.L. 2000. The Surprising Archaea: Discovering Another Domain of Life. Oxford: Oxford University Press.

Lane, N. 2010. First breath: Earth's billion-year struggle for oxygen. New Scientist, 5 February 2010.

Lovelock, J. 1979. Gaia: a New Look at Life on Earth. Oxford: Oxford University Press.

Margulis, L. 1992. Symbiosis in Cell Evolution: Microbial Communities in the Archean and Proterozoic Eons. New York: W.H. Freeman.

Margulis, L. 1999. Symbiotic Planet: a New Look at Evolution. New York: Basic Books.

Margulis, L. & Sagan, D. 2003. Acquiring Genomes: a Theory of the Origins of Species. New York: Basic Books.

Matson, J. 2010. Meteorite that fell in 1969 still revealing secrets of the early solar system. Scientific American, 15 February 2010.

Miller, S.L. & Urey, H.C. 1959. Organic compound synthesis on the primitive earth. Science 130: 245–251.

Oparin, A.I. (translated by Morgulis, S.). 1953. Origin of Life. Mineola, NY: Dover Publications, Inc.

Sample, I. 2010. Craig Venter creates synthetic life form. The Guardian, 10 May 2010. See also 'Craig Venter unveils "synthetic life"' at TED (http://www.youtube.com/watch?v=QHIocNOHd7A).

Sapp, J. 2009. The New Foundations of Evolution: On the Tree of Life. New York: Oxford University Press.

Schimper, A.F.W. 1883. Über die Entwicklung der Chlorophyllkörner und Farbkörper. Botanische Zeitung 41: 105–114, 121–131, 137–146, 153–162.

Schmitt-Koplin, P. et al. 2010. High molecular diversity of extraterrestrial organic matter in Murchison meteorite revealed 40 years after its fall. Proceedings of the National Academy of Sciences of the United States of America 107: 2763–2768.

van den Hoek, C., Mann, D. & Jahns, H.M. 1996. Algae: an Introduction to Phycology. Cambridge, UK: Cambridge University Press.

Woese, C.R. 1998. The universal ancestor. Proceedings of the National Academy of Sciences of the United States of America 95: 6854–6859.

Woese, C.R. & Fox, G.E. 1977. Phylogenetic structure of the prokaryotic domain: the primary kingdoms. Proceedings of the National Academy of Sciences of the United States of America 74: 5088–5090.

Woese, C.R., Kandler, O. & Wheelis, M.L. 1990. Towards a natural system of organisms: proposal for the domains Archaea, Bacteria, and Eucarya. Proceedings of the National Academy of Sciences of the United States of America 87: 4576–4579.

4장

Barclay, W.J. et al. 2005. The Old Red Sandstone of Great Britain (Geological Conservation Review Series). Peterborough, UK: Joint Nature Conservation Committee.

Coe, E. & Kass, L.B. 2005. Proof of physical exchange of genes on chromosomes. Proceedings of the National Academy of Sciences of the United States of America 102: 6641–6646.

Creighton, H.B. & McClintock, B. 1931. A correlation of cytological and genetical crossing-over in Zea mays. Proceedings of the National Academy of Sciences of the United States of America 17: 492–497.

Dickison, W.C. 2000. Integrative Plant Anatomy. San Diego, CA: Academic Press.

Erickson, J. 2001. Plate Tectonics: Unravelling the Mysteries of the Earth. New York: Facts on File, Inc.

Hotson, J.W. 1921. Sphagnum used as surgical dressing in Germany during the World War (concluded). The Bryologist 24: 89–96.

Karp, G. 2010. Cell Biology. Hoboken, NJ: John Wiley & Sons.

Kidston, R. & Lang, W.H. 1917. On Old Red Sandstone plants showing structure, from the Rhynie chert bed, Aberdeenshire. Part I. Rhynia gwynne-vaughani Kidston & Lang. Transactions of the Royal Society of Edinburgh 51: 761–784.

Kidston, R. & Lang, W.H. 1920. On Old Red Sandstone plants showing structure, from the Rhynie chert bed, Aberdeenshire. Part II. Additional notes on Rhynia gwynne-vaughani Kidston and Lang; with descriptions of Rhynia major, n.sp., and Hornia lignieri, n.g., n.sp. Transactions of the Royal Society of Edinburgh 52: 603–627.

Kidston, R. & Lang, W.H. 1920. On Old Red Sandstone plants showing structure, from the Rhynie chert bed, Aberdeenshire. Part III. Asteroxylon mackiei, Kidston and Lang. Transactions of the Royal Society of Edinburgh

52: 643–680.

Kidston, R. & Lang, W.H. 1921. On Old Red Sandstone plants showing structure, from the Rhynie chert bed, Aberdeenshire. Part IV. Restorations of the vascular cryptogams, and discussion of their bearing on the general morphology of the pteridophyta and the origin of the organisation of land-plants. Transactions of the Royal Society of Edinburgh 52: 831–854.

Kidston, R. & Lang, W.H. 1921. On Old Red Sandstone plants showing structure, from the Rhynie chert bed, Aberdeenshire. Part V. The Thallophyta occurring in the peat-bed; the succession of the plants throughout a vertical section of the bed, and the conditions of accumulation and preservation of the deposit. Transactions of the Royal Society of Edinburgh 52: 855–902.

Mars Exploration Rovers. See http://marsrover.nasa.gov/home/index.html

Morgan, T.H. 1911. Random segregation versus coupling in Mendelian inheritance. Science 34: 384.

Taylor, E.L., Taylor, T.N. & Krings, M. 2009. Paleobotany: the Biology and Evolution of Fossil Plants. Amsterdam: Academic Press.

The Biota of Early Terrestrial Ecosystems: The Rhynie Chert (Learning Resource Site). University of Aberdeen. See http://www.abdn.ac.uk/rhynie/

Vanderpoorten, A. & Goffinet, G. 2009. Introduction to Bryophytes. Cambridge, UK: Cambridge University Press.

5장

Barthlott, W. et al. 2010. The Salvinia paradox: superhydrophobic surfaces with hydrophilic pins for air retention under water. Advanced Materials 22: 2325–2328.

Culpeper, N. 2009. Culpeper's Complete Herbal: Over 400 Herbs and their Uses. London: Arcturus Publishing.

Hilton, J. & Bateman, R.M. 2006. Pteridosperms are the backbone of seed-plant phylogeny. Journal of the Torrey Botanical Society 133: 119–168.

Hirase, S. 1896. Spermatozoid of Ginkgo biloba. Botanical Magazine, Tokyo 10: 171.

Ikeno, S. 1896. Spermatozoiden von Cycas revoluta. Botanical Magazine, Tokyo 10: 367–368.

Ikeno, S. & Hirase, S. 1897. Spermatozoids in gymnosperms. Annals of Botany 11: 344–345.

Kenrick, P. & Crane, P.R. 1997. The Origin and Early Diversification of Land Plants: a Cladistic Study (Smithsonian Series in Comparative Evolutionary Biology). Washington, DC: Smithsonian Institution Scholarly Press.

Koch, K. & Barthlott, W. 2009. Superhydrophobic and superhydrophilic plant surfaces: an inspiration for biomimetic materials. Philosophical Transactions of the Royal Society, Series A 367: 1487–1509.

Oliver, F.W. & Scott, D.H. 1904. On the structure of the Palaeozoic seed Lagenostoma lomaxi, with a statement of the evidence upon which it is referred to Lyginodendron. Philosophical Transactions of the Royal Society of London, Series B 197: 193–247.

Potonié, H. 1899. Lehrbuch der Pflanzenpaläontologie. Berlin: Borntraeger.

Ranker, T.A. & Haufler, C.H. 2008. Biology and Evolution of Ferns and Lycophytes. Cambridge, UK: Cambridge University Press.

Willis, K.J. & McElwain, J.C. 2002. The Evolution of Plants. Oxford: Oxford University Press.

Zimmermann, W. 1953. Main results of the telome theory. Palaeobotanist 1: 456–470.

6장

Eckenwalder, J.E. 2009. Conifers of the World. Portland, OR: Timber Press.

Farjon, A. 2008. A Natural History of Conifers. Portland, OR: Timber Press.

Florin, R. 1938–1945. Die Koniferen des Oberkarbons und des unteren Perms. Stuttgart: Schweizerbart.

Jolivet, P. 2005. Cycads and beetles: recent views on pollination. The Cycad Newsletter 28: 3–7.

Ma, J.-S. 2003. The chronology of the "living fossil" Metasequoia glyptostroboides (Taxodiaceae): a review (1943–2003). Harvard Papers in Botany 8: 9–18.

Medley-Wood, J. 1898–1912. Natal Plants (6 volumes, volume 1 with Evans, M.S.). Durban: Bennett & Davis.

Miki, S. 1941. On the change of flora in Eastern Asia since Tertiary Period (I). The clay or lignite beds flora in Japan with special reference to the Pinus trifolia beds in Central Hondo. Japanese Journal of Botany 11: 237–304.

Sagan (née Margulis), L. 1967. On the origin of mitosing cells. Journal of Theoretical Biology 14: 225–274.

Seward, A. 1938. The story of the maidenhair tree. Scientific Progress 32: 420–440.

Stevenson, D.W. & Jones, D.L. 2002. Cycads of the World: Ancient Plants in Today's Landscape. Washington, DC: Smithsonian Books.

Stevenson, D.W., Norstog, K.J. & Fawcett, P.K.S. 1998. Pollination biology of cycads. pp. 277–294 in: Owens, S.J. & Rudall, P.J. (eds). Reproductive Biology. London: Royal Botanic Gardens, Kew.

Woodford, J. 2005. The Wollemi Pine: the Incredible Discovery of a Living Fossil from the Age of the Dinosaurs. Melbourne, Australia: The Text Publishing Company.

7장

Ambrose, B.A. et al. 2006. Comparative developmental series of the Mexican triurids support a euanthial interpretation for the unusual reproductive axes of Lacandonia schismatica (Triuridaceae). American Journal of Botany 93: 15–35.

Angiosperm Phylogeny Group. 1998. An ordinal classification for the families of flowering plants. Annals of the Missouri Botanical Garden 85: 531–553.

Angiosperm Phylogeny Group. 2003. An update of the Angiosperm Phylogeny Group classification for the orders and families of flowering plants: APG II. Botanical Journal of the Linnean Society 141: 399–436.

Angiosperm Phylogeny Group. 2009. An update of the Angiosperm Phylogeny Group classification for the orders and families of flowering plants: APG III. Botanical Journal of the Linnean Society 161: 105–121.

Chase, M.W. & Reveal, J.L. 2009. A phylogenetic classification of the land plants to accompany APG III. Botanical Journal of the Linnean Society 161: 122–127.

Coen, E.S. & Meyerowitz, E.M. 1991. The war of the whorls: genetic interactions controlling flower development. Nature 353: 31–37.

Janzen, D.H. 1985. Spondias mombin is culturally deprived in megafauna-free forest. Journal of Tropical Ecology 1: 131–155.

Janzen, D.H. & Martin, P.S. 1982. Neotropical anachronisms: the fruits the gomphotheres ate. Science 215: 19–27.

Judd, W.S. et al. 2008. Plant Systematics: a Phylogenetic Approach. Sunderland, MA: Sinauer Associates.

Kritsky, G. 2001. Darwin's Madagascan hawk moth prediction. American Entomologist 37: 206–210.

Linnaeus, C. 1753. Species Plantarum. Also available online at http://www.biodiversitylibrary.org/page/358106#page/1/mode/1up

Mathews, S. & Donoghue, M.J. 1999. The root of angiosperm phylogeny inferred from duplicate phytochrome genes. Science 286: 947–950.

Moore, R. et al. 1995. Botany. Dubuque, IA: William C. Brown.

Qiu, Y.-L. et al. 1999. The earliest angiosperms: evidence from mitochondrial, plastid and nuclear genomes. Nature 402: 404–407.

Rudall, P.J. 2007. Anatomy of Flowering Plants: Introduction to Structure and Development. Cambridge, UK: Cambridge University Press.

Soltis, P.S., Soltis, D.E. & Chase, M.W. 1999. Angiosperm phylogeny inferred from multiple genes as a tool for comparative biology. Nature 402: 402–404.

Vergara-Silva, F. et al. 2003. Inside-out flowers characteristic of Lacandonia schismatica evolved at least before its divergence from a closely related taxon, Triuris brevistylis. International Journal of Plant Sciences 164: 345–357.

8장

Blackmore, S. 2009. Gardening the Earth: Gateways to a Sustainable Future. Edinburgh: Royal Botanic Garden Edinburgh.

Convention on Biological Diversity. See http://www.cbd.int/

Defries, A.D. 1927. The Interpreter Geddes: the Man and his Gospel. London: G. Routledge & Sons. See also http://www.dundee.ac.uk/main/about-patrick-geddes/

Lewington, A. 2003. Plants for People. London: Eden Project Books.

Simpson, B. & Ogorzaly, M. 2001. Economic Botany: Plants in our World. New York: McGraw-Hill.

Stern, N. 2007. The Economics of Climate Change: the Stern Review. London: HM Treasury.

The Economics of Ecosystems and Biodiversity. See http://www.teebweb.org/

용어 해설

Blackmore, S. & Tootill, E. 1984. The Penguin Dictionary of Botany. London: Allen Lane.

찾아보기

주석: 이탤릭체의 페이지 번호는 이미지를 나타낸다.

저자 소개

저자 스티븐 블랙모어 (Stephen Blackmore)

식물학자. 영국 레딩대학교(University of Reading)에서 식물학을 공부하면서 식물 조직에 관심을 가지게 되어 주사전자현미경(SEM)을 이용한 화분 연구로 1976년 박사 과정을 마쳤다. 그 후 인도양과 말라위의 알다브라 환초에 대해 연구하였으며, 1980년 런던의 자연사박물관으로 옮긴 후 포자와 화분립의 다양성, 기능, 발달에 대한 수많은 학술 논문을 발표하였다. 1987년 생물현미경에 대한 뛰어난 공헌을 인정받아 린네협회의 트레일-크리스프 상(Trail-Crisp Award)을 수상했으며, 1990년에 식물부 책임자로 임명되었다. 1999년~2013년까지 에든버러 왕립식물원의 원장을 역임하고, 2001년 에든버러의 왕립협회 회원으로 선출되었다. 현재는 세계식물원보전연맹(Botanic Gardens Conservation International)과 다윈전문가위원회(Darwin Expert Committee)의 의장을 맡고 있다.

감수 이남숙 (李南淑, Lee, Nam Sook)

식물학자. 이화여자대학교 대학원 생물학과 식물분류학전공(이학박사). 현재 이화여자대학교 생명과학과/대학원 에코과학부 교수. 이화여자대학교 자연사박물관 운영위원. 한국난협회 회장. 난문화협동조합 이사장. 저서 『모든 들풀은 꽃을 피운다』 중앙M&B, 1998. 『피어라 풀꽃(공저)』 다른세상, 2001(환경부 추천 '우수 환경 도서상' 수상). 『세시풍속사전(식물)』 국립민속박물관, 2005. 『한국난과식물도감』 이화여대출판부, 2011.

번역 김지현 (金志炫, Kim, Ji Hyun)

이화여자대학교 생물과학과 및 동대학원 졸업. 이화여자대학교 에코과학부 식물계통분류학 박사 수료. 이화여자대학교 자연사박물관 학예 연구원 근무. 현재 서대문자연사박물관 학예연구사로 근무 중(2003년 9월~). 저서 『동물이야? 식물이야?』 찰리북, 2013.

First published in Great Britain by Papadakis Publisher in 2012

Korean edition © 2014 Kyohaksa Publishing Co. Ltd.
This edition Published by arrangement with Papadakis Publisher through Shinwon Agency Co.
Publishing Director: Alexandra Papadakis
Design: Alexandra Papadakis
Publcations Manager, RBGE: Hamish Adamson
Indexer: Phyllis Van Reenen
Proofreader: Erica Schwarz
Production Assistant: Juliana Kassianos

Royal
Botanic Garden
Edinburgh

*에든버러 왕립식물원(The Royal Botanic Garden Edinburgh, RBGE)은 약초 재배원으로서 17세기에 설립되었다. 현재는 4개 이상의 정원으로 확장되어 살아 있는 풍부한 식물 컬렉션을 자랑하고 있다. 세계적으로 유명한 식물교육학센터로, 에든버러 왕립식물원에 대한 자세한 정보는 이 식물원의 홈페이지 http://www.rbge.org.uk를 참고하기 바란다.

An Illustrated book of Green Universe

녹색 우주

2014. 8. 20. 1판 1쇄 발행

저자	스티븐 블랙모어(Stephen Blackmore)
감수	이남숙
번역	김지현
발행인	양진오
발행처	㈜ 교학사

서울특별시 마포구 마포대로 14길 4 (공덕동)
전화 / 편집부 02-312-6685 영업부 02-707-5151
FAX / 02-707-5160
홈페이지 / http://www.kyohak.co.kr
Printed in Korea

ISBN 978-89-09-18844-9 96480